iPS細胞の産業的応用技術

Industrial Applied Technology of Induced Pluripotent Stem Cells

監修：京都大学　物質‐細胞統合システム拠点／
　　　iPS細胞研究センター　センター長／教授　山中伸弥

Supervisor：Shinya Yamanaka

シーエムシー出版

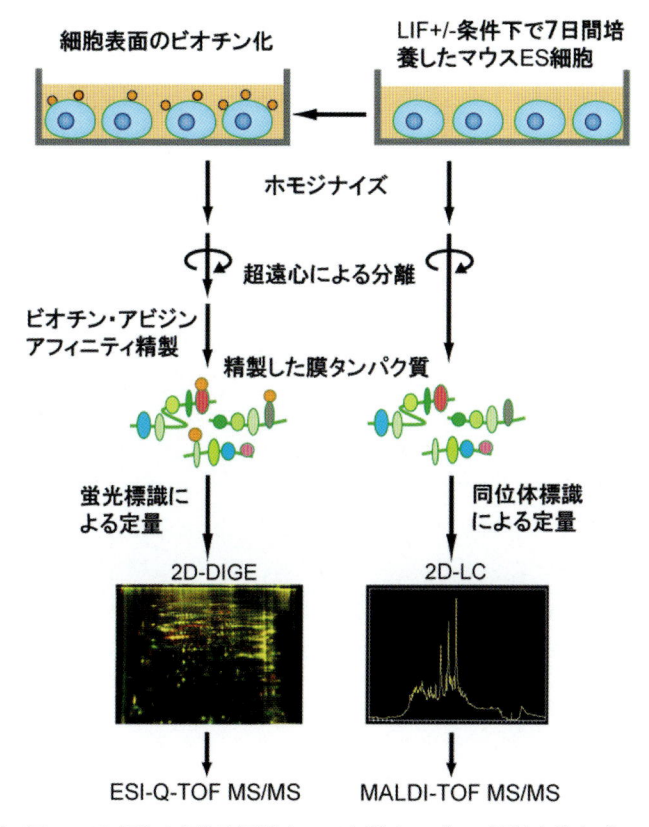

第3章　1節　図2　ES細胞の細胞表面膜タンパク質サンプルの調整方法をプロテオシクス解析

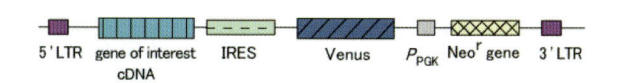

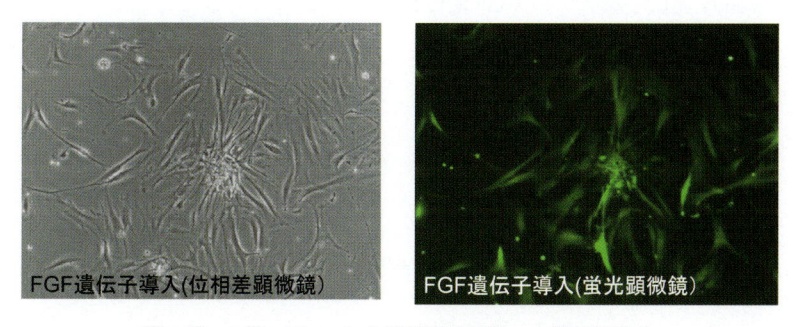

第3章　2節　図1　ヒト間葉系幹細胞への遺伝子導入

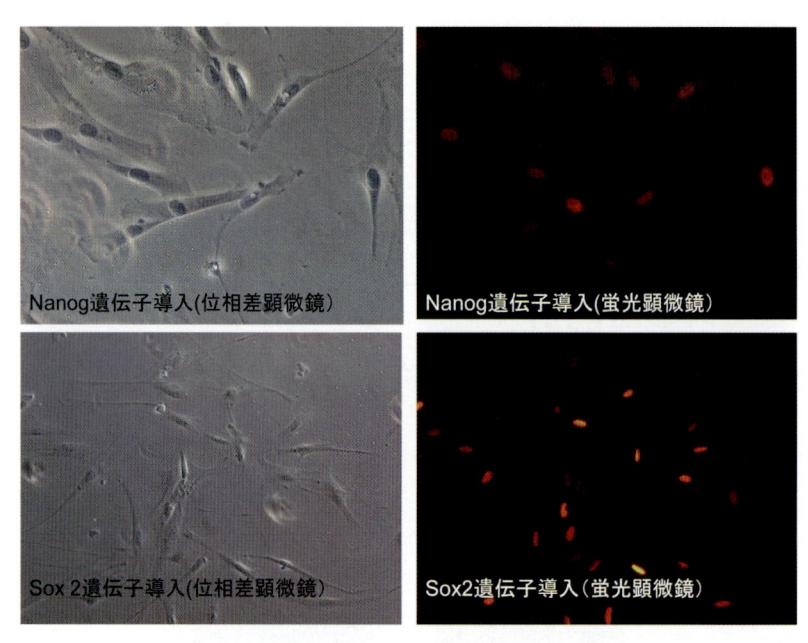

第3章 2節 図2 ヒト間葉系幹細胞へのNanogもしくはSox2遺伝子の導入

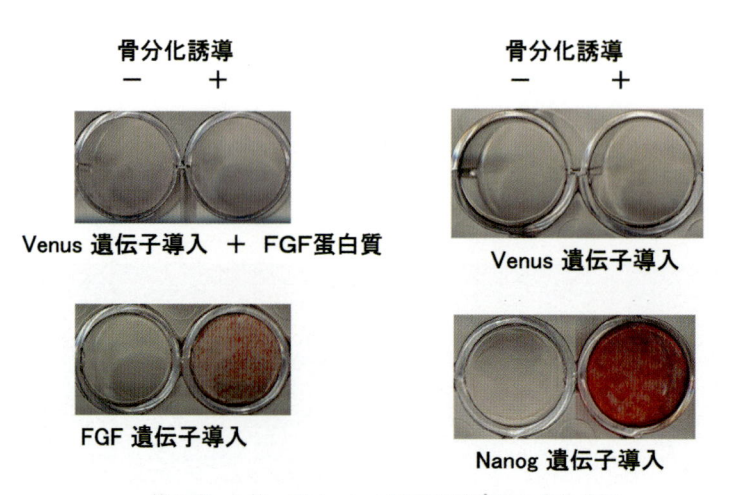

第3章 2節 図4 ヒト間葉系幹細胞の骨化分能

刊行にあたって

　自己複製能と他の細胞に分化する能力を兼ね備えた幹細胞は，様々な人の細胞の供給源となることから基礎研究のみならず産業面からも大きな期待を集めている．様々な疾患の患者において障害のある細胞を，幹細胞を経て再構築すれば，病態モデルの構築，新薬の開発，そして細胞移植療法において利用でき，産業応用の可能性は極めて高い．また新薬候補の毒性，副作用の検討にも有用と期待される．

　幹細胞には生体の各組織に生理的に存在する組織幹細胞と，受精卵，生殖細胞，体細胞から人工的に樹立される多能性幹細胞に分類される．組織幹細胞としては造血幹細胞の歴史が古いが，最近では神経幹細胞，間葉系幹細胞，小腸上皮幹細胞など，多くの組織で幹細胞の存在が示唆されている．成人から採取できる組織幹細胞は，倫理的な問題が少なく，また患者自身の細胞を準備できるので，病態モデルの構築や細胞移植療法への応用に適している．しかし一般的に組織幹細胞の増殖能は低く，また増殖を強制すると，分化能の喪失につながることも知られている．

　一方，多能性幹細胞には受精卵に由来する Embryonic Stem（ES）細胞，生殖細胞に由来する Embryonic Germ（EG）細胞や multipotent Germline Stem（mGS）細胞，そして繊維芽細胞などの体細胞に特定遺伝子を導入して樹立される induced Pluripotent Stem（iPS）細胞などがある．多能性幹細胞は増殖能が高く，様々な細胞へと分化する多能性を長期にわたって維持できるという利点がある．しかし，増殖能の高さは，再生医療へ応用した場合，移植後の腫瘍形成という危険性にもつながる．ES細胞やEG細胞には受精卵や胎児組織と利用という倫理的問題もある．さらにはES細胞やEG細胞は患者本人の細胞ではないため，病態モデルの作成や細胞移植において不利である．iPS細胞は倫理的問題が少なく，また患者本人からも容易に樹立できる．しかし，遺伝子導入に伴う安全性の懸念がある．

　このように幹細胞の産業応用への期待は高いが，それぞれの幹細胞には一長一短があり，さらなる技術改良が必要である．幹細胞への遺伝子導入法，培養法，移植法，細胞の標準化なども重要な課題である．幹細胞の実用化に向けては，経済産業省は産業技術総合研究所を中心に研究を推進し，文部科学省は再生医療実現化プロジェクトによりオールジャパン体制を構築した．厚生労働省においても応用実現のための規制整備が進んでいる．本書においては，幹細胞の産業的技術応用に関する最新の話題を提供する．

2009年7月

山中伸弥

執筆者一覧（執筆順）

山中 伸弥	京都大学 物質―細胞統合システム拠点／iPS細胞研究センター センター長／教授	
松山 晃文	㈶先端医療振興財団 先端医療センター研究所 膵島肝臓再生研究グループ グループリーダー	
梅垣 昌士	厚生労働省 医政局研究開発振興課 高度医療専門官	
栗崎 晃	㈳産業技術総合研究所 器官発生工学研究ラボ 主任研究員	
浅島 誠	㈳産業技術総合研究所 器官発生工学研究ラボ 研究ラボ長；東京大学 総合文化研究科 特任教授（併任）	
大西 弘恵	㈳産業技術総合研究所 セルエンジニアリング研究部門 研究員	
大串 始	㈳産業技術総合研究所 セルエンジニアリング研究部門 上席研究員	
五島 直樹	㈳産業技術総合研究所 バイオメディシナル情報研究センター 主任研究員	
新家 一男	㈳産業技術総合研究所 バイオメディシナル情報研究センター 主任研究員	
中西 真人	㈳産業技術総合研究所 器官発生工学研究ラボ 副研究ラボ長	
西村 健	㈳産業技術総合研究所 器官発生工学研究ラボ；㈳科学技術振興機構 さきがけ研究員	
大高 真奈美	㈳産業技術総合研究所 器官発生工学研究ラボ 技術職員	
佐野 将之	㈳産業技術総合研究所 器官発生工学研究ラボ 研究員	
酒井 菜絵子	㈳産業技術総合研究所 器官発生工学研究ラボ 技術職員	
中村 史	㈳産業技術総合研究所 セルエンジニアリング研究部門 グループ長	
鍵和田 晴美	㈳産業技術総合研究所 セルエンジニアリング研究部門 研究員	
三宅 淳	㈳産業技術総合研究所 セルエンジニアリング研究部門 部門長	
饗庭 一博	NPO法人 幹細胞創薬研究所 主任研究員	
尾辻 智美	NPO法人 幹細胞創薬研究所 研究員	
中辻 憲夫	京都大学 物質―細胞統合システム拠点 拠点長，再生医科学研究所 発生分化研究分野 教授	
柿沼 晴	東京大学 医科学研究所 幹細胞治療研究センター 幹細胞治療部門；㈳科学技術振興機構 中内幹細胞制御プロジェクト 研究員	
守田 陽平	東京大学 医科学研究所 幹細胞治療研究センター FACSコアラボラトリー 特任助教	
中内 啓光	東京大学 医科学研究所 幹細胞治療研究センター センター長，教授	
小川 大輔	香川大学 医学部 脳神経外科	
田宮 隆	香川大学 医学部 脳神経外科 教授	
岡田 洋平	慶応義塾大学 医学部 生理学 特別研究講師	

岡野　栄之	慶応義塾大学　医学部　生理学　教授
吉田　善紀	京都大学　物質—細胞統合システム拠点／iPS細胞研究センター　特定拠点助教
紀ノ岡　正博	大阪大学　大学院工学研究科　教授
中尾　敦	三洋電機㈱　バイオメディカ事業部　ソリューション営業部　システム提案営業課
出口　統也	澁谷工業㈱　微生物制御技術部　課長代理
中嶋　勝己	川崎重工業㈱　システム技術開発センター　メカトロ開発部　MDプロジェクト課　課長
戸口田　淳也	京都大学　再生医科学研究所　組織再生応用分野　教授
加藤　友久	京都大学　再生医科学研究所　組織再生応用分野　研究員
江藤　浩之	東京大学　医科学研究所　幹細胞治療研究センター　特任准教授
小坂田　文隆	ソーク研究所　システムズニューロバイオロジー研究グループ　研究員
高橋　政代	㈰理化学研究所　発生・再生科学総合研究センター　網膜再生医療研究チーム　チームリーダー
中村　幸夫	㈰理化学研究所　バイオリソースセンター　細胞材料開発室　室長
林　竜平	東北大学　大学院医学系研究科　眼科・視覚科学分野　助教
西田　幸二	東北大学　大学院医学系研究科　眼科・視覚科学分野　教授
池田　志孝	順天堂大学　医学部　皮膚科学教室　教授
谷口　英樹	横浜市立大学大学院　医学研究科　臓器再生医学　教授；㈰物質・材料研究機構　生体材料研究センター　医工連携グループ
大島　祐二	横浜市立大学大学院　医学研究科　臓器再生医学
喜多　清	㈰物質・材料研究機構　生体材料研究センター　医工連携グループ
澤　芳樹	大阪大学　大学院医学系研究科　外科学講座　心臓血管外科学　教授
古江-楠田　美保	㈰医薬基盤研究所　生物資源研究部門　細胞資源研究室　プロジェクトリーダー
山田　弘	㈰医薬基盤研究所　トキシコゲノミクス・インフォマティクスプロジェクト　サブ・プロジェクトリーダー
水口　裕之	㈰医薬基盤研究所　遺伝子導入制御プロジェクト　プロジェクトリーダー
樋口　裕一郎	熊本大学　発生医学研究所　再建医学部門　多能性幹細胞分野　iPS細胞研究国際拠点人材養成事業　非常勤研究員
白木　伸明	熊本大学　再建医学部門　助教
粂　昭苑	熊本大学　再建医学部門　教授

目　次

第1章　「ヒト幹細胞を用いる臨床研究に関する指針」の解説　　松山晃文

1　はじめに―指針策定の経緯― ………… 1
2　指針の概要 ………………………………… 2
　2.1　目的 …………………………………… 2
　2.2　適用範囲 ……………………………… 2
　2.3　対象疾患等 …………………………… 5
　2.4　基本原則 ……………………………… 5
　　2.4.1　有効性及び安全性の確保 ……… 5
　　2.4.2　倫理性の確保 …………………… 5
　　2.4.3　被験者等のインフォームド・
　　　　　コンセントの確保 ………………… 6
　　2.4.4　品質等の確認 …………………… 6
　　2.4.5　公衆衛生上の安全の配慮 ……… 6
　　2.4.6　情報の公開 ……………………… 6
　　2.4.7　個人情報の保護 ………………… 6
3　ヒト幹細胞臨床研究申請時に提出する
　書類について ……………………………… 7
4　ヒト幹細胞臨床研究の審査 …………… 14
5　おわりに ………………………………… 17

第2章　海外での再生医療の規制　　梅垣昌士

1　はじめに ………………………………… 18
2　米国 ……………………………………… 18
　2.1　米国での幹細胞由来製品の臨床試験
　　　実施に関する規制 …………………… 18
　2.2　米国におけるヒト胚性幹（ES）細胞
　　　研究に関する規制状況 ……………… 20
3　EU（欧州連合）諸国 …………………… 21
　3.1　EUにおける幹細胞由来製品の臨床
　　　試験実施に関する規制 ……………… 21
　3.2　EU各国におけるヒト胚性幹（ES）
　　　細胞研究に関する規制状況 ………… 23
　　3.2.1　英国 ……………………………… 23
　　3.2.2　ドイツ …………………………… 23
4　欧米以外の各国におけるヒト胚性幹（ES）
　細胞研究に関する規制状況 …………… 24
5　結語 ……………………………………… 24

第3章　幹細胞の作成　　栗崎晃，浅島誠

1　幹細胞の標準化へのアプローチ ……… 26
　1.1　これまでの現状・問題点 …………… 26
　1.2　国内外での動向 ……………………… 27
　1.3　我々のアプローチ …………………… 29
2　転写因子導入によるヒト間葉系幹細胞の
　賦活化 ……………………大西弘恵，大串始 … 34

I

  2.1 幹細胞と再生医療 …………… 34
  2.2 間葉系幹細胞の利点と欠点 ……… 35
  2.3 間葉系幹細胞の問題点とそれに対する我々のアプローチ（間葉系幹細胞への転写因子導入）………………… 36

第4章　細胞操作技術

1 iPS細胞作製における効率化，非遺伝子化に向けた取り組みについて
  …………… 五島直樹, 新家一男 … 41
 1.1 はじめに ……………………… 41
 1.2 iPS細胞作製技術の開発 ……… 41
 1.3 新規多能性誘導因子の探索 …… 42
 1.4 導入遺伝子のリソース ………… 43
 1.5 iPS細胞作製効率促進化合物とその活性発言メカニズム ………… 46
 1.6 新規iPS細胞作製効率化物質の探索 ………………………………… 49
2 細胞質で持続的に遺伝子を発現できる新規ベクター開発と先端医療への応用
  ………………… 中西真人, 西村　健,
  大高真奈美, 佐野将之, 酒井菜絵子 … 51
 2.1 はじめに―iPS細胞の開発と遺伝子導入・発現技術 ……………… 51
 2.2 現在のiPS細胞作製技術とその長所・短所 ……………………………… 53
 2.3 細胞質で安定に維持されるセンダイウイルスベクターの開発 ……… 56
 2.4 おわりに ……………………… 59
3 セルサージェリー技術のiPS細胞および幹細胞への応用
  ……… 中村　史, 鍵和田晴美, 三宅　淳 … 61
 3.1 はじめに ……………………… 61
 3.2 従来法遺伝子導入技術 ………… 62
 3.3 セルサージェリー技術 ………… 62
 3.4 セルサージェリー技術による遺伝子導入 ……………………………… 64
 3.5 おわりに ……………………… 67

第5章　細胞ソース　　饗庭一博, 尾辻智美, 中辻憲夫

1 ヒトES細胞の創薬産業における有用性
  ………………………………… 69
 1.1 はじめに ……………………… 69
 1.2 創薬開発の現在の問題点 ……… 70
 1.3 創薬研究でのヒトES細胞の利用
  ………………………………… 70
 1.4 新薬発見のためのヒトES細胞由来の疾患モデル細胞 ……………… 71
 1.5 安全性試験のためのヒトES細胞由来のモデル細胞 ………………… 74
 1.6 おわりに ……………………… 75
2 幹細胞を用いた肝再生医療の可能性
  ………………………… 柿沼　晴 … 77
 2.1 はじめに ……………………… 77

2.2	造血幹細胞の自己複製と終末分化 ………………………………… 77	4.1	神経幹細胞とは ……………… 96
2.3	上皮系の組織幹細胞システムに関する研究の発展 ……………… 79	4.2	内在性神経幹細胞の活性化を応用した再生医療への挑戦 ……………… 97
2.4	肝細胞移植 …………………… 81	4.3	中枢神経系疾患に対する細胞移植療法の臨床応用 …………… 98
2.5	幹細胞を用いた細胞移植療法への展望 ………………………… 82	4.4	移植細胞の投与法に関する検討 …… 99
		4.5	移植細胞の腫瘍化などの安全性に対する問題点 ………………… 100

3 Side population（SP）細胞
　………………… 守田陽平, 中内啓光 … 85
　3.1　はじめに ……………………… 85
　3.2　ATP-binding cassette（ABC）
　　　トランスポーター ……………… 85
　3.3　正常組織におけるSP細胞 …… 87
　3.4　SP細胞によるがん幹細胞の同定 … 89
　3.5　SP細胞と胚性幹細胞（Embryonic stem cell；ES細胞）……………… 90
　3.6　SPフェノタイプ利用の問題点 … 90
　3.7　おわりに ……………………… 90
4　神経幹細胞による神経再生 … 小川大輔,
　　　田宮　隆, 岡田洋平, 岡野栄之 … 96

　4.6　神経幹細胞と悪性脳腫瘍との関わり
　　　………………………………… 101
5　iPS細胞（induced Pluripotent Stem cell）
　………………… 吉田善紀, 山中伸弥 … 103
　5.1　はじめに …………………… 103
　5.2　iPS細胞の樹立 …………… 103
　5.3　iPS細胞樹立法の研究 …… 105
　5.4　iPS細胞の応用（疾患特異的細胞による病態解明, 薬剤スクリーニング）
　　　………………………………… 106
　5.5　iPS細胞の応用（再生医療）……… 106
　5.6　おわりに …………………… 107

第6章　培養機器

1　ヒト細胞を加工するための自動培養装置の現状と展望 ……… 紀ノ岡正博 … 109
　1.1　はじめに …………………… 109
　1.2　継代培養における問題点と培養装置の役割 ………………………… 110
　1.3　培養装置の現状 …………… 112
　1.4　製造設備としての培養装置 …… 114
　1.5　おわりに …………………… 116
2　再生医療・細胞治療分野用医療機器

　………………………… 中尾　敦 … 118
　2.1　再生医療・細胞治療分野用医療機器の課題 ………………………… 118
　2.2　再生医療・細胞治療を支援する機器 … 120
　　2.2.1　汚染防止（無菌管理）……… 120
　　2.2.2　人為的ミスの防止 ………… 120
　　2.2.3　品質保証の確立 …………… 121
　2.3　これから再生医療・細胞治療に必要な機器（システム）① …………… 121

2.4 これから再生医療・細胞治療に必要な機器（システム）② ……………… 123
  2.5 再生医療・細胞治療における機器の自動化 ……………………………… 124
3 ヒトを含む動物細胞の培養に利用されるアイソレータとその除菌及び管理
　　　　　　　　　　……………… 出口統也 … 126
  3.1 はじめに ……………………………… 126
  3.2 クリーンルームとアイソレータ …… 127
  3.3 アイソレータの設計 ………………… 127
  3.4 アイソレータの除菌 ………………… 128
    3.4.1 無菌環境の除菌方法 …………… 128
    3.4.2 VPHP方式の発達とBI ………… 129
    3.4.3 VPHP除菌システム …………… 129
  3.5 アイソレータの管理 ………………… 132
    3.5.1 設備管理のポイント …………… 134
    3.5.2 作業管理のポイント …………… 134
  3.6 おわりに ……………………………… 137
4 汎用ロボットを用いた自動培養装置
　　　　　　　　　　……………… 中嶋勝己 … 138
  4.1 自動培養装置へのロボット応用 …… 138
  4.2 画像処理技術を使った細胞観察 …… 140
  4.3 自動培養装置の実用化 ……………… 142
  4.4 iPS細胞の自動培養装置実現への展望
　　　　　　　　　　　　　　　　 142

第7章　iPS細胞の各々の拠点の紹介

1 京都大学iPS細胞研究統合推進拠点
　　　　　　…… 戸口田淳也, 加藤友久 … 144
  1.1 はじめに ……………………………… 144
  1.2 研究体制 ……………………………… 144
  1.3 研究開発項目 ………………………… 144
  1.4 先端医療開発特区について ………… 150
  1.5 おわりに ……………………………… 151
2 中枢神経系，造血系，心血管系，感覚器系の疾患を標的とした霊長類モデルを含めた再生医療研究（多くのHLA（組織適合抗原）タイプのヒトiPS細胞の樹立）と基盤技術の確立—慶大　iPS細胞拠点紹介に代えて— ……… 岡野栄之 … 153
  2.1 要旨 …………………………………… 153
  2.2 はじめに ……………………………… 153
  2.3 慶大拠点の研究体制 ………………… 154
  2.4 慶大拠点の研究の課題とmission … 154
    2.4.1 脊髄損傷に対する幹細胞治療の開発 ……………………………… 155
    2.4.2 ヒトiPS由来造血幹細胞を制御する技術基盤の確立 …………… 155
    2.4.3 ヒトiPS細胞を用いた心筋細胞の再生と臨床応用へ向けた基盤研究 ………………………………… 156
    2.4.4 感覚器系のヒト幹細胞技術開発および幹細胞治療開発研究 …… 158
    2.4.5 フローサイトメトリーを用いたヒト体性幹細胞の分離とiPS細胞樹立 …………………………… 158
    2.4.6 GMPレベルのヒトiPS細胞プロセシング技術開発とHLAバリエーションを有する同種他家

ヒトiPS細胞マスターセル・ラ
         イブラリーの構築 …………… 159
   2.4.7 疾患モデル動物を用いた幹細胞
         治療の安全性と有効性の検討
         ………………………………… 160
   2.4.8 「iPS細胞技術プラットフォーム」
         の構築 ………………………… 160
3 東京大学iPS細胞拠点事業『ヒトiPS細胞
  等を用いた次世代遺伝子・細胞治療法の
  開発』………… 江藤浩之, 中内啓光 … 164
  3.1 要旨 ……………………………… 164
  3.2 はじめに ………………………… 164
    3.2.1 iPS細胞樹立のための新しい
          基盤技術とiPS細胞の安全性
          強化技術の開発 …………… 165
    3.2.2 iPS細胞を臨床応用するための
          各種細胞への分化誘導システム
          の確立 ……………………… 166
    3.2.3 患者由来iPS細胞等の保存・
          供給システム ……………… 167
    3.2.4 iPS細胞に関する標準化 …… 167
  3.3 その他のiPS細胞関連研究 …… 167
  3.4 本拠点の特徴と今後の展望 …… 167
4 ヒトES細胞・iPS細胞の分化誘導技術の
  開発—眼疾患への治療応用の可能性—
  ……………… 小坂田文隆, 高橋政代 … 169
  4.1 網膜変性疾患における細胞移植 … 169
  4.2 ES細胞から網膜細胞への分化誘導
      方法の確立 ……………………… 170
  4.3 iPS細胞からの網膜細胞への分化と
      分化方法の改良 ………………… 173
  4.4 臨床応用に向けたiPS細胞の樹立

      方法の改良 ……………………… 175
  4.5 多能性幹細胞を用いた in vitro
      モデルの可能性 ………………… 176
  4.6 iPS細胞の出現による多能性幹細胞
      研究の進展 ……………………… 177
  4.7 おわりに ………………………… 177
5 幹細胞バンク事業及び幹細胞技術支援
  体制の整備 ………………… 中村幸夫 … 180
  5.1 はじめに ………………………… 180
  5.2 幹細胞バンク体制の整備 ……… 180
    5.2.1 ヒト体性幹細胞 …………… 180
    5.2.2 胚性幹細胞（Embryonic Stem
          Cell：ES細胞）……………… 181
    5.2.3 人工多能性幹細胞（induced
          Pluripotent Stem Cell：iPS細胞）
          ………………………………… 182
    5.2.4 その他の幹細胞 …………… 183
  5.3 幹細胞の標準化を図るための体制の
      整備 ……………………………… 183
    5.3.1 細胞の基本的な品質管理 …… 183
    5.3.2 基本的な品質管理に係る研究者の
          対応 ………………………… 185
    5.3.3 総体としての細胞培養研究の
          標準化 ……………………… 185
  5.4 幹細胞関連技術の支援及び普及体制の
      整備 ……………………………… 186
    5.4.1 幹細胞材料の移管先としての
          幹細胞バンク ……………… 186
    5.4.2 ユーザーサイドにおける細胞及び
          細胞培養技術の標準化 …… 187
6 iPS細胞を用いた角膜再生治療法の開発
  ………………… 林　竜平, 西田幸二 … 189

 6.1 はじめに …………………… 189
 6.2 角膜上皮再生 ……………… 189
 6.3 角膜内皮の再生 …………… 191
 6.4 iPS細胞を用いた角膜再生 … 191
 6.5 おわりに …………………… 193

7 iPS細胞を用いた表皮水疱症など，皮膚の難病治療に向けた培養皮膚移植法
 ………………………… 池田志孝 … 195
 7.1 表皮水疱症について ……… 195
 7.2 近々行われるであろう表皮水疱症の治療法 ………………… 196
  7.2.1 骨髄移植による治療 … 196
  7.2.2 骨髄中から単離培養した幹細胞による治療 ………… 197
 7.3 iPS細胞を利用した表皮水疱症の治療 ……………………… 197
  7.3.1 iPS細胞からの表皮角化細胞培養 ………………… 198
  7.3.2 iPS細胞からの3次元培養表皮作製 ………………… 198
  7.3.3 新規発現タンパクに対する免疫反応抑制 …………… 199
  7.3.4 遺伝子導入法 ………… 199
 7.4 おわりに …………………… 200

8 iPS細胞の糖尿病治療への応用
 —現状と課題—
 ……… 谷口英樹，大島祐二，喜多 清 … 202
 8.1 要旨 ………………………… 202
 8.2 はじめに …………………… 202
 8.3 膵発生における細胞系譜 … 203
 8.4 多能性幹細胞のインスリン産生細胞への分化誘導 …………… 204
 8.5 多能性幹細胞由来のインスリン産生細胞の性質 ………………… 206
 8.6 多能性幹細胞由来の糖尿病治療への応用 ……………………… 207
 8.7 おわりに …………………… 208

9 拡張型心筋症等に対する心筋細胞を用いた再生医療へのiPS細胞の応用
 ………………………… 澤 芳樹 … 211
 9.1 はじめに …………………… 211
 9.2 ES細胞とiPS細胞 ………… 211
 9.3 細胞シート工学 …………… 213
 9.4 筋芽細胞シートを用いた心筋再生 ………………………… 214
 9.5 iPS細胞シートによる心筋再生への期待 ……………………… 214
 9.6 iPS細胞の心筋への分化誘導と細胞シート移植の試み ……… 216
 9.7 おわりに …………………… 217

10 iPS細胞を活用した安全性・有効性評価系の構築
 … 古江-楠田美保，山田 弘，水口裕之 … 218
 10.1 要約 ……………………… 218
 10.2 はじめに ………………… 218
 10.3 iPS細胞の標準化 ……… 219
 10.4 既知の因子による無血清培養法の必要性 ……………… 220
 10.5 評価と品質管理 ………… 221
 10.6 高効率分化誘導法の開発および分化誘導細胞コレクションの作製 …… 222
 10.7 トキシコゲノミクス解析による医薬品毒性評価システムの開発 … 222
 10.8 おわりに ………………… 223

11 iPS細胞を用いた膵臓細胞の作製技術と臨床応用への展望
　……樋口裕一郎, 白木伸明, 粂 昭苑… 225
11.1　はじめに …………………………… 225
11.2　膵β細胞の分化誘導技術と
　　　その問題点 ……………………… 225
11.3　臨床応用に向けたβ細胞作製法 … 226
　11.3.1　試験管内培養系の確立 ……… 226
　11.3.2　純化 …………………………… 227
　11.3.3　移植 …………………………… 228
11.4　おわりに …………………………… 228

第1章 「ヒト幹細胞を用いる臨床研究に関する指針」の解説

松山晃文*

1 はじめに—指針策定の経緯—

　近年，体性幹細胞には胚葉を超えて様々な細胞への分化能をもったものが存在し，それらが可塑性を示すことが報告されている。すでにわが国においては，骨髄，末梢血，臍帯血中の造血幹細胞を用いた治療が盛んに行われており，また骨髄細胞を直接心臓組織内に移植することにより，心筋梗塞などで壊死に陥った組織の機能を補う臨床研究も行われている。また，体性幹細胞を体外で増幅させ様々な再生医療に応用する研究も盛んに行われている。しかし，幹細胞には科学的にみても医学的に見ても未だ不明な点が多く，体外増幅による細胞の癌化，未知ウイルスなど感染症伝播の可能性など安全性を危惧する声があることは否めない。このため，ヒト幹細胞を用いた臨床研究が適正に実施されるためには，研究者及び研究機関が遵守すべき事項について論点整理が必要となろう。このような状況に鑑み，厚生科学審議会科学技術部会に「ヒト幹細胞を用いた臨床応用の在り方に関する専門委員会」が設置された。

　「厚生科学審議会科学技術部会ヒト幹細胞を用いた臨床研究の在り方に関する専門委員会」は分子生物学，細胞生物学，遺伝学，臨床薬理学又は病理学の専門家（基礎医学系），ヒト幹細胞臨床研究が対象とする疾患にかかわる臨床医（臨床医学系），法律に関する専門家（法学系），生命倫理に関する識見を有する者より構成され，男女両性が参画している。第1回の委員会は平成14年1月29日に開催され，以後指針策定までに25回にわたる議論を重ね，「ヒト幹細胞を用いる臨床研究に関する指針」が策定されるに至った。本指針において，幹細胞の対象はヒト体性幹細胞に限定され，胚性幹細胞は指針の対象とはされていない。また，胎児由来幹細胞を対象とするかも慎重に議論されたが，胎児由来ヒト幹細胞の研究利用については生命倫理上の観点等から慎重な議論を要するとの意見があり，継続審議となっている。本指針はパブリックコメントの結果を踏まえ，「厚生科学審議会科学技術部会」にて案が審議され，平成18年度第2回部会にて承認された。平成18年7月3日，厚生労働大臣告示として公布され，同年9月1日から施行され現在に至っている。なお，平成18年9月1日以前に，研究期間における倫理審査が終了し，研

＊　Akifumi Matsuyama　㈶先端医療振興財団　先端医療センター研究所　膵島肝臓再生研究グループ　グループリーダー

究機関の長などにより承認を受けている場合には適用されないが，本指針に準じた水準で行なわれることを切に望む。

2 指針の概要

指針の全文は http://www.mhlw.go.jp/bunya/kenkou/iryousaisei.html にてダウンロードが可能であり，研究にかかる流れに関しては図1に示している。

2.1 目的

ヒト幹細胞臨床研究は，臓器機能再生等を通じて，国民の健康の維持並びに疾病の予防，診断及び治療に重要な役割を果たすものである。この指針は，こうした役割に鑑み，ヒト幹細胞臨床研究が社会の理解を得て，適正に実施・推進されるよう，個人の尊厳と人権を尊重し，かつ，科学的知見に基づいた有効性及び安全性を確保するために，ヒト幹細胞臨床研究にかかわるすべての者が遵守すべき事項を定めることを目的としている。

2.2 適用範囲

本指針では，ヒト幹細胞を疾病の治療のための研究を目的として人の体内に移植又は投与する

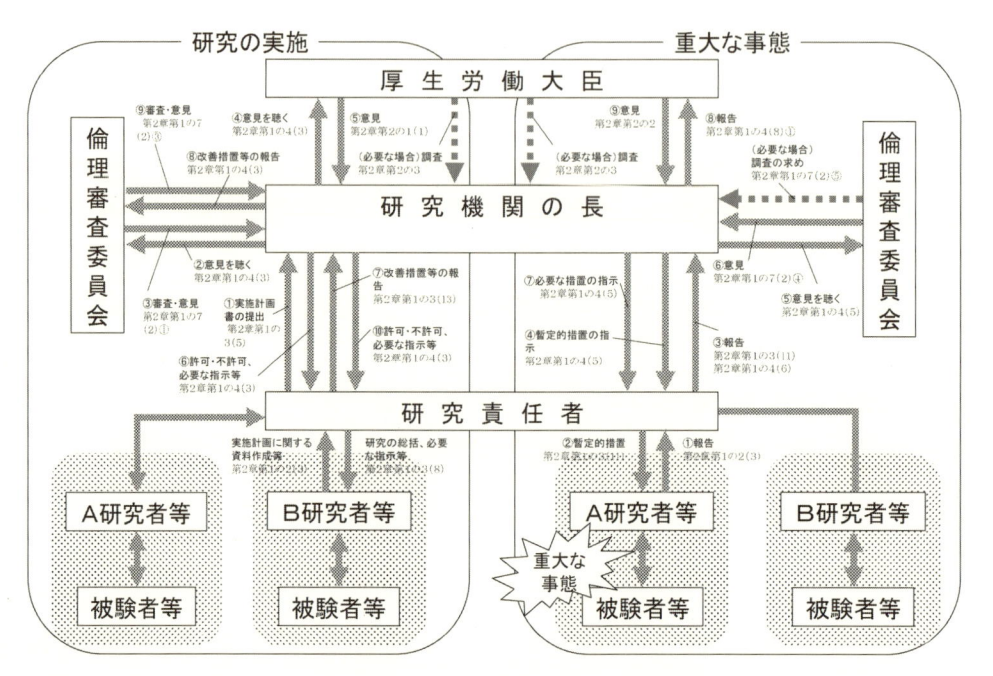

図1-1 ヒト幹細胞を用いる臨床研究について（流れ）（参考）

第1章 「ヒト幹細胞を用いる臨床研究に関する指針」の解説

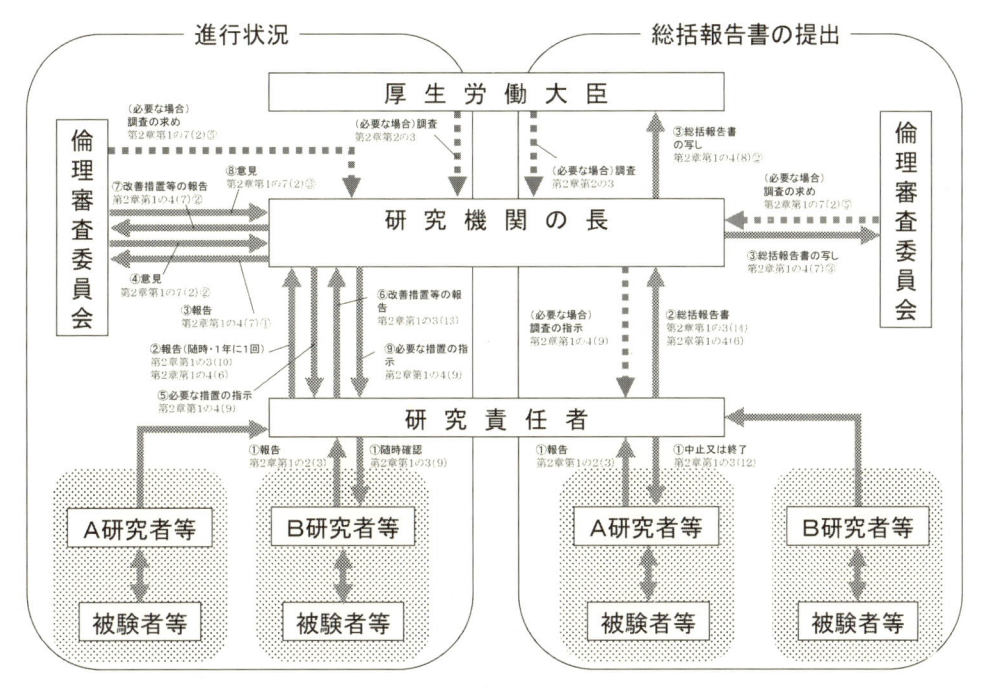

図1-2 ヒト幹細胞を用いる臨床研究について（流れ）

臨床研究を対象としている。日本国内において実施されるヒト幹細胞臨床研究を対象とするが，わが国の研究機関が日本国外において研究を行う場合及び海外の研究機関と共同で研究を行う場合は，日本国外において実施されるヒト幹細胞臨床研究も対象とし，研究者等は，当該実施地の法令，指針等を遵守しつつ，この指針の基準に従わなければならないこととしている。

まず，ヒト幹細胞の定義について述べる。ヒト幹細胞とは，ヒトから採取された細胞又は当該細胞の分裂により生ずる細胞であって，多分化能を有し，かつ，自己複製能力を維持しているもの又はそれに類する能力を有することが推定されるもの及びこれらに由来する細胞のうち，組織幹細胞（例えば，造血系幹細胞，神経系幹細胞，間葉系幹細胞（骨髄間質幹細胞・脂肪組織由来幹細胞を含む），角膜幹細胞，皮膚幹細胞，毛胞幹細胞，腸管幹細胞，肝幹細胞及び骨格筋幹細胞）及びこれを豊富に含む細胞集団（例えば，造血系幹細胞を含む全骨髄細胞）をいい，血管前駆細胞，臍帯血及び骨髄間質細胞を含むこととしている。また，体外でこれらの細胞を調整して得られた細胞を含むこととし，細胞が分泌する各種成長因子あるいはサイトカインなどの効果を期待する治療も本指針の適用範囲である。なんとなれば，幹細胞療法のなかでも自分自身の多分化能に期待するものもあれば，それが出す成長因子による効果に期待する治療法もあるからである。がん免疫療法に関しては，当該治療に用いられるリンパ球や樹状細胞が幹細胞とみなされないため，本指針の対象範囲外であると考えている。なお，胚性幹細胞及びこれに由来する細胞は

iPS 細胞の産業的応用技術

本指針の対象から除外することとしている。

　近年，わが国発のシーズとして人工多能性幹細胞（iPS 細胞）樹立法が確立された。当該細胞株は胚性幹細胞株と同等の未分化性を有し，これまで胚性幹細胞株研究により得られた成果がそのまま外挿されうるという点で画期的である。加えて，生命の萌芽である受精卵を滅失する必要がないことから，倫理性という観点から有望であるものの，現在の人工多能性幹細胞株の樹立にあたっては，ウイルスあるいはプラスミドといった外的因子を用いざるを得ないという点で，科学的には胚性幹細胞株に一日の長があると認識している。また，実際の臨床研究にむけた動きという点から，胚性幹細胞を用いた世界初の臨床試験が，米国にて行なわれることと聞いている。これら臨床試験により得られるであろう成果・知見を，いかに速やかに iPS 細胞臨床研究に反映させるかが今後の課題であろう。

　人工多能性幹細胞を用いる臨床研究を開始するにあたっては，確認申請ののちに治験に移行するという方策と，臨床研究により First-in-Man を行なうという場合が想定される。臨床研究により行なわれる場合，医師法の範囲内で行なわれ，ソフトローである指針を遵守するように求められるところである。ヒト幹細胞を用いる臨床研究に関する指針に加え，遺伝子治療臨床研究指針による審査も行なわねばならないと想定され，指針間の整合性をとりつつ，イノベーションの推進とその速やかな社会還元にむけ検討を加える必要性があると認識している。ただし，臨床研究としてではなく，治験として行なわれるのであれば，平成 12 年医薬発代 1314 号別添 2 の改定である平成 20 年薬食発第 0912006 号通知において細胞株にかかる評価項目が設定されており，すでに対応が可能であることは申し添えておく。

　本指針はヒト幹細胞を用いる「臨床研究」を対象としているため，骨髄移植あるいは輸血などといった安全性及び有効性が確立され一般的に行われている診療行為，ならびに臨床治験に関しては適用されない。ヒト幹細胞臨床研究においては，採取，調製及び移植又は投与は基本的には同一機関内で実施されるものであるが，薬事法（昭和 35 年法律第 145 号）における治験以外で採取，調製及び移植又は投与の過程を複数の機関で実施する場合が考えられ，これに対しては本指針が適用される。例えば，医師である研究者が自らの患者への投与を目的として調製機関に赴いて調製する場合である。ヒト幹細胞あるいはその調整製品の投与を行う研究機関の医師である研究者が自ら調製機関に赴いて調製せず調整を共同研究者などに依頼する場合は，それが有償無償にかかわらず，薬事法に抵触しないか十分に吟味する必要がある。なお，民間クリニックで行われている細胞移植療法についても，ヒト幹細胞を用いる臨床研究として行われるものであれば本指針の対象であり，その場合には本指針に則り，指針における各種規程，たとえば倫理審査委員会の設置，安全性の確保をする必要がある。また，本指針策定の趣旨に鑑み，関係学会において自主的に本指針の趣旨に添わない治療は自粛していただくよう期待している。また，本指針が

第1章 「ヒト幹細胞を用いる臨床研究に関する指針」の解説

施行される前に開始されているヒト幹細胞を用いる臨床研究も本指針の適用対象としないこととしている。ただし，施行以前に開始されたヒト幹細胞を用いる臨床研究であっても，本指針の希求する水準での科学的合理性，高い倫理性も求めるとともに，研究代表者，ヒト幹細胞臨床研究の対象疾患（拡大を含む），臨床研究に用いるヒト幹細胞の種類並びにその採取，調整及び移植または投与方法について変更する場合は厚生労働大臣の意見を聞く必要がある。

2.3 対象疾患等

本指針にてヒト幹細胞臨床研究の対象としうる疾患は，
① 重篤で生命を脅かす疾患，身体の機能を著しく損なう疾患又は一定程度身体の機能もしくは形態を損なうことによりQOL（生活の質）を著しく損なう疾患であること。
② ヒト幹細胞臨床研究による治療の効果が，現在可能な他の治療と比較して優れていると予測されるものであること。
③ 被験者にとってヒト幹細胞臨床研究の治療により得られる利益が，不利益を上回ると十分予測されるものであること。

の3点を満たすことと定められている。これは，ヒト幹細胞の臨床利用における安全性において未だ不明な点が多いことから，被験者の生命身体を保護すべきであるとの観点に鑑み制限が加えられていると理解されたい。

2.4 基本原則

ヒト幹細胞を用いる臨床研究は発展性のある医療技術であり，一見遠回りに見えても真に国民福祉に資する医療技術として育成すべきとの観点から，安全性・有効性といった科学的観点のみならず倫理性や透明性を十分に担保して臨床研究を行うべきであると考え，以下の基本原則を設けている。

2.4.1 有効性及び安全性の確保

ヒト幹細胞臨床研究は，十分な科学的知見に基づき，有効性及び安全性が予測されるものに限る。臨床研究は有効性及び安全性を確認するために行われるものではあるが，その有効性及び安全性が予測されなければ厚生労働大臣の意見として臨床研究の開始を許可しないことを想定している。

2.4.2 倫理性の確保

研究者等は，生命倫理を尊重しなければならない。詳細は「臨床研究に関する倫理指針」を参照されたい。

2.4.3　被験者等のインフォームド・コンセントの確保

　ヒト幹細胞臨床研究は，被験者及び提供者（以下「被験者等」という）のインフォームド・コンセントが確保された上で実施されなければならない。また，インフォームド・コンセントを受ける者（以下「説明者」という）は，研究責任者又は研究責任者の指示を受けた研究者であって，原則として，歯科医師を含む医師でなければならない。

2.4.4　品質等の確認

　ヒト幹細胞臨床研究に用いるヒト幹細胞は，少なくとも動物実験において，その品質，有効性及び安全性が確認されているものに限る。有効性ならびに安全性を予測するためには，$in\ vitro$ でのデータのみならず，動物実験による $in\ vivo$ での検証が必要であり，対象とする疾病の性格によりモデル動物が最適であるかも考慮検討されなければならない。たとえば，神経系あるいは心疾患の再生医療にむけて安全性・有効性を検証するには齧歯類のみでの検証では不十分であり，前者では霊長類，後者でも中大動物である豚・山羊あるいはイヌなどによる検討は必要である。また，歯牙の再生であれば齧歯類での検証では不十分でイヌなどによる検討が不可欠であろう。適切なモデル動物の選択は重要な課題であり，ヒト幹細胞臨床研究に関する審査委員会においても十二分な議論がなされるべき点である。

2.4.5　公衆衛生上の安全の配慮

　ヒト幹細胞臨床研究は，公衆衛生上の安全に十分配慮して実施されなければならない。たとえば，ヒト幹細胞の移植あるいは投与が次世代に受け継がれる，接触した者に影響をあたえる，あるいは感染症の伝播を引き起こす可能性があれば公衆衛生上の安全の配慮からこれを行うべきではない。評価項目は，平成12年医薬発第1314号別添1がいわゆるGTPに対応した通知であるため，参照されたい。

2.4.6　情報の公開

　研究機関の長は，計画又は実施しているヒト幹細胞臨床研究に関する情報の適切かつ正確な公開に努めるものとする。特に，再生医療は萌芽的医療であるため透明性を確保する必要がある。透明性を確保することで有効性・安全性が確認されなかった臨床研究が繰り返されず被験者の安全を確保でき，真に有効な再生医療の推進，ひいては再生医療が広く国民福祉に資すると考えられる。

　研究機関の長が医学部長であるのか病院長であるのか，国立高度医療センターである場合には総長であるのかは，現在のところ明確な規定はなく，研究機関の判断に委ねているところである。

2.4.7　個人情報の保護

　被験者等に関する個人情報については，連結可能匿名化（必要な場合に個人を識別できるように，その個人と新たに付された符号又は番号の対応表を残す方法による匿名化をいう）を行った

第1章 「ヒト幹細胞を用いる臨床研究に関する指針」の解説

上で取り扱うものとする。なお，個人情報の保護に関する法律（平成15年法律第57号），行政機関の保有する個人情報の保護に関する法律（平成15年法律第58号），独立行政法人等の保有する個人情報の保護に関する法律（平成15年法律第59号）及び個人情報の保護に関する法律第11条第1項の趣旨を踏まえて地方公共団体において制定される条例等が適用されるそれぞれの研究機関は，保有個人情報の取扱いに当たっては，それぞれに適用される法令，条例等を遵守する必要があることに留意しなければならない。研究者等，倫理審査委員会の委員及び倫理審査委員会に準ずる委員会の委員は，ヒト幹細胞臨床研究を行う上で知り得た被験者等に関する個人情報を正当な理由なく漏らしてはならないものとし，その職を退いた後も同様と規定している。

ヒト幹細胞臨床研究の結果を公表する場合には，被験者等を特定できないように行うこととしている。保有個人情報の漏えい，滅失又はき損の防止その他の保有個人情報の安全管理のために必要かつ適切な措置を講じなければならない。また，組織の代表者等は，保有個人情報の安全管理のために必要かつ適切な組織的，人的，物理的及び技術的安全管理措置を講じることとされている。

3　ヒト幹細胞臨床研究申請時に提出する書類について

ヒト幹細胞臨床研究申請は，厚生労働省医政局研究開発振興課ヒト幹細胞臨床研究対策専門官あてに郵送にてご送付いただきたい。提出前に事前に担当官と相談することで，迅速な審査が期待できる。

申請時提出書類は，
(1) 実施計画書
(2) 倫理審査委員会等における審査の過程及び結果を示す書類（写し）
(3) 倫理審査委員会の構成，組織及び運営その他ヒト幹細胞臨床研究の審査等に必要な手続きに関する規則（写し）

の3点である。

(1) 実施計画書に記載されるべき内容は以下のごとくである（参考書式）

① ヒト幹細胞臨床研究の名称

名称により，どのような幹細胞をどのような疾患を対象として治療研究を行なうのかが理解でき，かつ平易なものであることが望ましい。

② 研究責任者及びその他の研究者の氏名並びに当該臨床研究において果たす役割

当該臨床研究に参画する研究者が，専門医資格などを有する場合，その専門医師資格と外科医であれば手術症例数を記載していただきたい。

iPS細胞の産業的応用技術

臨床研究に用いるヒト幹細胞	種類	
	採取、調製、移植又は投与の方法	
	安全性についての評価	
臨床研究の実施が可能であると判断した理由		
臨床研究の実施計画		
被験者等に関するインフォームド・コンセント	手続	
	説明事項（被験者の受ける利益及び不利益を含む。）	
単独でインフォームド・コンセントを与えることが困難な者を被験者等とする臨床研究の場合	研究が必要不可欠である理由	
	代諾者の選定方針	
被験者等に対して重大な事態が生じた場合の対処方法		

参考書式1

ヒト幹細胞臨床研究実施計画書

（別 紙）

臨床研究の名称		
研究機関	名称	
	所在地	〒
	電話番号	
	FAX番号	
研究機関の長	氏名	
	役職	
研究責任者	氏名	
	役職	
	最終学歴	
	専攻科目	
その他の研究者		別紙1参照
臨床研究の目的・意義		
臨床研究の対象疾患	名称	
	選定理由	
被験者等の選定基準		

第1章 「ヒト幹細胞を用いる臨床研究に関する指針」の解説

(別紙1)

研究者の氏名、所属、略歴（最終学歴）、専攻科目、臨床研究において果たす役割

1	氏名	
	所属	
	略歴（最終学歴）	
	専攻科目	
	臨床研究において果たす役割	
2	氏名	
	所属	
	略歴（最終学歴）	
	専攻科目	
	臨床研究において果たす役割	
3	氏名	
	所属	
	略歴（最終学歴）	
	専攻科目	
	臨床研究において果たす役割	
4	氏名	
	所属	
	略歴（最終学歴）	
	専攻科目	
	臨床研究において果たす役割	
5	氏名	
	所属	
	略歴（最終学歴）	
	専攻科目	
	臨床研究において果たす役割	

備考1　1枚に記載しきれない場合は、適宜用紙を追加すること。

参考書式2

臨床研究終了後の追跡調査の方法	
臨床研究に伴う補償	
補償の有無	有　　　無
補償が有る場合、その内容	
個人情報保護の方法	
連結可能匿名化の方法	
その他	

備考1　各用紙の大きさは、日本工業規格A4とすること。
備考2　本様式中に書ききれない場合は、適宜別紙を使用し、本様式に「別紙○参照」と記載すること。

添付書類（添付した書類にチェックを入れること）
□ 研究者の略歴及び研究業績
□ 研究機関の基準に合致した研究機関の施設の状況
□ 臨床研究に用いるヒト幹細胞の品質等に関する研究成果
□ 同様のヒト幹細胞臨床研究に関する国内外の研究状況
□ 臨床研究の概要をできる限り平易な用語を用いて記載した要旨
□ インフォームド・コンセントにおける説明文書及び同意文書様式
□ その他（資料内容：
□ その他（資料内容：
□ その他（資料内容：

③ 研究機関の名称及びその所在地

④ ヒト幹細胞臨床研究の目的及び意義

　公表されても知的財産が侵害されない程度の内容でよいと考えているが，一方で平易で義務教育終了程度の読解力で十分理解できる記載が望ましい。

⑤ 対象疾患及びその選定理由

　対象疾患：重篤で生命を脅かす疾患，身体の機能を著しく損なう疾患又は一定程度身体の機能若しくは形態を損なうことによりQOLを著しく損なう疾患であることとされている。選定理由として，

　1) ヒト幹細胞臨床研究による治療の効果が，現在可能な他の治療と比較して優れていると予測される疾患

　2) 被験者にとってヒト幹細胞臨床研究の治療により得られる利益が，不利益を上回ると十分予測される疾患

であることを十分に説明していただきたい。特に，対象症例が未成年を想定している場合や，同種由来幹細胞を用いる場合には詳細な記述と，上記疾患であると判断しうる説得力のある記述が望まれる。

⑥ 被験者等の選定基準

　研究責任者は，被験者等の選定に当たって，当該者の経済的事由をもって選定してはならない。提供者の選定に当たっては，その人権保護の観点から，病状，年齢，同意能力等を考慮し，慎重に検討するものとしている。被験者の主体的な判断が肝要であるため，当該研究にかかる情報の不均衡性が解決されないままでの臨床研究への選定は避けるべきであろう。

⑦ ヒト幹細胞の種類及びその採取，調製，移植又は投与の方法

　採取段階における安全対策等については，この指針に規定するほか，「ヒト又は動物由来成分を原料として製造される医薬品等の品質及び安全性確保について」（平成12年12月26日付け医薬発第1314号厚生省医薬安全局長通知）の規定するところによるものとされている。いわゆる1314号通知は別添1と別添2が付随しており，別添1はGTPに相当するものであり，別添2はGMPに相当するものと理解されるとわかりやすい。平成20年度において，第1314号通知別添2は，自己由来細胞を用いる場合には平成20年薬食発第0208003号通知（第0912007号通知にて一部修正），同種細胞を用いる場合には平成20年薬食発第0912006号通知に改定されているため，一案細胞を用いる臨床研究にあっては，新規通知を参照されることをお勧めする。なお，現在1314号通知別添2の改定に付随してヒト幹細胞を用いる臨床研究に関する指針も改定する必要があり，改定を行なうべく厚生科学審議会科学技術部会に専門委員会が設置されることとなっている。

第1章 「ヒト幹細胞を用いる臨床研究に関する指針」の解説

⑧ 安全性についての評価
・有効性及び安全性の確保
　ヒト幹細胞臨床研究は，十分な科学的知見に基づき，有効性及び安全性が予測されるものに限るとされている。品質等の確認とは，ヒト幹細胞臨床研究に用いるヒト幹細胞は，少なくとも動物実験において，その品質，有効性及び安全性が確認されているものに限るということである。

⑨ ヒト幹細胞臨床研究の実施が可能であると判断した理由
　研究者等は，ヒト幹細胞臨床研究を実施するに当たっては，一般的に受け入れられた科学的原則に従い，科学的文献その他の関連する情報及び十分な実験結果に基づかなければならない。海外の論文に記載された内容を単純に行なうということは望ましくないと考えている。なお，研究責任者は，ヒト幹細胞臨床研究を実施するに当たって，内外の入手し得る情報に基づき，倫理的及び科学的観点から十分検討しなければならない。

⑩ ヒト幹細胞臨床研究の実施計画
　実施計画書は，各研究機関において審議されたものを添付していただいて構わないが，実施計画書に附属する諸文書も添付されたい。

⑪ 被験者等に関するインフォームド・コンセントの手続
　ヒト幹細胞を用いる臨床研究においては，予測ができない事象が発生する可能性がある。これらについて被験者が主体的に理解し判断するには時間もかかるであろうし，取り下げるべきか逡巡するであろうことも想像に難くない。したがって，臨床研究にenrollされる時，幹細胞の採取の際，そして投与・移植をされる際にインフォームド・コンセントを取得するべきである。

⑫ インフォームド・コンセントにおける説明事項
　説明文ならびに同意文書の写しを参照のうえ確認することとなっている。記載内容に関しては，義務教育終了時に理解できる程度の平易な記載が期待され，イラストなどを用い，十分に理解していただくことが肝要である。これは，研究者と被験者との情報の不均衡性による諸問題を避けるためにも重要な点である。

⑬ 単独でインフォームド・コンセントを与えることが困難な者を被験者等とするヒト幹細胞臨床研究にあっては，当該臨床研究を行うことが必要不可欠である理由及び代諾者の選定方針
　特に未成年者を被験者とする場合には問題となる。

⑭ 被験者等に対して重大な事態が生じた場合の対処方法
　研究機関の長は，3（11）の規定により研究責任者から重大な事態が報告された場合には，原因の分析を含む対処方針につき，速やかに倫理審査委員会等の意見を聴き，研究責任者に対し，中止その他の必要な措置を講じるよう指示しなければならない。なお，必要に応じ，倫理審査委員会等の意見を聴く前に，研究機関の長は，研究責任者に対し，中止その他の暫定的な措置を講

じるよう,指示することができる,とされている。ヒト幹細胞臨床研究における重大な事態について,倫理審査委員会等の意見を受け,その原因を分析し,研究責任者に中止その他の必要な措置の指示を与えた上で,厚生労働大臣に速やかに報告することが求められる。

⑮ ヒト幹細胞臨床研究終了後の追跡調査の方法

　研究責任者は,ヒト幹細胞臨床研究終了後においても,有効性及び安全性の確保の観点から,治療による効果及び副作用について適当な期間の追跡調査その他の必要な措置を行うよう努めなければならない。また,その結果については,研究機関の長に報告しなければならない。また,研究責任者は,ヒト幹細胞臨床研究終了後においても,当該臨床研究の結果により得られた最善の予防,診断及び治療を被験者が受けることができるよう努めなければならない,と規定されている。加えて,研究責任者は,ヒト幹細胞臨床研究に関する記録を良好な状態の下で,総括報告書を提出した日から少なくとも10年間保存しなければならないこととされているが,研究機関の長と相談の上,記録の保管を委託することは可能であろう。

⑯ ヒト幹細胞臨床研究に伴う補償の有無

　ヒト幹細胞臨床研究に伴う補償がある場合にあっては,当該補償の内容を含んで記載をお願いしたい。

⑰ 個人情報保護の方法(連結可能匿名化の方法を含む)

　特に希少疾病を対象疾患としている場合には配慮が求められるものである。

(2) 倫理審査委員会等における審査の過程及び結果を示す書類(写し)

　倫理的及び科学的観点から総合的に審査がなされているかを確認するため,研究機関内倫理審査委員会等の議事録など審査過程が了解できるものとその結果を示す書類の写しの提出を求めている。とくに,研究機関における審査が倫理的にも科学的にも十分議論されているかが中央でも審査確認されることとなり,また同じ議論をさけることで審査の迅速化をはかることが可能となると推測されるからである。

(3) 倫理審査委員会の構成,組織及び運営その他ヒト幹細胞臨床研究の審査等に必要な手続きに関する規則(写し)

　倫理委員会の構成は,分子生物学・細胞生物学・遺伝学・臨床薬理学又は病理学の専門家,ヒト幹細胞臨床研究が対象とする疾患に係る臨床医,法律に関する専門家および生命倫理に関する識見を有する者よりなっており,かつ男女両性により構成され,かつ,複数の外部委員を含むこととされている。倫理審査委員会の構成員が本規定を満たしていることを明示したリストの提出が求められる。また,倫理審査委員会が独立性を維持し判断をくだしうることを示すため,審査等に必要な手続に関する規則が公表されていることが必要であり,当該規則の写しを提出することを求めている。

第1章 「ヒト幹細胞を用いる臨床研究に関する指針」の解説

実施計画書に添付する書類として
① 研究者の略歴及び研究業績
② 研究機関の基準に合致した研究機関の施設の状況
③ 臨床研究に用いるヒト幹細胞の品質等に関する研究成果
④ 同様のヒト幹細胞臨床研究に関する内外の研究状況
⑤ 臨床研究の概要をできる限り平易な用語を用いて記載した要旨
⑥ インフォームド・コンセントにおける説明文書及び同意文書様式
⑦ その他添付書類

が必要である。

このなかで②と⑥に関して若干の補足を加える。

② 研究機関の基準に合致した研究機関の施設の状況

ヒト幹細胞の採取を行う研究機関，調製機関ならびにヒト幹細胞を移植又は投与する研究機関に関しては基準が設けられている。これは従前の細胞を用いた臨床研究が，異種細胞や癌化細胞をあつかったのと同じクリーンベンチで細胞の調整が行われ，それが被験者に投与されているケース，あるいは細胞の同一性が確認できないような状況で行われていたケースもあったとの反省より制定されたのである。

ヒト幹細胞の採取を行う研究機関：ヒト幹細胞の採取及び保存に必要な衛生上の管理がなされており，採取に関する十分な知識及び技術を有する研究者を有しており，提供者の人権の保護のための措置がとられていることが求められ，加えて，採取が侵襲性を有する場合にあっては，医療機関であることとされている。

調製機関：医薬品の臨床試験の実施の基準に関する省令（平成9年厚生省令第28号）第17条第1項に求められる水準に達しており，ヒト幹細胞の調製及び保存に必要な衛生上の管理がなされ，調製に関する十分な知識及び技術を有する研究者を有していることが求められている。ヒト幹細胞の取扱いに関して，機関内に専用の作業区域を有していることとされる。なお，専用の作業区域の解釈であるが，本指針においては room ではなく space と規定している。

ヒト幹細胞を移植又は投与する研究機関：医療機関であることが必須条件であり，十分な臨床的観察及び検査並びにこれらの結果をヒト幹細胞の移植又は投与と関連付けて分析及び評価を行う能力を有する研究者を置き，かつ，これらの実施に必要な機能を有する施設を備えていることが求められている。また，被験者の病状に応じて必要な措置を講ずる能力を有する研究者を置き，かつ，そのために必要な機能を有する施設を備えていることと規定している。これは，再生医療においてはいかなる事象が発生するか不明であるため，状態の重篤化したときに対応が可能であることを求めていると解釈されたい。

⑥　インフォームド・コンセントにおける説明文書及び同意文書様式

　なお，インフォームド・コンセントにおける説明文書及び同意文書様式に関しては，採取時と投与あるいは移植時に別々にお取りいただくこととなっているので留意されたい。「幹細胞採取時における説明文書及び同意文書様式」「移植又は投与時における説明文書及び同意文書様式」が求められるところであるが，義務教育終了者が十分に理解できる平易さをもった説明文書であることが求められ，イラストなどを用い，被験者の理解を助け，自ら十二分に臨床研究に関して理解し，主体的に参加されていることが，説明文書から推測できることが肝要である。現在のところ，未成年者を対象としたヒト幹細胞臨床研究については議論が残るところであるが，これはヒト幹細胞臨床研究への被験者の参加が，主体的なものであるべきであるとの観点からの議論がなされているものと認識されたい。

4　ヒト幹細胞臨床研究の審査

　平成18年7月27日厚生科学審議会科学技術部会において，「ヒト幹細胞臨床研究に関する審査委員会（仮称）」の設置が了承された。研究計画の申請から中央審査ならびに厚生労働大臣からの意見の送付のながれについては図2に示している。なお，審査にあたり重要な論点となる「新規性」の判断ならびに，「重大な事態」に関する考え方を述べる。

(1) **本指針における「新規」性の考え方について**

　本指針に規定する「新規」性は，日本国内において指針の施行前においてすでに実施されているヒト幹細胞臨床研究を含めて，科学的に判断した場合に，

①　新規の幹細胞を用いている
②　新規の移植法又は投与方法を用いている
③　過去に臨床研究の対象となったことがない新規の疾患を対象としている
④　その他厚生労働大臣が必要と認める

の各号に該当すると認められるかどうかによって判断する。当該新規性の判断は，各々の専門知識及び科学的知見に基づいて行うが，具体的には，すでに同様の臨床研究が実施され，その研究成果及び一定期間の予後に関し学会誌等に報告されているか等に基づき，各々の専門的知識及び科学的知見によって審査委員会委員にご判断いただくこととなっている。これらに関し以下に考え方を述べる。なお，ヒト幹細胞臨床研究計画に関しては，当面の新規性の判断に関する措置について当面の間はすべての申請で新規性を有するとみなし，ヒト幹細胞臨床研究に関する審査委員会に諮ることとしている。

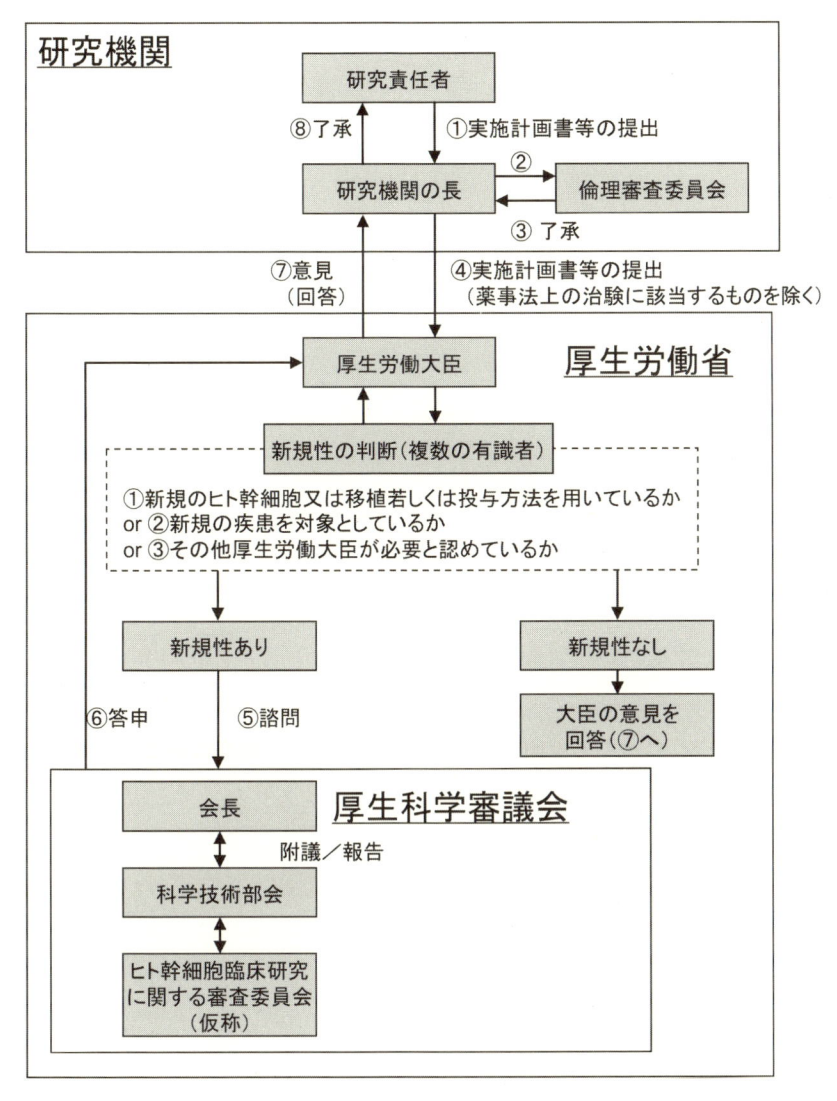

第1章 「ヒト幹細胞を用いる臨床研究に関する指針」の解説

図2

① 新規の幹細胞を用いている

たとえば「間葉系幹細胞」と言っても，骨髄由来幹細胞や骨格筋由来幹細胞あるいは脂肪組織由来幹細胞などが含まれる。また，採取の方法により「骨髄由来幹細胞」とひとくくりにされているものでも，どのような手技手法あるいは過程で採取されるのかが異なり，その有用性に関し議論が必要である。したがって，すでに学会誌等に発表され既知のものであり，採取の手順が同一でなければ「新規性がある」と判断すべきである。

② 新規の移植法又は投与方法を用いている

臨床的にすでに施行されている移植法又は投与方法であっても，移植・投与に用いる医療機器

（用具）が一般的な医療に受け入れられていない場合は「新規」性があると判断すべきである。

③ 過去に臨床研究の対象となったことがない新規の疾患を対象としている

ヒト幹細胞を用いる臨床研究がなされ査読を経て掲載される学会誌等にその有用性が認められると報告されている疾患と比較して，発症機序あるいは再生すべき組織構築等が異なる疾患である場合は新規性があると判断する。たとえば，角膜再生にむけたヒト幹細胞を用いる臨床研究において，角膜障害性疾患である Stevens-Johnson 症候群を対象とした臨床研究は，対象疾患として新規性はないと思われる。しかし，外傷性の角膜障害の場合，同じ角膜障害性疾患であってもその発症機序，再生すべき組織構築が異なるため，新規疾患と判断すべきである。

④ その他厚生労働大臣が必要と認める

多施設での共同研究の場合や新規の培養方法を用いている場合は新規性があると判断する。これは，輸送など未知の要素を考慮すべきであるからである。また，幹細胞の種類，移植法ないしは投与法，あるいは疾患に新規性がないと判断されても，その組み合わせにより有用性の評価は異なると考えられる。たとえば，「脂肪組織由来幹細胞を経皮的経管的に冠動脈に注入する治療法」という実施計画書が提出されたと仮定する。脂肪組織由来幹細胞が既知の方法で採取され新規性がなく，また骨髄由来細胞を冠動脈に注入するという手技も新規性がないものであるが，これを組み合わせた上記仮定の臨床研究は新規のものと考えるべきであろう。

(2) 「重大な事態」の考え方について

ヒト幹細胞を用いる臨床研究において，各被験者の登録した時点より生じた全ての有害事象又は副作用のうち，「重大な事態」は以下のように想定している。

① 死亡
② 死亡につながるおそれがある
③ 入院または入院期間の延長
④ 障害
⑤ 障害につながるおそれがある
⑥ 後世代における先天性の疾病又は異常
⑦ その他

なお，「重大な事態」と臨床研究との因果関係は問わない。厚生労働大臣への報告に当たっては，報告書に加え，少なくとも研究責任者から研究機関の長への報告の写し，研究機関の長からと研究機関における倫理審査委員会への諮問の写し，ならびに研究機関内倫理審査委員会から研究機関の長への意見の写しを添付することが必要である。なお，当面の処置として，研究期間のみならず，研究期間終了後も 10 年間は厚生労働大臣へ報告すべきと考えている。重大な事態が発生した場合，研究責任者は暫定的な処置として当該臨床研究を（一時）中止し，被験者の新規

第1章 「ヒト幹細胞を用いる臨床研究に関する指針」の解説

登録を（一時）中止するとともに研究機関長への報告を行う。研究機関長は中止その他の指示など暫定的処置を行うとともに，原因の分析を含む対処方針につき研究機関内の倫理委員会へ諮問し，倫理委員会では原因の分析を含む対処方針につき審議の上研究機関の長に意見し，研究機関長は中止その他の措置をとるように指示を行い，速やかに厚生労働大臣へ報告しなければならない。今後，臨床研究から治験へのシームレスかつ迅速な展開を推進するとの観点から，治験と横並びの基準であることが求められよう。

5　おわりに

幹細胞には科学的にみても医学的に見ても未だ不明な点が多い。このため，ヒト幹細胞を用いた臨床研究を適正に実施するために本指針が策定された。安全性・有効性が確保された再生医療こそのみが国民の健康福祉に資する医療であり，本指針は再生医療の推進のために策定されたものであるとご理解されたい。

第 2 章　海外での再生医療の規制

梅垣昌士*

1　はじめに

　幹細胞を用いた新たな技術を治療に応用する，すなわち幹細胞由来製品をヒトに対して用いる臨床試験を行うためには，様々なルールを遵守する必要がある。日本国内においては，臨床研究に際しては「ヒト幹細胞を用いる臨床研究に関する指針」，治験に際しては薬事法等に基づいて行われているが，海外諸国の規制の現状を知ることは，海外での臨床試験を考慮する際にはもちろん，国内の規制の意味合いを考察する上でも有用と思われる。

　本章では海外各国の幹細胞由来製品の臨床試験実施に関する規制の枠組みを紹介すると共に，国による違いが大きいヒト胚性幹（ES）細胞研究に関する規制状況についてもまとめておきたい。

　ES細胞の利用に関しては，各国でヒト胚（受精卵）についての考え方の違いを反映し，その規制の枠組みは大きく異なるが，幹細胞由来製品の捉え方については各国により枠組みの違いはあるものの，多くの国では生物製剤もしくは細胞由来治療製品の一つに分類されており，医薬品・医療機器と同様に，①臨床試験実施基準 GCP（Good Clinical Practice），②品質管理および構造設備基準 GMP（Good Manufacturing Practice）に加え，細胞・組織の取り扱い基準である GTP（Good Tissue Practice）等が上乗せされるのが一般的である。

2　米国

2.1　米国での幹細胞由来製品の臨床試験実施に関する規制

　新たに開発された医薬品・医療機器をヒトに用いる臨床試験を行う際の米国連邦政府による法規制は，公衆衛生全般に関わる Public Health Service Act（以下「PHS法」）と，日本の薬事法に相当する Federal Food, Drug & Cosmetic Act（以下「FDC法」）が基本となる。これらの法律（Act）を根拠に，下位法令である連邦規則（Federal Regulation）において臨床試験実施基準，GMP，GTP 等が規定され，さらに規制当局である米国食品医薬品局 U. S. Food and Drug Ad-

---

*　Masao Umegaki　厚生労働省　医政局研究開発振興課　高度医療専門官

第2章　海外での再生医療の規制

表1　21 CFR 1271（2005年5月25日発効）の構成と記載項目

> Subpart A（1271.1-1271.20）：General Provisions　一般規定
> Subpart B（1271.21-1271.37）：Procedures for Registration and Listing 製造施設登録とリスト化の手続き
> Subpart C（1271.45-1271.90）：Donor Eligibility　ドナー適格性
> Subpart D（1271.145-1271.320）：Current Good Tissue Practice　現行のGTP
> Subpart E（1271.330-1271.370）：Additional Requirements for Establishments Described in 1271.10 10項で記載された（販売承認申請を要しない）HCT/P製品の製造についての追加要件
> Subpart F（1271.390-1271.440）：Inspection and Enforcement of Establishments Described in 1271.10 10項で記載された（販売承認申請を要しない）製品の製造に対する査察と強制執行

ministration（FDA）の担当部局が，より具体的な指針Guidanceや考え方Point to Consider等を示す，というのが大まかな構図である。

　米国では，幹細胞由来製品を含むあらゆる細胞・組織由来製品は"human cell, tissue, and cellular and tissue-based product（HCT/P）"と定義され，研究，診療のいずれにもかかわらず，その取扱いは連邦規則の一つTitle 21, Code of Federal Regulations, Part 1271（以下「21 CFR 1271」その他の連邦規則も同様に標記）で規制される。

　21 CFR 1271は，表1に示すように6つのSubpartからなり，中心となるSubpart Cのドナー適格性，Subpart DのGTPの他，Subpart BでFDAへの製造施設登録と製品のリスト化の義務規定が記載されている。

　Subpart A第10項（21 CFR 1271.10）では，移植に用いられる角膜や皮膚のように，最小限の加工しかされず，本来機能と同一の目的での利用など一定条件を満たす製品は，伝染病予防について規定したPHS法第361項による規制を受けるのみであるが，それ以外の製品はPHS法第351項に規定される生物製剤Biological Productに分類され，FDC法に基づき生物製剤としての承認が義務づけられることが規定されている。生物製剤としての要件は，別の連邦規則21 CFR 600，610等において定義されているが，製品によっては医療機器Deviceとして扱われ，医療機器に関する規制も上乗せされることになる。

　米国で生物製剤の臨床試験を行う際には，まず連邦規則21 CFR Part 312に基づき，FDAの担当部局である生物製剤評価研究センターCenter for Biologics Evaluation and Research（CBER）に申請を行い，ヒトに投与される製品としての安全性等を中心とした審査を受け，臨床試験のための医薬品Investigational New Drug（IND）としての承認を受ける必要がある。申請製品が医療機器と見なされた場合には，CBERによる審査と共に，同じくFDAの医療機器審査部局である医療機器・放射線保健センターCenter for Devices and Radiological Health（CDRH）の審査も経て，臨床試験のための医療機器Investigational Device Exemption（IDE）として承認を受けることになる。すなわちIND，IDEはそれぞれ日本で言う治験薬，治験医療機器に相当する

ものといえる。

　実際の審査に必要な書類や審査における考え方はCBERが公表しているガイダンス等に示されている。例えば2008年4月にファイナライズされたヒト体細胞を用いた治療薬のIND申請に関する指針[1]では，その申請すべき項目と共にその評価基準として，前述の21 CFR 1271，21 CFR 312の他，Biological Productの要件を示した連邦規則（21 CFR 610等），一般医薬品に関するGMPを定めた連邦規則（21 CFR 211等）等が挙げられている。

　他にCBERが公表するガイダンスとして，細胞治療・遺伝子治療製品がBiological Productとしての要件（21 CFR 600等）を満たすための指針[2]，21 CFR 1271 Subpart Cに規定されるドナー適格性についての考え方をQ&Aの形で示した指針[3]，第1相臨床試験におけるGMPの考え方を示した指針[4]なども，FDAやCBERの基本的な考え方を知る上で参考になると思われる。

　FDAによりヒトに用いる際の安全性等の審査を受け，INDもしくはIDEの承認を受けた後は，実際にその試験製品を用いた臨床試験を行う施設が依頼する倫理審査委員会IRBが，臨床試験プロトコールについての審査することになる。

　研究（臨床試験）の資金源によらず，INDもしくはIDE承認を受けた製品を用いる臨床試験に関するIRBの審査やインフォームド・コンセント等についての要件は，連邦規則21 CFR Part 50および56で示されている。

　一方，米国保健社会福祉省U. S. Department of Health and Human Services（HHS）や国立保健研究所National Institute of Health（NIH）等，連邦政府より研究資金の援助を受けている臨床試験については，別名HHS human subjects protection regulationsとも言われる連邦規則45 CFR Part 46（いわゆるコモン・ルール）の適用となり，HHSの内部部局である被験者保護局Office for Human Research Protections（OHRP）に登録されたIRBによって審査を受けることとなっている。

　さらに研究内容によってはNIH等が独自に設けた研究実施に関するガイダンスを設けており，これらへの遵守も必要である。

2.2　米国におけるヒト胚性幹（ES）細胞研究に関する規制状況

　米国においては，ヒトES細胞の研究に関する連邦政府レベルの規制は存在せず，ヒトES細胞樹立や利用に伴う手続きやプロトコールは，受精卵の提供も含め，倫理審査委員会（IRB）によってのみ審査を受ける。米国国立アカデミー the National AcademyがES細胞研究指針 the National Academies' Guidelines for Human Embryonic Stem Cell Researchを策定しているが，法的拘束力を持つものではない。

　連邦政府が現在唯一行っているES細胞研究に関する規制は，研究費支援政策による間接的な

第 2 章 海外での再生医療の規制

規制のみである。連邦政府による研究資金助成を受ける研究については，コモン・ルールやNIH のガイドラインなどを遵守することになるのは，前項で述べたとおりである。

　2001 年 8 月 9 日に G. W. ブッシュ前大統領が発表した大統領令により，同日時点で樹立されていたヒト ES 細胞株 "Presidential ES Cell Lines" を用いる研究のみが助成対象とされ，それ以外の ES 細胞株を樹立もしくは使用する研究には助成されないこととされた。しかし，2009 年 3 月 9 日，B. オバマ新大統領は大統領令 13505 号を発表し，前大統領令を撤回して，ヒト ES 細胞研究に対して連邦政府として積極的な研究支援を行うことを表明，120 日以内に NIH による過去の研究ガイドライン[5]を見直し，新たな策定を指示した。

　実際には Dickey-Wicker amendment と呼ばれる付加条項が，1995 年以来毎年 HHS の予算案に盛り込まれており，この条項によりヒト胚の作製や破壊を行う研究に対する助成が禁止されていることから，ヒト ES 細胞研究への連邦政府助成の全面解禁には，連邦議会による本条項の見直しが必要とのことである。したがって，当面はすでに樹立されたヒト ES 細胞株や，連邦政府からの助成以外の資金により今後樹立される細胞株を用いた研究にも，連邦政府の助成対象が広げられた，ということになる。

　一方，連邦政府の研究助成を受けていない研究（企業による研究，州政府より援助を受けている研究等）については，これらの政策の変化と無関係にこれまで行われてきており，2009 年 1 月，Geron 社が，FDA より自社のヒト ES 細胞由来の脊髄損傷治療薬の IND 承認を得たことを発表した。今後この製品を用いた臨床試験に関して米国内の IRB がどのような議論を行い，判断を下していくのかが注目される。

3　EU（欧州連合）諸国

3.1　EU における幹細胞由来製品の臨床試験実施に関する規制

　EU 加盟国における医薬品・医療機器に関する規制は，EU 全体で取り組むべき課題と捉えられており，EU 加盟国全体を規制する「EU 法」によって水準や手続きの統一が図られている。こうした薬事関連の EU 法は，EU の行政府たる欧州委員会 European Commission によって "EudraLex" としてまとめられている（http://ec.europa.eu/enterprise/pharmaceuticals/eudralex/eudralex_en.htm）。

　EU 法には，すべての加盟国においてそれ自体が執行力を有する EU 規則（EU Regulation）と，加盟国において関連法の整備を求める EU 指令（EU Directive）があり，例えば研究用新薬 investigational medicinal product（IMP）を用いた臨床試験を行う際の GCP や GMP は，それぞれ EU 指令である Clinical Trials Directive（2001/20/EC，2005/28/EC）や GMP Directive（2003/

94/EC)等により，加盟国各国がそれぞれの裁量のもとに規制整備をすることとされている。また，細胞・組織由来製品の原料となる細胞・組織の採取・保存等に関しては，2004年にEU指令としてTissue and Cells Directive（2004/23/EC）が制定されている。

　医薬品・医療機器製品の製造および販売承認手続きについても，医薬品についてはMedicinal Products Directive（2001/83/EC），医療機器についてはMedical Devices Directive（93/42/EEC）といったEU指令に基づいて各国がそれぞれ規制整備を行っていたが，2004年，EU規制（EC/726/2004）の制定により，バイオ医薬品，エイズ治療薬，抗ガン剤等の指定された製品については従来の各国での個別審査からEUとしての中央審査への移行が義務づけられ，その審査機構として欧州医薬品庁European Medicines Agency（EMEA）がロンドンに改称設置された。

　このEC/726/2004は，同時に指定された製品以外の医薬品・医療機器についてもEMEAに申請して承認を受ければ，EU加盟国すべてにおける販売承認が得られることとしたため，各加盟国で個別に承認を受ける必要がなくなった点で大きなインパクトを与えた（ただし，このEU規制は各国での薬価設定，医療保険システムへの導入方法などについてまで規定はしていない）。

　幹細胞由来製品を含む，細胞由来製品Somatic Cell Therapy Medicinal Productsに関しては，2003年に行われたMedicinal Products Directive（2001/83/EC）の改訂指令（2003/63/EC）により，遺伝子治療製品等とともに，その販売承認手続きに係る要件を書き加えるなどして対応されてきたが，組織工学製品Tissue Engineering Productsのような医薬品と医療機器の双方の性質を併せ持つ製品Combination Productsが出現してきたことや，一般医薬品にはない独特の審査の視点の必要性から，2007年11月，新たなEU規制（EC/1394/2007）が制定された。

　これは細胞治療製品，遺伝子治療製品，組織工学製品を先端治療医療品Advanced Therapy Medicinal Products（ATMP）と定義し，これらの製品に特化してEU圏内での販売承認手続きや販売後調査を規定したEU規制である。

　このEC/1394/2007の規定によれば，各国からの有識者や医師，患者からなる先端治療委員会Committee for Advanced Therapies（CAT）を設け，EMEAの審査に対する助言を与える事になっている他，投与後のTraceabilityの体制強化などのATMPの特徴を踏まえた条項が盛り込まれている。この制定に基づき，欧州委員会はATMPに特化したGMP，GCP，そしてTraceability等についてのガイドラインを作成することとなっており，その動向が注目される。

　この一環としてまず2008年9月には，EMEAより幹細胞を含めた細胞治療製品の安全性・品質の評価に関する指針[5]がファイナライズされ，販売承認審査の際に必要な前臨床試験データの考え方とともに，臨床試験実施に際して考慮すべき点についても記載がなされている。

第 2 章　海外での再生医療の規制

3.2 EU 各国におけるヒト胚性幹（ES）細胞研究に関する規制状況
3.2.1 英国

　世界で初めてヒトの体外受精を成功させ，マウス ES 細胞を樹立し，そしてクローン羊を誕生させた英国は，ヒト胚研究，幹細胞研究について長い歴史と伝統を持っている。それだけに国民のこれらの研究への関心も高く，そのあり方については様々な議論が行われ，その結果米国とは対照的に，国家による厳格な管理の下で研究を推進するシステムが作られている。

　体外受精などのヒト胚の研究利用の進展とともに，まず 1990 年にヒト胚の利用目的，利用方法を定めた，Human Fertilisation and Embryology Act（以下，HFE 法）が制定され，その執行機関である Human Fertilisation and Embryology Authority（HFEA）が設置された。当初，HFE 法に定めるヒト胚の利用目的は不妊治療の研究等に限られていたが，1998 年のヒト ES 細胞樹立を受け，2001 年には Human Fertilisation and Embryology（Research Purposes）Regulations が策定され，HFE 法の利用目的に難病治療研究などが加えられ，余剰胚からのみならず，体細胞核移植 somatic cell nuclear transfer（SCNT）による ES 細胞の作製が認められた。

　2002 年には，利用される胚の数を最小限に抑える目的から，英国内で樹立されたヒト ES 細胞はすべて公的な細胞バンクである英国幹細胞バンク UK Stem Cell Bank に預託（deposit）することとなり，Steering Committee for the UK Stem Cell Bank and the Use of Stem Cell Lines の監督の下で，一括管理されることとなった。同バンクへの幹細胞の預託，およびその研究利用の手続きについては，Code of practice for the use of human stem cell lines に従うこととされている（http://www.ukstemcellbank.org.uk/code.html）。

　ヒトに投与する ES 細胞由来製品を作製し，臨床試験に利用すると仮定すると，幹細胞バンクへの利用の手続きとともに，前述の Tissue and Cells Directive に基づいて整備された，細胞の採取・保管等に関わる英国法，Human Tissue Act（2004）に基づいた許可が必要である。

　さらに，幹細胞製品の臨床試験を開始する際には，英国の薬事規制当局である Medicines and Healthcare products Regulatory Agency（MHRA）への申請と許可が必須である。

　一方倫理審査については，ES 細胞の樹立・利用については，英国の国営医療サービス事業 National Health Service（NHS）傘下で，英国内の倫理審査委員会の監督機関である，National Research Ethics Service（NRES）の許可を得る必要がある。さらに，幹細胞製品（遺伝子操作が加わった製品も含む）等による臨床試験開始時には，2008 年 12 月より，英国保健省のアドバイザリー委員会の一つである The Gene Therapy Advisory Committee（GTAC）による倫理審査を受けることが義務付けられた。

3.2.2 ドイツ

　EU 圏内では，ベルギー，スペイン，スウェーデンなど，英国と同様に生殖医療の余剰胚のみ

ならず SCNT による ES 細胞樹立をも認めている国がある一方，ドイツ，オーストリア，アイルランド，イタリアなど ES 細胞樹立を一切認めない国も混在している。

　例えばドイツでは 1991 年に胚保護法が制定され，ヒト胚が生殖補助医療以外の目的で使用されることや研究目的で滅失することを禁止しているため，国内で余剰胚から ES 細胞を作製することはできない。2002 年に海外で樹立された ES 細胞の輸入と利用を一定条件下で認める「幹細胞法」が制定されたが，その利用可能な ES 細胞は 2002 年 1 月 30 日以前の樹立であることが指定されるなど，制限は強い。2008 年の改正で利用できる細胞株の樹立時期の制限が緩和されたようではあるが，胚保護法そのものの改正は半ばタブー化されており，当面のところ「ドイツ国内で余剰胚は作らない」という方針を変更する動きは見られない。

4　欧米以外の各国におけるヒト胚性幹（ES）細胞研究に関する規制状況

　オーストラリアでは 2006 年に法改正があり，英国と同様に，SCNT による ES 細胞樹立が認められた。また，イスラエル，ロシア，中国，インド，シンガポールなどにおいても余剰胚のみならず SCNT による ES 細胞の樹立が容認されている。

5　結語

　以上，各国の幹細胞由来製品の臨床試験の規制および ES 細胞研究の規制について概観した。
　再生医療のような先端医療技術研究の制度的な枠組みを考える際には，常に規制と推進の適正なバランスが求められる。科学は万国共通の言語ではあるが，進歩の著しい技術であればあるほどその捉え方には期待と不安が混在し，社会，文化，国民性などが反映される。
　特定の制度のみにとらわれるのではなく，様々な制度に広く目を向けることが，より柔軟かつ適正な制度の構築を考える上では有用と考えられる。

文　　献

1) Guidance for FDA Reviewers and Sponsors, Content and Review of Chemistry, Manufacturing, and Control (CMC) Information for Human Somatic Cell Therapy Investigational New Drug Applications (INDs) (2008)

第 2 章　海外での再生医療の規制

2) Guidance for Human Somatic Cell Therapy and Gene Therapy (1998)
3) Guidance for Industry, Eligibility Determination for Donors of Human Cells, Tissues, and Cellular and Tissue-Based Products (HCT/Ps) (2007)
4) Guidance for Industry, CGMP for Phase 1 Investigational Drugs (2008)
5) Guidance for Investigators and Institutional Review Boards Regarding Research Involving Human Embryonic Stem Cells, Germ Cells and Stem Cell-Derived Test Articles (2002)
6) 学術講演資料（法的課題としての幹細胞研究と「再生医療」　マックス・プランク外国国際刑法研究所　ハンス-ゲオルグ・コッホ主任研究員　2009 年 3 月 18 日　早稲田大学）
7) Hynes, RO. US policies on human embryonic stem cells, *Nat. Rev. Mol. Cell Biol.*, **9** (12), 993-7 (2008)
8) Lovell-Badge, R., The regulation of human embryo and stem-cell research in the United Kingdom., *Nat. Rev. Mol. Cell Biol.*, **9** (12), 998-1003 (2008)
9) Levine, AD., Identifying under- and overperforming countries in research related to human embryonic stem cells, *Cell Stem Cell*, **2** (6), 521-4 (2008)

第3章　幹細胞の作製

1　幹細胞の標準化へのアプローチ

栗崎　晃[*1], 浅島　誠[*2]

1.1　これまでの現状・問題点

マウスES細胞は1981年にMartin Evans[1]やGail R. Martin[2]らによってそれぞれ独立に樹立されたが、1998年11月にウィスコンシン大のJames Thomsonらによってヒト ES細胞が樹立されると[3]、ES細胞から様々な種類の細胞の作製を試みる再生医療や、作製した細胞を創薬スクリーニング系へと応用しようとする研究が一気に加速した。ヒトES細胞はヒト受精卵から樹立されることから、生命の萌芽である初期胚を破壊するのと引き換えに多能性幹細胞であるES細胞を作製するという倫理的問題が指摘されていたが、2006年京大の山中教授らによって分化した体細胞からES細胞様の幹細胞への脱分化が原理的に実現可能であることが示され[4,5]、倫理問題解決のための1つの糸口が示された。また、患者本人の細胞を幹細胞化することで拒絶反応発生からも解放される可能性が示され、再生医療や創薬応用を目指した基礎及び応用研究開発がさらに加速している。しかしながら、ES細胞やiPS細胞から目的細胞への分化は多段階のステップを必要とし、その多くは未解明のステップを経て行われるもので、これらの細胞分化を安全かつ確実に制御するのは容易ではない。今後このような分化の不完全性や不均一性を克服するため、改めて細胞分化のしくみの解明と分化制御技術の開発の重要性が高まってきている。

一方、iPS細胞は一般的にその作製にウイルス等を使用し、ゲノムに複数の初期化遺伝子を挿入することによって樹立され、導入遺伝子や挿入部位の遺伝子破壊による癌化の危険性が指摘されている。またES細胞自体が無限の増殖性の多分化能をあわせ持つことから、移植すると奇形腫という腫瘍を形成する。それゆえ、ES細胞やiPS細胞を分化させた場合でも、その中に微量に混入した未分化な幹細胞を徹底的に除去する技術が安全な再生医療に不可欠であることが示唆されている。また最近、毛細血管拡張性運動失調症（Ataxia Telangiectasia）という進行性小脳変性による運動失調を伴う遺伝病の患者の脳に中絶胎児由来の神経幹細胞移植した患者において、移植手術後4年目に移植細胞由来のグリア神経細胞性腫瘍が見つかった例も報告されており[6]、

[*1] Akira Kurisaki　�独産業技術総合研究所　器官発生工学研究ラボ　主任研究員
[*2] Makoto Asashima　�独産業技術総合研究所　器官発生工学研究ラボ　研究ラボ長；
　　　東京大学　総合文化研究科　特任教授（併任）

第 3 章　幹細胞の作製

安全で効果的な幹細胞治療の実現に向けて実用的なガイドラインの整備の必要性が明白になってきている。

1.2　国内外での動向

　このような世界的な流れの中，ISSCR（International Society for Stem Cell Research）により 2008 年 12 月幹細胞の臨床応用にむけてのガイドライン（Guidelines for the Clinical Translation of Stem Cells）が提案された。また，2008 年厚生労働省医薬食品局長通知において，薬食発第 0208003 号および第 0912006 号で「ヒト由来細胞や組織を加工した医薬品又は医療機器の品質及び安全性の確保について」という指針が出されている。しかしながらこの分野の研究の進展が極めて早いことから，これらの指針では評価マーカーについては具体的な記載は示されておらず，評価マーカーについても個々に判断するといった記述となっている。

　一方，最近 ISCI（International Stem Cell Initiative）により，世界中で樹立されたヒト ES 細胞を集めて ES 細胞で共通して発現する因子をマイクロアレイで検索する試みがなされ，Oct 4, Nanog，TDGF 1，SSEA 3，SSEA 4，Tra-1-60，Tra-1-81 などのマーカーが改めて ES 細胞を特徴付ける共通のマーカーとして確認されてきている[7]。このようにヒト ES 細胞の指標となるような基準マーカーの確認作業が進む一方で，これらヒト ES 細胞においても，個々の株ごとにその多分化能に大きな偏りがあることも分かってきた。長船らはハーバード大で樹立された 17 株のヒト ES 細胞を用いてその心筋と膵臓組織への分化能を比較し，ヒト ES 細胞株ごとに大きく分化能力が異なることを示した[8]。すなわち，ひとくちに ES 細胞，iPS 細胞と言っても，その未分化状態の程度（分化度）や分化誘導刺激に対する応答能については株によって様々であり，幹細胞のプロファイルをきちんと記述する必要があると考えられる（図 1）。

　単一の幹細胞に由来する細胞集団の細胞株ごとのばらつき以外にも，たとえ単一の幹細胞から増殖させた細胞集団であっても，in vivo での状況と比較すると in vitro の培養では特定の培養条件下での選択圧がかかり，ジェネティック及びエピジェネティックな変化が細胞に蓄積してくると考えられる。それゆえ，この変化を最小限にするため正常な幹細胞を規定する，指標となるマーカーを測定し，幹細胞として信頼できる状態のものかどうかを適切に評価することの重要性が強調されている。特に臨床応用する場合，信頼できる治療効果を得るためには細胞ソースを十分に評価しうる規格が必要となる。具体的には，mRNA，miRNA，タンパク質の発現プロファイルの詳細を確認し，ゲノム DNA 配列の異常の有無を検証することが必要と考えられる。また，最近ではレクチンアレイ等を用いた細胞のプロファイリング技術も開発されつつあり，トランスクリプトームやプロテオームとは違った側面から幹細胞を評価できると期待されている。さらに，エピジェネティックな情報の重要性も指摘されてきている。生体の様々な組織に存在する多能性

iPS 細胞の産業的応用技術

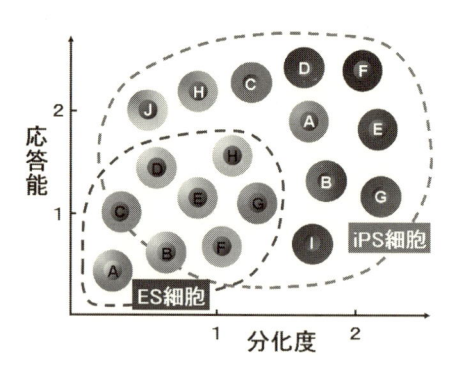

図1 ES 細胞や iPS 細胞は株によってその分化度や応答能が大きく異なる

　幹細胞は，基本的に同一のゲノム配列を持ちながら，その段階的な分化に伴う遺伝子発現プロファイルの変化を記憶しつつ最終的な機能細胞へと分化してゆくと考えられている。このような多細胞生物の組織を構成する各細胞の遺伝子発現パターンは細胞分裂を経ても「細胞記憶」として長期に維持されることから細胞記憶の物理的基盤であるゲノム DNA のメチル化状態やクロマチン修飾などのエピジェネティック情報についても評価し，現時点での幹細胞の能力を定量化することが今後は重要であろう。

　このように，詳細かつ精密な細胞評価を実現するためには膨大な細胞情報の解析が必要となると考えられる。その作業を実現するひとつの切り札として，次世代の超高速シークエンサーを用いた遺伝子発現解析，DNA メチル化解析などが期待を集めている。これまでのマイクロアレイ等を用いた解析に代わり，感度，正確性に優れた超高速シークエンサーを駆使した直接解析によりこのような膨大な労力を必要とする細胞のプロファイルの解読を高精度かつ短時間で実現することが可能になると予想される。

　また，*in vitro* で長期間培養したりストレスのかかる状態で培養した細胞で見受けられる，異数体やゲノム DNA の転移・欠失やその他のゲノム・エピゲノム的な異常の蓄積が移植細胞の癌化を引き起こす危険性が危惧されている。さらに実際の培養操作の手技的な条件の差異が細胞の状態に大きな影響を及ぼすことから，特に臨床応用の場合，細胞に由来するリスクを最低限に抑えるため GMP 規格に準拠した操作の必要性が指摘されている。日本でも培養機器メーカーが産学官で協力したナショナルプロジェクトとして GMP 規格（Good Manufacturing Practice，医薬品及び医薬部外品の製造管理及び品質管理の基準）に準拠した自動培養装置の開発が進められており，その SOP（Standard Operation Procedure，標準作業手順書）作りも進められている。

第3章 幹細胞の作製

1.3 我々のアプローチ

このような幹細胞研究の現状から，幹細胞を的確に評価し選別する技術が非常に重要になってきている。我々も独自の視点からヒトES細胞やiPS細胞をはじめとする幹細胞の評価を行うための技術開発を進めているが，特に最近移植を最終目的とした組織再生のため，分化能が高く安全で良質の幹細胞を予見的に選別して使用することが望まれている。また，ES細胞やiPS細胞から目的細胞を分化誘導する際に未分化な幹細胞が残存・混入すると移植組織中で癌を形成することから，分化細胞中の未分化な細胞を徹底的に除去する技術が安全な再生医療に不可欠であることが示唆されてきている。

そこで我々は，前述の問題点を根本から見直し，未分化状態のES細胞で特異的に発現する一群の細胞表面マーカーを同定することを試みた。まず，未分化状態の幹細胞で発現する細胞表面マーカータンパク質の同定のため，まず，未分化状態のマウスES細胞と，培地から白血病阻害因子（LIF）を除去することで自発的に分化させた細胞を用意し，それらの細胞表面をビオチン化した後，細胞を破砕して細胞膜画分を回収し，ショ糖密度勾配遠心法により分画した。さらにストレプトアビジン磁気ビーズにより，細胞表面膜サンプルを高度に精製した。これらの膜タンパク質サンプルを，異なる蛍光色素でそれぞれ標識した後混合し，2次元電気泳動により分離し，専用スキャナーにより各蛍光色素の強度を定量する2D-DIGE（two-dimensional difference gel electrophoresis）法を用いて定量解析した。2D-DIGE上で量的に変動するタンパク質スポットを切り出しトリプシンで処理してペプチドを抽出し，液体クロマトグラフィーに接続した質量分析機によりタンパク質を同定した。

また，2D-DIGE法よりも高感度な解析法として，定量的ショットガン法による解析も行った。本法は，上記細胞膜画分から抽出したタンパク質をまずトリプシンで完全分解した後，全ペプチドを同位体標識試薬であるiTRAQ（isobaric tags for relative and absolute quantification）で標識し，未分化幹細胞サンプル（M_w＝114のレポーターで標識）と分化細胞サンプル（M_w＝117のレポーターで標識）を混合した後HPLCで分離し，MS/MS解析によりペプチドを同定する解析方法である。iTRAQ法では，MS/MS解析時に質量の異なる同位体レポーターユニット（M_w＝114と117）が標識ペプチドから分離し，それぞれのレポーターピーク面積の比較による相対的定量と，標識が外れたペプチドのMS/MSによる質量分析を同時に行うことで，同定したペプチドの存在比を定量する優れた解析方法である（図2）。

このショットガン法では，複雑なタンパク質抽出サンプルをトリプシン処理して得られる極めて膨大な数のペプチドを，「いかにして効率的に分画し，より単純化され精製されたきれいなペプチドサンプルとして質量分析機により解析するか」が，解析の精度を大きく左右する重要なポイントである。そこで我々は，これまで広く使用されてきたイオン交換クロマトグラフィーの性

iPS 細胞の産業的応用技術

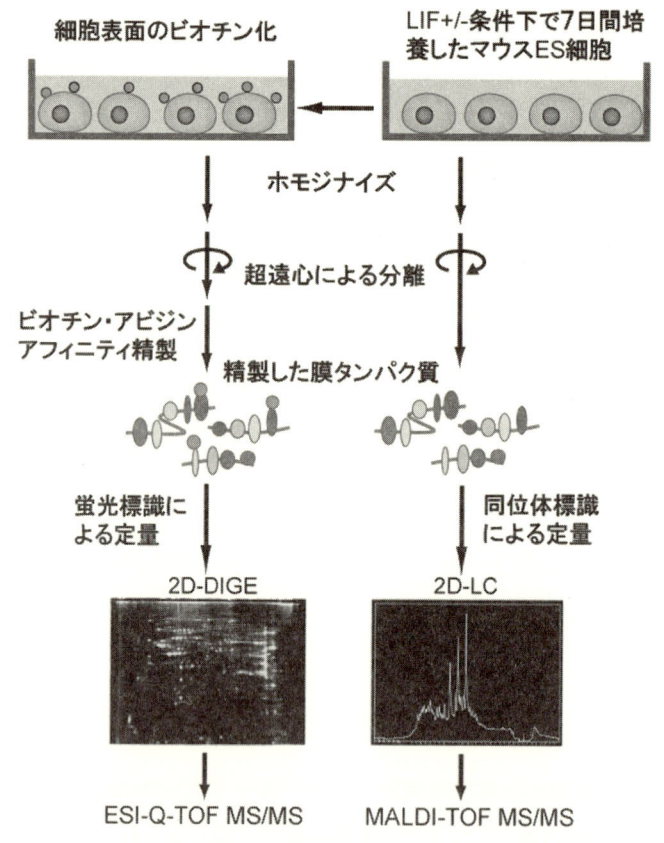

図2 ES 細胞の細胞表面膜タンパク質サンプルの
調製方法とプロテオミクス解析（口絵参照）
マウス ES 細胞から精製した膜タンパク質を二次元電気泳動及び
ショットガン解析により解析した。

能を超える新しい高効率の分離手法の検索を行った。種々の検討を行った結果，両性イオンクロマトグラフィーが多くのペプチドを単一フラクションに濃縮して分画することができることに気がついた。一方，これまでのイオン交換クロマトグラフィーではサンプルのチャージ量は比較的多いが溶出されるペプチドが複数のフラクションに跨ってブロードなピークとして溶出されてきた。すなわち，両性クロマトグラフィーはペプチドサンプルの分画能が高く，非常に複雑なペプチドサンプルを効率的に分画し同定するプロテオミクス解析において非常に有効な分離法であることが判明した[9]。この発見に基づき，両性イオン交換 HPLC と逆相 HPLC を組み合わせた2D-LC により複雑なペプチドサンプルを順次約3000個のフラクションに分離し，さらにそれらのサンプルを MS/MS 解析により iTRAQ 標識ペプチドを同定・定量比較することで，全833個の同定タンパク質を同定した。その中で未分化 ES 細胞特異的に発現する約40個の細胞表面マーカータンパク質を同定することができた[10]。今回の解析で同定した細胞表面膜タンパク質の多く

第3章 幹細胞の作製

について，免疫蛍光染色の結果，マウスES細胞で細胞表面に発現していることを確認している。また，これらの細胞表面マーカータンパク質の中には，既知のマウスES細胞特異的な細胞表面マーカーであるSSEA1などと比べても未分化細胞で特異的に発現し，LIF除去に伴ってマウスES細胞が自発的に分化し始めるといち早くその発現が消失するものも多く含まれていることから，それらの有用性が期待できる。また，これらの少なくともいくつかについては，すでにヒトES細胞やiPS細胞でも特異的に発現することを確認している。これらの細胞表面マーカーに対する抗体を利用したプロテインチップなどを用いて，ES細胞のみならず，iPS細胞への脱分化効率の評価，脱分化した細胞の選別にも利用できる可能性がある。さらには，分化誘導した細胞群に残存し，そのまま移植すると奇形腫を生じるような未分化幹細胞が混入しているかどうか評価し，また，これらの未分化細胞を除去することで癌化の危険を低減する再生医療基礎技術としても利用できる可能性がある。今後，我々の同定した表面マーカーを利用した細胞選別技術への応用研究についても進めていきたい。

　また，目的組織への高い分化能を持っている幹細胞・前駆細胞の予見的マーカーを同定する試みもはじめている。我々は以前マウスES細胞を用いた心筋分化誘導条件を検索する過程で，高効率で心筋を分化誘導する分化条件を見出した。様々な心筋分化マーカーを指標にしてこの心筋分化過程を解析したところ，既知の心筋前駆細胞であるFlk1/VEGFR2の他に，高効率心筋分化誘導条件で特異的に発現が上昇する細胞表面マーカーN-Cadherinを見出した。N-CadherinはマウスE7.5胚で原条から遊走してきた中胚葉組織で発現が見られ，E8.5日胚では神経管，心臓前方中胚葉と体節で，E9.5日では脊索，耳胞，眼胞，心管で発現が確認され，成体心臓においても発現する細胞間接着因子である。ノックアウトマウスの解析では特に心臓において心筋と心外膜の接着が破壊され心臓の機能不全により胎性致死になることが知られている[11]。そこで，より高い心筋分化効率を達成するための手段として，N-cadherin陽性の細胞群をフローサイトメトリーで濃縮することにより，心筋に分化しやすい細胞群を選別できるか検討した。その結果，胚様体を形成させてマウスES細胞を心筋分化誘導処理し6日間培養した後，フローサイトメトリーで選別したところ，N-Cadherin陽性細胞は，特に心筋前駆細胞マーカーであるNkx2.5, Tbx5, Isl1などを高度に発現していた。すなわち，マウスES細胞を用いた心筋分化誘導系においてN-Cadherinを指標にすることで心筋に分化しやすい心筋前駆細胞集団を選別可能であることが示された。また，実際に心筋分化誘導処理を施したES細胞をN-Cadherinを指標にしてフローサイトメトリーで分離し，引き続き培養してみたところ，N-Cadherin陽性細胞がN-Cadherin陰性細胞の6倍以上の効率でc-Troponin-T陽性の心筋細胞に分化することが確認された[12]。このことは，N-Cadherin陽性細胞が心筋に分化する細胞集団の予見的マーカーとして使用可能であることを示している。我々はこの結果をもとにして，現在他のヒト幹細胞でもこのよ

うな予見的マーカーを検索できないか検討を進めている。

　このように，これまで個々の研究者が独自の条件で解析してきた幹細胞分化方法は未だ定性的な解析に留まっているが，幹細胞の標準化が実現すると様々な分化研究の横断的な理解が進み，より再現性が高く実用可能な細胞制御技術への応用が容易になると期待できる。我々は，本節で紹介したような方法の開発を通して，良質な幹細胞の評価・選別技術の開発に貢献していきたいと考えている。

　なお，本節で紹介した我々の研究内容は，東京大学総合文化研究科の大学院生　印東厚君，東京大学理学研究科の大学院生　本多賢彦君（現国立循環器病センター研究所）横浜市立大学　生命ナノシステム科学研究科　平野久先生，及び東京大学　医科学研究所　福田宏之先生（現㈱Theravalues）との共同研究で行われたものであり，また㈰産業技術総合研究所　器官発生工学研究ラボ　杉野弘先生には多くのアドバイスを頂いた。ここに深く感謝したい。

文　　献

1) Evans, M. J. & Kaufman, M. H. Establishment in culture of pluripotential cells from mouse embryos, *Nature*, **292**, 154-156（1981）
2) Martin, G. R. Isolation of a pluripotent cell line from early mouse embryos cultured in medium conditioned by teratocarcinoma stem cells, *Proc. Natl. Acad. Sci. U S A.*, **78**, 7634-7638（1981）
3) Thomson, J. A. *et al.*, Embryonic stem cell lines derived from human blastocysts, *Science*, **282**, 1145-1147（1998）
4) Takahashi, K. & Yamanaka, S. Induction of pluripotent stem cells from mouse embryonic and adult fibroblast cultures by defined factors, *Cell*, **126**, 663-676（2006）
5) Takahashi, K. *et al.*, Induction of pluripotent stem cells from adult human fibroblasts by defined factors, *Cell*, **131**, 861-872（2007）
6) Amariglio, N. *et al.*, Donor-derived brain tumor following neural stem cell transplantation in an ataxia telangiectasia patient, *PLoS. Med.*, **6**, e 1000029（2009）
7) Adewumi, O. *et al.*, Characterization of human embryonic stem cell lines by the International Stem Cell Initiative, *Nat. Biotechnol.*, **25**, 803-816（2007）
8) Osafune, K. *et al.*, Marked differences in differentiation propensity among human embryonic stem cell lines, *Nat. Biotechnol.*, **26**, 313-315（2008）
9) Intoh, A., Kurisaki, A., Fukuda, H. & Asashima, M. Separation with zwitterionic hydrophilic interaction liquid chromatography improves protein identification by matrix-assisted laser desorption/ionization-based proteomic analysis, *Biomed. Chromatogr*, 23 (6),

607–614 (2009)
10) Intoh, A. *et al.*, Proteomic analysis of membrane proteins expressed specifically in pluripotent murine embryonic stem cells, *Proteomics.*, **9**, 126–137 (2009)
11) Radice, G. L. *et al.*, Developmental defects in mouse embryos lacking N-cadherin, *Dev. Biol.*, **181**, 64–78 (1997)
12) Honda, M. *et al.*, N-cadherin is a useful marker for the progenitor of cardiomyocytes differentiated from mouse ES cells in serum-free condition, *Biochem. Biophys. Res. Commun.*, **351**, 877–882 (2006)

2 転写因子導入によるヒト間葉系幹細胞の賦活化

大西弘恵[*1]，大串　始[*2]

2.1 幹細胞と再生医療

　再生医療に使用可能な細胞として幹細胞が注目されている。幹細胞（stem cell）とは簡単に定義すると自己複製能を有し，さらに種々の細胞へ分化する能力（多分化能）を持った未分化な細胞である。ヒトを含む動物の発生初期にこの幹細胞があり，胚性幹細胞（embryonic stem cell：ES 細胞）と呼ばれている[1]。1998 年にヒト ES 細胞を取り出し，培養増殖できたことが報告され[2]，再生医療への応用が期待されている。また，つい最近アメリカジェロン社がヒト ES 細胞の脊髄損傷患者への移植治療に関して FDA の認可を受けたことが報道された。しかし，ES 細胞は固体（胎児）になりうる細胞であり，倫理的に考えると臨床応用するにはあまりにも大きな問題がある。さらに，使用されうる ES 細胞は患者にとっては他人の細胞であり，この細胞を用いての移植治療は，免疫抑制剤等の併用が想定される。このような状況の中，数種類の遺伝子を線維芽細胞に導入することにより，種々の細胞に分化できうる細胞に転換することに京都大学再生医科学研究所が成功した。すなわち山中伸弥教授による人工多能性幹細胞「iPS 細胞」の誕生である。分化能力のほとんどないとされている線維芽細胞に 4 種類あるいは 3 種類の遺伝子の導入により ES 細胞に匹敵する細胞（iPS 細胞）の作製に成功したのである[3,4]。このことは，発生初期の細胞を必要とせず幹細胞を作製できることを示し，倫理問題を回避できるのみならず，患者自身の細胞から幹細胞を作製できることも示し，移植による拒絶反応をも回避できる技術となりうる。

　ここで，幹細胞について考察したい。上記のように ES 細胞のみならず iPS 細胞の出現により，非常に有望な幹細胞を我々は手に入れることが可能となった。特に，患者自身の細胞を用いて iPS 細胞を作製できうることは，臨床応用にとって展望が開かれる。また，この iPS 細胞作製は，細胞培養と遺伝子導入に関する設備ならびにこれらに関する知識を有する研究者がいれば，作製可能である。実際，我々の施設でも，ヒト細胞を用いてすでに数種類の iPS 細胞株を作製し保存している。この点，ヒト ES 細胞は通常の施設では作製が困難であり，さらに規制の点からも入手は困難である。すなわち，iPS 細胞は ES 細胞に比し比較的容易に使用することができる。しかし，この細胞を臨床応用に用いる安全性については，遺伝子導入に関する点や腫瘍発生の問題等，解決すべき点が多々ある。すなわち，現段階ではこの細胞を患者に使用することはできない。幸いなことに，我々の体内にすでに幹細胞は存在している。よく知られているのは，骨髄に存在

[*1] Hiroe Onishi　㈿産業技術総合研究所　セルエンジニアリング研究部門　研究員
[*2] Hajime Ohgushi　㈿産業技術総合研究所　セルエンジニアリング研究部門　上席研究員

第3章 幹細胞の作製

する成人の造血幹細胞や間葉系幹細胞（mesenchymal stem cells；MSC）であり，これらの幹細胞は実際の再生医療に応用可能である[5]。

2.2 間葉系幹細胞の利点と欠点

さて，iPS細胞の利点の一つとして，患者自身のiPS細胞が作製でき，このことによる移植免疫が回避できうることを記載した。この点においてMSCは我々の体内にすでに存在する。すなわち，患者自身の組織中にも存在する。そのため，患者のMSCを利用できうれば，拒絶反応はもちろん生じない。実際，我々は2001年より患者の骨髄由来MSCを用いた再生医療を数多く経験し，この治療による拒絶反応は経験していない[6,7]。しかし，骨髄に含まれるMSCは数が非常に少なく，MSCを臨床応用するためには，まずこの幹細胞を増殖する必要がある。この増殖過程は10日から数週間を必要とし，外傷等による緊急の事態ではこの細胞を使用することは困難である。そこで，もし他人（他家）のMSCを用いることが可能であれば，MSCが利用できる再生医療に幅が広がる。また，このMSCは各種の免疫担当細胞の活性を抑制し，さらに抗原刺激によるリンパ球増殖に対しても抑制的にはたらき，結果として移植免疫を抑制する作用が報告されている。

しかし，本当にMSCは移植免疫を抑制するのであろうか。我々は同一の個体（レシピエント）において，自家ならびに他家細胞の増殖，引き続いての分化過程を検証できうるユニークな実験系を確立している[8]。具体的にはFischer 344（RT 1^{lv}）ラットMSCをドナーとして他のFischer 344（RT 1^{lv}）ラットへの移植実験である。この場合，両者ともRT 1^{lv}遺伝子座をもっており，同系移植（一卵性双生児間に相当する移植）で自家の細胞移植に相当する。さらに，他家としてACI（RT 1^{a}）あるいはLewis（RT 1^{l}）のラットMSCも上記のFischer 344（RT 1^{lv}）に移植することにより移植環境が同一であり，同じ個体のレシピエントに自家ならびに他家の細胞が移植されうる。この場合，他家のドナーとしてLewisを用いると軽度の不適合（minor mismatch）であり，ACIを用いると高度の不適合（major mismatch）である。この実験系において，Fischer/Fischer間のMSC移植では，移植細胞が生着して効率よく分化（骨形成）がみられたが，Lewis/Fischer間はリンパ球を含む炎症性の細胞浸潤がみられ，骨形成は全く生じなかった。また，当然のことながら，major mismatchのACI/Fischer間でも同様の反応がみられ，骨髄MSCの増殖ならびに骨芽細胞への分化のプロセスが阻害され，骨形成は全く生じなかった[9]。すなわち，他人（他家）のMSCは例えminor mismatchでも移植免疫により拒絶され，他人のMSCを用いるには免疫抑制剤を必要とし，このMSCの使用は困難である。

iPS細胞の産業的応用技術

2.3 間葉系幹細胞の問題点とそれに対する我々のアプローチ(間葉系幹細胞への転写因子導入)

　以上のように,我々の体内,すなわち患者の体内にも間葉系幹細胞(MSC)は存在する。しかし,ES細胞やiPS細胞に比して,その分化能には限りがある。MSCの臨床応用の問題点としては,その増殖能にも限りがあることである。確かに,新鮮組織からえられる間葉系幹細胞はシャーレ上での培養により,急速に増殖する。このシャーレ上に増殖した細胞の一部再度別のシャーレに移して(継代)さらに増殖をくりかえし,目的の細胞数まで培養を繰り返すことができる。残念ながら,通常数継代でその増殖能は減少することが多く,分化能も継代とともに低下し,MSCを真の幹細胞と呼ぶには抵抗がある。しかしながら,通常の体細胞に比し増殖能は格段に優れ,すくなくとも複数系列への分化能を有することは確実であり,その点からみると幹細胞としてある程度の性質は有すると思われる。すなわち,MSCは幹細胞的な側面をもつが,ES細胞ほどその能力が高くないことを示している。そこで,我々は数年まえより,ES細胞に特異的に発現している因子を導入することにより,その能力を高める研究をおこなってきた[10]。その因子として考えられるのはOct 3/4, Sox 2やNanogなどの遺伝子である。また,細胞の増殖能を高めることが知られているb-FGF(塩基性線維芽細胞成長因子;basic fibroblast growth factor)遺伝子を導入することもおこなった[11]。

　具体的にはこれらの遺伝子をマーカ遺伝子として蛍光蛋白遺伝子(venus)を含むレトロウイルスベクターに組みこんだ(図1)。遺伝子導入された細胞は,この蛍光遺伝子も導入されるこ

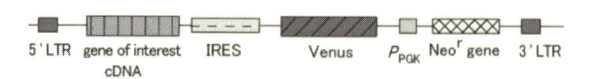

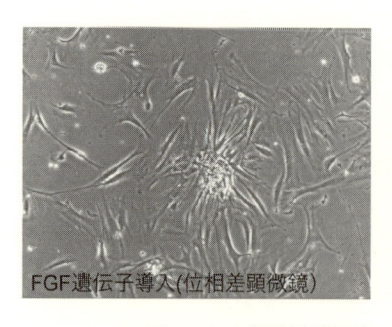

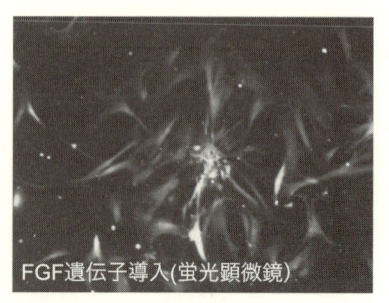

図1 ヒト間葉系幹細胞への遺伝子導入(口絵参照)
上図:遺伝子コンストラクト
マーカとしての蛍光遺伝子(Venus)とともに目的とする遺伝子(b-FGF, Sox 2, Nanog)をネオマイシン耐性遺伝子(Neo^r)遺伝子が組み込まれているレトロウイルスベクターに導入した。
下図:b-FGF遺伝子を間葉系幹細胞に導入。左図は導入細胞の位相差顕微鏡での形態を示す。導入細胞は蛍光を発し,細胞全体が緑色に光る(右図)。両図とも同一視野を示している。

第3章　幹細胞の作製

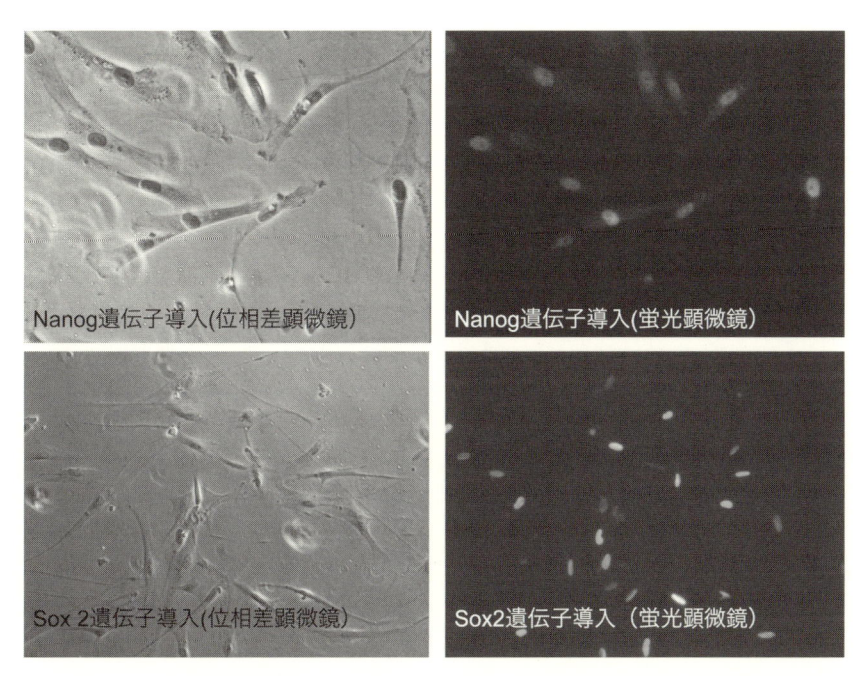

図2　ヒト間葉系幹細胞へのNanogもしくはSox 2遺伝子の導入（口絵参照）
図1のコンストラクトにNanog（上図）あるいはSox 2遺伝子（下図）を組み込み，ヒト間葉系幹細胞に導入した。左図は導入細胞の位相差顕微鏡での細胞形態を示す。右図はNanog（上図）あるいはSox 2（下図）導入細胞のそれぞれの抗体染色を示す。NanogあるいはSox 2は核蛋白であり，抗体で反応する赤色の蛍光は核に染まる（右図）。

ととなり，蛍光顕微鏡で容易に導入細胞が同定できる。図1に，例としてFGF遺伝子を導入した細胞の位相差顕微鏡像と蛍光遺伝子の発現を蛍光顕微鏡像を示す。同一視野での観察であり，これにより多くの細胞に遺伝子導入ができたことを確認できる。同様にして，NanogあるいはSox 2遺伝子をヒトMSCに導入した。図2に示すように，これら遺伝子が導入されたMSCは，線維芽細胞様の形態を示し，抗体染色によりその遺伝子産物が核に局在している事が確認できる（図2，右図）。

　次にこれら遺伝子を導入したヒトMSCの増殖と分化能を検索した。図3に示すように，ヒトMSCは5から7継代でその増殖能は激減することが多い。しかし，b-FGF遺伝子を導入することにより，その増殖能は回復した[11]。b-FGF蛋白質を培地に添加することにより，新鮮骨髄からのMSCの増殖が促進されることが報告され，また我々も継代初期のMSCにb-FGF蛋白質が増殖過程を促進することも経験している。しかし，図3に見られるように，数継代を経て増殖能が低下したヒトMSCには培地にb-FGF蛋白質を添加するだけではこの増殖能の回復はみられなかった。すなわち，増殖活性の低下したMSCの増殖能を再度更新させるにはb-FGF遺伝子の導入が必要である（図3 A）。また，我々はES細胞の未分化性維持に大きな役割を担ってい

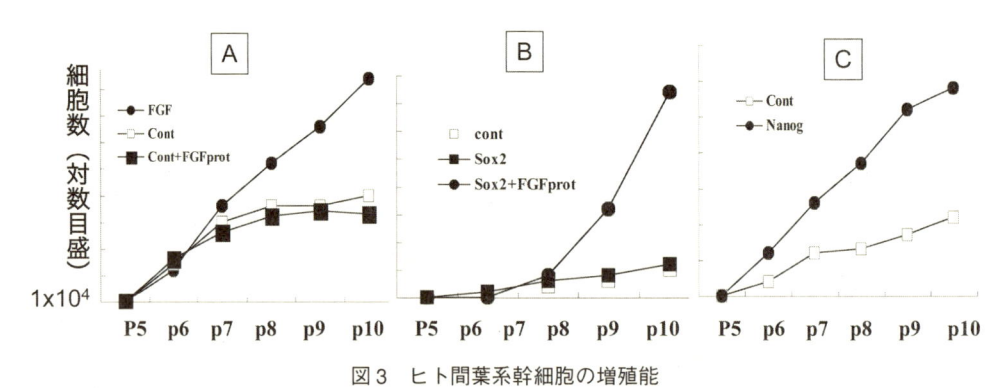

iPS 細胞の産業的応用技術

図3 ヒト間葉系幹細胞の増殖能
ヒト間葉系幹細胞にレトロウイルスベクターを用いて b-FGF（図 A），Sox 2（図 B）あるいは Nanog（図 C）遺伝子を導入した。コントロールの細胞（□）は数継代（P 5～P 7）で増殖が低下するが，b-FGF 遺伝子を導入された細胞（図 A●），Sox 2 遺伝子を導入された細胞で培地に b-FGF 蛋白質を含む（図 B●）あるいは Nanog 遺伝子を導入された細胞（図 C●）は増殖能を回復する。文献 10），11）の図を改変。

　る転写因子すなわち Sox 2 や Nanog をヒト MSC に導入した。興味深いことに，Sox 2 遺伝子導入では，数継代から増殖能が激減する細胞の増殖能は低下したままであったが，Sox 2 遺伝子導入と b-FGF 蛋白質を培地に加えることにより，この増殖能は回復した（図 3 B）。すなわち，Sox 2 遺伝子導入細胞では，その増殖活性に b-FGF 蛋白質を必要とした[10]。同様に Nanog 遺伝子を導入することによってもその増殖能は回復した。Nanog 遺伝子の場合は Sox 2 と異なり，増殖には b-FGF 蛋白質の添加を必要としなかった[10]。以上，b-FGF，Sox 2 あるいは Nanog 遺伝子をヒト MSC に導入することにより，その増殖能の低下を防ぐことが可能である。次に，これら遺伝子導入細胞の分化能（骨分化）を調べた。図 4 に見られるように，b-FGF 遺伝子導入により，ある程度の骨分化の回復がみられるが，一定した結果を得るのは困難であった。その点，Nanog 遺伝子導入 MSC は骨分化の回復が明らかであった。また，Sox 2 遺伝子導入細胞も b-FGF 蛋白質を培地に添加することにより，骨分化能は回復した。

　これらの結果にみられるように，b-FGF 遺伝子の導入は増殖能にはプラスに働くも，分化能に対しての効果には限度があった。しかし，Nanog 遺伝子導入あるいは Sox 2 遺伝子導入においては，増殖能のみならず分化能も回復することが可能であった。ただ，後者の Sox 2 遺伝子に関しては，培地に b-FGF 蛋白質の添加を必要とした。今回の研究において，我々はヒト MSC を用いた。この点において，マウス ES 細胞は増殖ならびに未分化性維持に LIF（白血病抑制因子）を培地に必要とするのに比し，ヒト ES 細胞は b-FGF を必要としているのは興味が持たれるところである。もちろん，このような単一因子の導入により，ES 細胞や iPS 細胞のような分化多能性を付加することはできない。しかし，これら遺伝子導入細胞は ES 細胞や iPS 細胞の

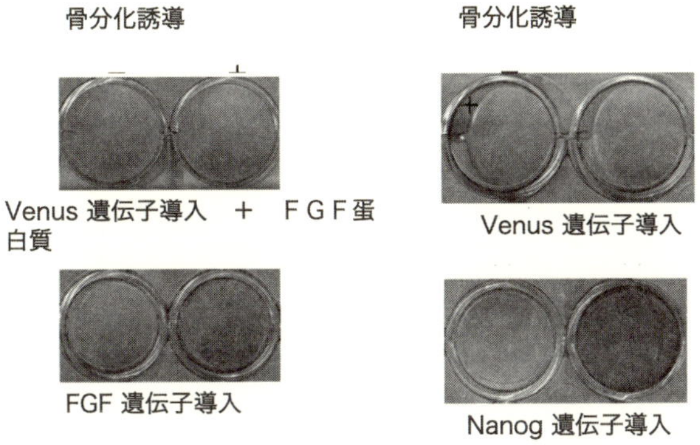

第3章 幹細胞の作製

骨分化誘導 骨分化誘導

Venus 遺伝子導入 ＋ ＦＧＦ蛋白質　　　Venus 遺伝子導入

FGF 遺伝子導入　　　Nanog 遺伝子導入

図4　ヒト間葉系幹細胞の骨分化能（口絵参照）
ヒト間葉系幹細胞は培地にデキサメサゾンやビタミンCを添加することにより骨分化が誘導され（骨分化誘導），間葉系幹細胞が骨芽細胞になり，アルカリフォスファターゼ染色で赤色に染まる。この骨分化能力は継代とともに低下する。この分化能力は蛍光遺伝子（Venus）の導入では回復しないが，Nanog 遺伝子を導入することにより回復する。b-FGF遺伝子導入ではある程度回復するが，Nanog 遺伝子導入に比し軽度である。また，b-FGF蛋白質を培地に混和するのみではこの分化能は回復しない。文献10），11）の図を改変。

移植にみられる腫瘍（テラトーマ）形成は生じない。すなわち，再生医療（移植治療）に用いるには，iPS 細胞や ES 細胞といった幹細胞に比し安全かと思われる。我々はすでに患者由来の間葉系幹細胞を用いて，体外で骨分化をおこない，その骨分化をおこした細胞集団を患者に移植する再生医療を実施している。変形性関節症における人工関節，骨腫瘍掻爬後の大きな骨欠損，さらに骨が壊死におちいる大腿骨頭壊死に対しての再生医療である[6,7]。これらの症例において，時に患者 MSC の増殖能の低下ならびに骨分化能の低下が培養数継代でみられることがあり，その臨床応用を困難にすることを経験してきた。このような難渋する症例に関しては，我々が開発してきた Nanog あるいは Sox 2 といった単一の遺伝子導入間葉系幹細胞が期待できる。

謝　辞

　産業技術総合研究所セルエンジニアリング研究部門の組織・再生工学グループのメンバーの協力に感謝する。また，間葉系幹細胞への転写因子導入実験を精力的におこなった竹中ちえみ研究員（現神戸先端医療センター）ならびに郷　正博博士（現ポラリス Rx）に深謝する。

文　　献

1) Martin G Isolation of a pluripotent cell line from early mouse embryos cultured in medium conditioned by teratocarcinoma stem cells. *Proc. Natl. Acad. Sci. U S A*, **78** (12), 7634-8 (1981)
2) Thomson, JA *et. al.*, Embryonic stem cell lines derived from human blastocysts. *Science*, **282**, 1145-7 (1998)
3) Takahashi K and Yamanaka S. Induction of pluripotent stem cells from mouse embryonic and adult fibroblast cultures by defined factors. *Cell*, **126** (4), 663-76 (2006)
4) Takahashi K. *et. al.*, Induction of pluripotent stem cells from adult human fibroblasts by defined factors. *Cell*, **131** (5), 861-72 (2007)
5) Ohgushi H and Caplan AI. Stem cell technology and bioceramics: from cell to gene engineering. *J. Biomed. Mater. Res.*, **48**, 913-27 (1999)
6) Ohgushi H. *et. al.*, Tissue engineered ceramic artificial joint—ex vivo osteogenic differentiation of patient mesenchymal cells on total ankle joints for treatment of osteoarthritis. *Biomaterials*, **26**, 4654-61 (2005)
7) Morishita T. *et. al.*, Tissue engineering approach to the treatment of bone tumors: three cases of cultured bone grafts derived from patients' mesenchymal stem cells. *Artif. Organs*, **30**, 115-8 (2006)
8) Akahane M., Ohgushi H., Yoshikawa T., Sempuku T., Tamai S., Tabata S. and Dohi Y. Osteogenic phenotype expression of allogenic rat marrow cells in porous hydroxyapatite ceramics. *Journal of Bone Mineral Research*, **14**, 561-568 (1999)
9) Kotobuki N, Katsube Y, Katou Y, Tadokoro M, Hirose M, Ohgushi H. *In vivo* survival and osteogenic differentiation of allogeneic rat bone marrow mesenchymal stem cells (MSCs) *Cell Transplant*, **17** (6), 705-12 (2008)
10) Go MJ, Takenaka C. Ohgushi H. Forced expression of Sox 2 or Nanog in human bone marrow derived mesenchymal stem cells maintains their expansion and differentiation capabilities. *Exp. Cell Res.*, **314** (5), 1147-54 (2008)
11) Go MJ, Takenaka C, Ohgushi H. Effect of forced expression of basic fibroblast growth factor in human bone marrow-derived mesenchymal stromal cells. *J. Biochem.*, **142** (6), 741-8 (2007)

第4章 細胞操作技術

1 iPS細胞作製における効率化, 非遺伝子化に向けた取り組みについて

五島直樹[*1], 新家一男[*2]

1.1 はじめに

京都大学・山中伸弥教授らがマウス線維芽細胞に4遺伝子（Oct 3/4, Sox 2, Klf 4, c-Myc）を導入し人工多能性幹細胞（iPS細胞）を作製して以来, 世界中の多くの研究者が様々な遺伝子の組み合わせ, 遺伝子と化合物の組み合わせによってiPS細胞の作製の試みを行ってきている。iPS細胞と一口に言っても, 多様な細胞が存在することが分かってきている。これらのiPS細胞のキャラクタライズと目的に応じたiPS細胞の選択が必要であると同時に, 統一されたiPS細胞作製技術の開発が望まれる。また, iPS細胞の様々な産業利用を目指したiPS細胞作製技術の高効率化, 発ガンの低頻度化などの実用的技術開発が望まれている。筆者らは世界最大保有数のヒトcDNAリソース（タンパク質発現リソース）と天然化合物ライブラリーを活用し, iPS化を促進する遺伝子および化合物のスクリーニングを行い, 様々なiPS細胞作製技術の開発, 安全かつ高効率なiPS細胞作製技術の開発を目指しているので, これらのアプローチを紹介する。

1.2 iPS細胞作製技術の開発

iPS細胞作製技術は, 使用する細胞種, 導入する遺伝子種, 遺伝子導入法およびiPS細胞作製を促進する化合物に分けて見ても, 表1に示すように多くの報告があり, 日進月歩である。導入する多能性誘導遺伝子に関しては, 山中4因子（Oct 3/4, Sox 2, Klf 4, c-Myc）を始めとして, より少ない遺伝子数でのiPS細胞作製に努力が注がれている。多くの場合, 導入する多能性誘導遺伝子の数を減らすためには, 細胞の内在性遺伝子の発現が高く, 分化があまり進んでいない細胞を用いなければならない。学術的には興味深いが, 実用面からすると,「体細胞を採取して簡単にiPS細胞が作製でき, 再生医療やオーダーメイド医療に利用できる」という状況には, まだ

[*1] Naoki Goshima ㈱産業技術総合研究所　バイオメディシナル情報研究センター　主任研究員

[*2] Kazuo Shin-ya ㈱産業技術総合研究所　バイオメディシナル情報研究センター　主任研究員

iPS 細胞の産業的応用技術

表1　iPS 細胞作製法の主な発表論文

遺伝子および細胞の種類　　　　　　　　　遺伝子：O；Oct 4, S；Sox 2, K；Klf 4, M；c-Myc（2009年2月現在）

発表月日	主要著者	国	細胞種	細胞	遺伝子	方法	効率%
2006. 8	Yamanaka et al	日本	マウス	線維芽（MEF）	O, S, K, M	レトロウイルス	ND
2007.11	Yamanaka et al	日本	ヒト	線維芽（HDF）	O, S, K, M	レトロウイルス	0.02
2007.11	Thomson et al	アメリカ	ヒト	線維芽（IMR 90）	O, S, NANOG, LIN 28	レンチウイルス	0.022
2007.11	Yamanaka et al	日本	ヒト	線維芽（HDF）	O, S, K	レトロウイルス	0.0～0.001
2008. 6	Schöler et al	ドイツ	マウス	成体神経幹（NSCs）	O, K	レトロウイルス	0.11
2008.11	Deng et al	中国	ヒト	線維芽（HAFF）	O, S, K, UTF 1, p 53 siRNA	レンチウイルス	0.014～0.044
2009. 1	Ng et al	シンガポール	マウス	線維芽（MEF）	O, S, Esrrb	レトロウイルス	ND
2009. 2	Schöler et al	ドイツ	マウス	成体神経幹（NSCs）	O	レトロウイルス	0.014

化合物

発表月日	主要著者	国	種	細胞	遺伝子	化合物	方法	効率%
2008. 6	Sheng Ding et al	アメリカ	マウス	神経前駆（NPCs）	S, K, M	BIX-01294	レトロウイルス+化合物処理	0.004
2008. 6	Melton et al	アメリカ	マウス	線維芽（MEF）	O, S, K	VPA	レトロウイルス+化合物処理	2.2
2008.10	Melton et al	アメリカ	ヒト	線維芽（HNDF）	O, S	VPA	レトロウイルス+化合物処理	0.001～0.005
2008.11	Sheng Ding et al	アメリカ	マウス	線維芽（MEF）	O, K	BIX-01294, BayK 8644	レトロウイルス+化合物処理	0.022

遺伝子導入法

発表月日	主要著者	国	種	細胞	遺伝子	方法	効率%
2007.11	Yamanaka et al	日本	ヒト	線維芽（HDF）	O, S, K, M	レトロウイルス	0.02
2008. 1	Sakurada et al	ドイツ	ヒト	線維芽（HNDF）	O, S, K, M	改変型アデノウイルス	0.001～0.01
2008. 9	Hochedlinger et al	アメリカ	ヒト	線維芽（BJ）	O, S, K, M	レンチウイルス Dox誘導 第二世代	1.0～3.0
2008. 9	Hochedlinger et al	アメリカ	マウス	線維芽（TTF）	O, S, K, M	アデノウイルス	0.0001
2008.10	Yamanaka et al	日本	マウス	線維芽（MEF）	O, S, K, M	プラスミドベクター	0.0001～0.0029

まだ程遠い状況にあり，実用的な技術開発が必要である。化合物は，山中4因子の内在性遺伝子の高発現誘導を行う化合物，細胞初期化過程の遺伝子発現環境，言い換えればエピジェネティックな調節を行う化合物が中心的にターゲットとなっている。遺伝子導入法は，当初，山中4因子がレトロウィルスベクターで導入された頃から比較して，ゲノム DNA へのインテグレーションの可能性の少ないベクター系での iPS 細胞作製技術が開発されてきている。

1.3　新規多能性誘導因子の探索

これまでに，NEDO プロジェクトにおいて，世界に先駆けてヒト完全長 cDNA を基にしたヒトタンパク質発現リソースの整備，世界最大保有数の天然物化合物ライブラリーの整備が行われていた。2008年1月11日に開催された総合科学技術会議において，京都大学・山中教授の iPS 研究，特に新規多能性誘導因子（遺伝子および化合物）の探索に国家プロジェクトの成果である

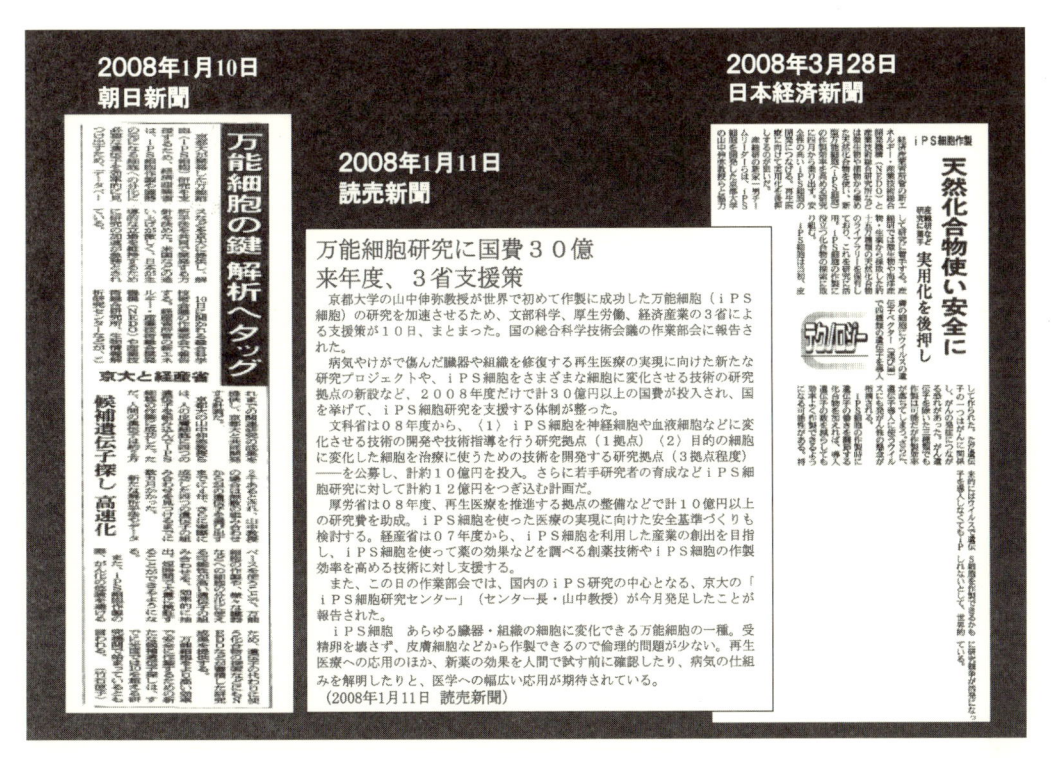

第4章　細胞操作技術

図1

ヒトタンパク質発現リソースおよび天然化合物ライブラリーを投入し，経産省，NEDO，産総研，JBiC が共同して iPS 研究を支援することが決定された（図1）。

　新規多能性誘導遺伝子の探索については，山中4因子のうちの3種類の遺伝子と，我々のヒトタンパク質発現リソースから選択したクローンを導入し，iPS 細胞作製能を評価する（図2）。iPS 細胞作製能の有無，作製効率，iPS 細胞の均一性，分化誘導能力などにより導入遺伝子を評価する。iPS 細胞作製効率や iPS 細胞の質をコントロールすることは産業上，極めて重要である。また，網羅的に多能性誘導遺伝子を獲得することは，iPS 細胞作製の知的財産の戦略として重要であるだけでなく，現在ブラックボックスとなっている iPS 細胞作製メカニズムの解明にも繋がると考えている。

1.4　導入遺伝子のリソース

　ヒトゲノム計画[1]によりヒトゲノムの解析が進行する一方で，遺伝子機能解析にとって不可欠なリソースである完全長 cDNA クローンの蓄積に努力が注がれてきた[2〜9]。我が国では，経産省，NEDO，バイオ組合が実施した「完全長 cDNA 構造解析プロジェクト（FL プロジェクト）」およびそれに続いて JBiC が実施した「タンパク質機能解析（・活用）プロジェクト」において，

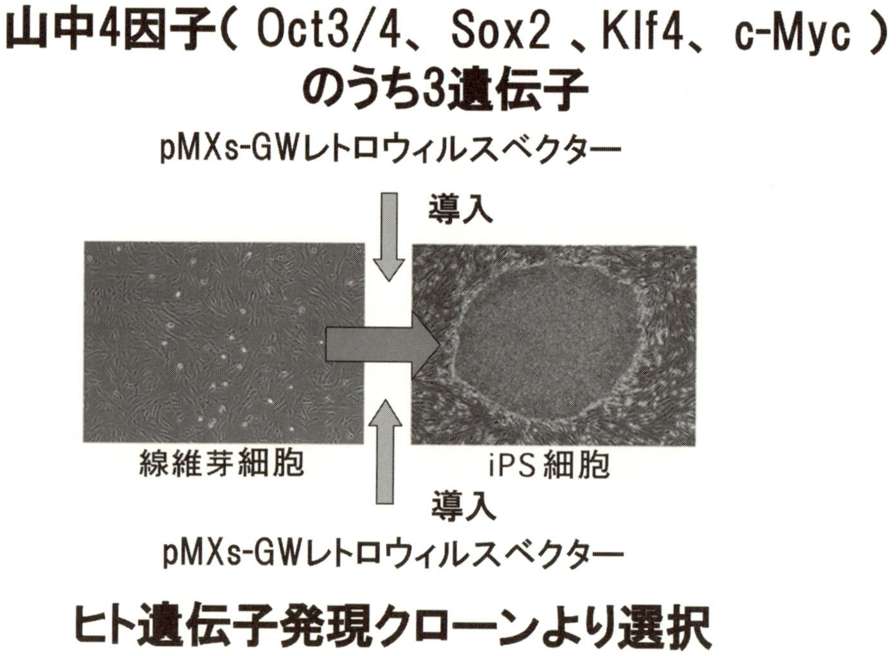

山中4因子（Oct3/4、Sox2、Klf4、c-Myc）のうち3遺伝子

pMXs-GWレトロウィルスベクター

導入

線維芽細胞　　　iPS細胞

導入

pMXs-GWレトロウィルスベクター

ヒト遺伝子発現クローンより選択

図2　新規多能性誘導遺伝子の探索

精力的に完全長ヒトcDNAクローン（FLJ cDNAクローン）の収集と機能解析が行われてきた[2〜4]。また，かずさDNA研究所では分子量の大きな蛋白質をコードする遺伝子に的を絞り，長鎖cDNAクローンの収集が行われてきた[5]。米国[6]，ドイツ[7]，中国[8]でも同様のcDNAプロジェクトが行われてきているが，その中で日本のFLJ cDNAクローンコレクションは世界最大規模である[10]。このようにヒト完全長cDNAクローンがほぼ整備され，そのヒト遺伝子の網羅的かつ系統的な遺伝子スクリーニングシステムが可能になった。これまではそのような研究が実際に行われるための，効率よく多種類の遺伝子発現クローンを供給できるリソースや技術が不十分であった。膨大な数のcDNAクローンを発現クローンに臨機応変に転換し，遺伝子探索の使用に供することはポストゲノム研究にとって核心的な課題であったが，従来の遺伝子組換え技術ではその達成は不可能であった。

そこで筆者らは，汎用発現基盤構築のためにGatewayクローニング技術[11]を導入することにした。Gatewayテクノロジーは短時間に目的のDNA断片を他のDNAに正確に挿入する技術であるが，これまでの遺伝子工学的手法と大きく異なり，制限酵素やDNAリガーゼなどを用いず，ラムダファージDNAと大腸菌ゲノムDNAの部位特異的組換えを応用して試験管内でDNA組換え反応を行うものである[11]。具体的には，タンパク質コード領域（open reading frame；ORF）の両端に *att*L 組換え配列を持ったエントリークローンと *att*R 組換え配列の外側にタグや制御配

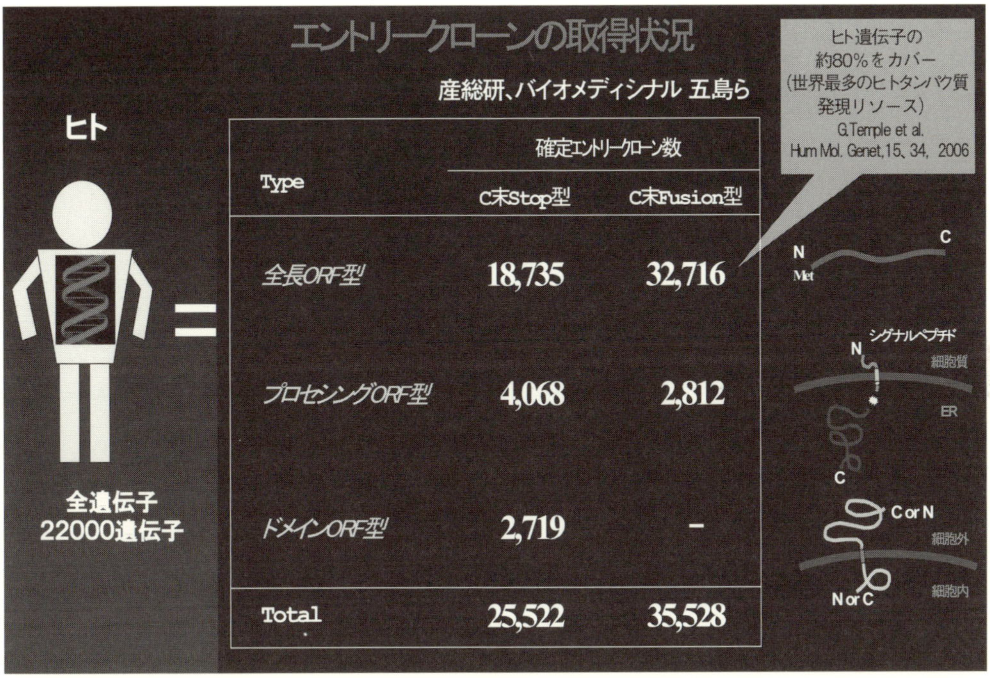
エントリークローンの取得状況
産総研、バイオメディシナル 五島ら
ヒト
全遺伝子
22000遺伝子
ヒト遺伝子の
約80%をカバー
(世界最多のヒトタンパク質
発現リソース)
G.Temple et al.
Hum Mol. Genet.15、34、2006
N
C
Met
シグナルペプチド
N
細胞質
ER
C
C or N
細胞外
N or C
細胞内

Type	確定エントリークローン数	
	C末Stop型	C末Fusion型
全長ORF型	18,735	32,716
プロセシングORF型	4,068	2,812
ドメインORF型	2,719	-
Total	25,522	35,528

図3

列を持ったデスティネーションベクターを混合し，試験管内で*att*L配列と*att*R配列の組換えを行う（LR反応）。LR反応により，ORFが目的の制御配列やタグに連結した発現クローンを容易に作製できるだけでなく，エントリークローンやデスティネーションベクターの種類が異なっても組換え反応自体は同じであるため，すべて同じ反応条件で発現クローンを作製することができる。筆者らはまず，Gatewayシステムの中核をなすエントリークローンライブラリーの構築を行った。この際，FLJ cDNAクローンや米国のcDNAプロジェクトで収集が行われたMGC（Mammalian Gene Collection）クローン[6]など既存のcDNAクローンをリソースとして用いただけでなく，ヒト遺伝子の網羅性をより高めるため，リソースのない遺伝子に関してはRT-PCR法やオリゴ合成法により調製したDNAも活用した。また各ORFに対して，ネイティブタンパク質あるいはN末端タグ融合タンパク質合成のために翻訳終結シグナルを保持させたエントリークローン（Nタイプと呼ぶ）とC末端タグ融合タンパク質合成のために翻訳終結シグナルを欠失させたエントリークローン（Fタイプと呼ぶ），さらに本来のORF全体を持つ全長ORFタイプだけでなく，分泌タンパク質をコードしていると予測された遺伝子では全長ORFからシグナルペプチドを除いたプロセスORFタイプ，膜タンパク質をコードしていると予測された遺伝子では細胞外ドメインや細胞内ドメインのみを発現させるためのドメインORFタイプなど，様々なタイプのエントリークローンを作製しており，現在合計で約6万種類という世界最大規模

のヒトORFクローンライブラリーとなっている（図3）。ORFの5′上流（*att*B1組換え配列とORF開始コドンの間）には大腸菌発現用のShine-Dalgarno配列（SD）と真核細胞発現用のKozak配列（Kz）が付加されている。また，作製した全てのエントリークローンの塩基配列は確認されているので，合成されるタンパク質のアミノ酸配列は保証されている。これらのうち，今回，ヒトの全遺伝子の約70％をカバーする約15,000遺伝子の全長ORFタイプのエントリークローン（約33,000クローン）について発表を行った[12]。またその遺伝子情報はヒト遺伝子・タンパク質データベース（Human Gene and Protein Database；HGPD：http://www.HGPD.jp/またはhttp://HGPD.lifesciencedb.jp/，後述）で公開した[13]。エントリークローンは製品評価技術基盤機構（NITE）・バイオテクノロジー本部・生物遺伝資源部門（NBRC）から分譲を希望する研究者等への配布を開始している[12,13]。残りのエントリークローンについても順次公開の予定である。

1.5 iPS細胞作製効率促進化合物とその活性発現メカニズム

iPS細胞作製の最も基本的な手法は，転写因子であるOct 3/4, Sox 2, Klf 4およびc-Mycの4因子を，ウィルス感染法により正常体細胞に導入する方法である。iPS細胞作製のための4つの遺伝子のうち，Klf 4やc-mMycは癌遺伝子であり（Klf 4に関しては，細胞の種類により癌遺伝子と癌抑制遺伝子の両面の作用を示す），発がん性が懸念されている。山中等は，c-Mycの問題を解決するため，Oct 3/4, Sox 2およびKlf 4の3因子のみでヒトiPS細胞の樹立に成功し，癌化も観察されなかった[14]。このように，Mycを導入しないことにより安全性は向上するが，その効率はMycを用いた場合と比較して大きく低下する。最近の報告ではc-Mycの導入はむしろiPS細胞作製には重要であるとの説も出ているが[15]，実用化を考えた場合やはりc-Mycを除いてiPS細胞を効率よく作製することが重要であると考えられる。そこで，山中4因子の代わりに相補的に作用する化合物を探索し，iPS細胞の作製効率を向上させる試みが多数報告されてきている。化合物のiPS細胞作成への応用の最初の論文は，Harvard大のMeltonらの報告である[16]。彼らは，多くの遺伝子の発現を促進することが知られている，ヒストンデアセチラーゼ（HDAC）阻害剤であるvalproic acid（VPA）を用いて，4因子導入によるiPS細胞作製を100倍以上効率化させた。また，VPAはc-Myc非導入の場合でもiPS細胞作製を約20倍増加させていた。本論文ではDNAメチル化阻害剤である5-AzaCも用いられている。Oct 3/4やNanogなど多くの幹細胞マーカー遺伝子は，プロモーター領域がメチル化されることにより，その発現が抑制されている。5-AzaCにより，Oct 4プロモーターが脱メチル化され，Oct 4の発現が誘導されることが期待されたが効果は限定的であった。

化合物によるiPS作製促進のもう一つの報告は，Scripps研究所のディン等の論文である。彼

第4章 細胞操作技術

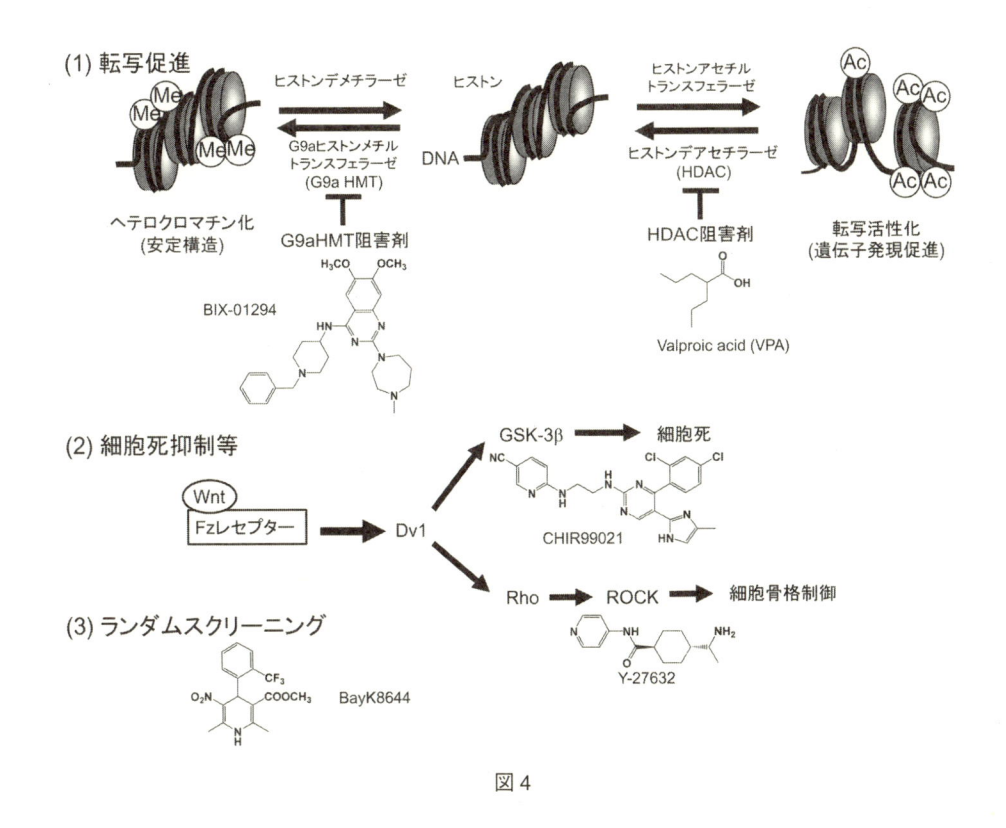

図4

らは，BIX-01294を用いて，Oct 3/4およびKlf 4の2因子のみで神経幹細胞からiPS細胞を作製した[17]。本物質は，G 9 aヒストンメチルトランスフェラーゼの阻害剤であり，ヒストンのメチル化を制御することにより遺伝子の発現を促進する[18,19]。しかしながら，神経幹細胞ではもともとSox 2とc-Mycの発現レベルが高く，Oct 3/4およびKlf 4のみでiPS化が起こることがほぼ同時期に報告されている[20]。本物質が，皮膚細胞でもOct 3/4およびKlf 4の2因子のみでiPS化を促進するかどうかは，今のところ報告はされていない。

化合物を用いたiPS化の効率化について報告されたこれら2つの論文は，何れも遺伝子発現を促進することが明らかにされている化合物であり，論理的には外来から導入した3因子あるいは4因子の発現を促進すると共に，内在性のOct 3/4などのiPS化に必須な遺伝子の活性化を誘導すると考えられる。

一方で，遺伝子の発現促進物質以外でiPS細胞作製効率化を促進する物質が幾つか報告されている。それらの化合物は，元々ES細胞研究に関して報告された化合物であり，ES細胞と似た性質を有するiPS細胞へ応用された。それらの化合物のうち代表的なものは，GSK-3（Glycogen synthase kinase-3）阻害剤とROCK（Rho-associated coiled-coil forming kinase）阻害剤である。GSK-3は，Wnt細胞内シグナルカスケードにおいて，発生，遺伝子発現，代謝，細胞増

殖，細胞死と広範囲にわたる作用を示す因子である。Bruvanlou 等は GSK-3 阻害剤である BIO が強力に ES 細胞の未分化能を維持したまま増殖促進することを報告した[21]。また，Ying 等は，より GSK-3 に選択性の高い GSK-3β 阻害剤 CHIR 99021 を用いて，GSK-3 の万能性維持に対する作用を検討した[22]。その結果，CHIR 99021 は分化維持には作用せずに，ES 細胞の増殖を活性化し，コロニーの拡大を誘導することを明らかにした。これらのことから，彼らは，細胞分化には ERK 経路が関与し，GSK-3 は細胞の増殖・生存を促進すると結論した。Deng 等は，4 因子の他にがん抑制遺伝子である p53 が iPS 細胞作製に関与しており，p53 の機能を抑制することにより iPS 細胞作製の効率化が促進されることを報告している[23]。GSK-3β 阻害剤 CHIR 99021 はアポトーシス誘導阻害活性を有するが，その作用機作から p53 の iPS 細胞作製の効率化能もアポトーシス誘導能を阻害することによるものと考えられる。

　ES 細胞は細胞塊のまま増殖させることが必須であると考えられていた。そのような中，理化学研究所の笹井等は，ROCK 阻害剤である Y-27632 が，ヒト ES 細胞に対して未分化能を維持させること，さらに分散培養することによって誘導される細胞死を強力に阻害することを見出した[24]。この ROCK 阻害剤 Y-27632 は，桜田らのヒト iPS 細胞作製プロトコールにも用いられているが[25]，多くの iPS 細胞作製実験に必要欠くべからざる化合物として汎用されている。

　これらの化合物の他に，メカニズムは解明されていないが，iPS 細胞作製効率を促進する化合物として，L 型カルシウムチャネルアゴニスト BayK 8644 が報告されている[26]。この化合物は，MEF 細胞を用いて Oct 4, Klf 4 および G 9 a ヒストンメチルトランスフェラーゼ阻害剤 BIX-01294 による iPS 細胞作製を，さらに効率化する化合物のスクリーニングで見つかった化合物である。Oct 4, Klf 4 および BayK 8644 のみでは，iPS 様コロニーは得られなかったことから，BayK 8644 単独では遺伝子を補填する作用は無いと考えられており，その作用機作の解明が望まれている。

　iPS 作製のもう一つの問題は導入遺伝子が染色体に組み込まれてしまうレトロウィルスを用いていることである。しかしながら，遺伝子導入法の新たな技術を用いても，3 つあるいは 4 つの遺伝子を導入しなければならない。Thompson 等は，ヒト新生児包皮線維芽細胞へプラスミド導入のみで iPS 細胞の作製に成功している[27]。またごく最近，Ding 等は，4 因子タンパク質とヒストンデアセチラーゼ阻害剤 VPA を用いて，MEF 細胞から iPS 細胞を作製している[28]。これらの報告は，iPS 細胞を作製しやすい細胞である新生児包皮線維芽細胞や MEF を用いること，また SV 40 などの癌化誘導能を有する遺伝子を用いることなど，実際の応用でターゲット細胞となるヒト成人線維芽細胞への応用には，まだまだ解決すべき問題が多く残されてはいるが，近い将来ウィルス導入法を用いずに iPS 細胞の作製が可能となることが期待される。

第4章　細胞操作技術

1.6　新規 iPS 細胞作製効率化物質の探索

　上記の iPS 細胞作製に使用されている多くの化合物は，元々天然物由来の化合物が多く，また，天然化合物の作用メカニズム解明研究から見出されたターゲットに対して合成された化合物が多い。このように，天然化合物は合成化合物に対して豊富な生物活性を有することが知られており，今後様々な iPS 細胞作製効率化物質のスクリーニングをはじめ，iPS 細胞生存維持化合物や未分化維持，あるいは特定細胞への分化促進物質のスクリーニングに適したライブラリーであると考えられる。我々は，経産省，NEDO が JBiC と実施している「化合物等を活用した生物システム制御基盤技術開発」プロジェクトにおいて，多くの国内企業および製品評価技術基盤機構（NITE），産業技術総合研究所由来の，質・量共に世界最大の天然物ライブラリーを確立している。これらのライブラリー中には，多種多様なヒストンデアセチラーゼ阻害剤，G9a ヒストンメチルトランスフェラーゼ阻害剤，テロメラーゼ誘導物質（テロメラーゼ活性は，良質な iPS 細胞には必須と言われている），細胞増殖促進物質など様々な化合物が存在する。

　最近の山中 4 因子のうち，Klf 4 の発現誘導化合物のスクリーニングを行った結果，正常ヒト線維芽細胞において Klf 4 発現を促進する物質を得ることに成功した。本物質は，Klf 4 発現誘導活性と比較すると若干活性は弱いものの，Oct 4 および Sox 2 の発現も誘導していた。さらに興味深いことに，本物質はヒストンデアセチラーゼ阻害剤とは異なり，樹立細胞株での遺伝子に対しては発現誘導活性を示さなかった。本化合物の作用メカニズムは不明であるが，今後このような化合物を多く取得することにより iPS 細胞作製の効率化を促進することが期待される。また，これらの化合物の活性発現メカニズムを解明することにより，正常体細胞から iPS 細胞へと誘導される生理的なメカニズムを明らかにすることが期待される。

文　献

1) International Human Genome Sequencing Consortium, *Nature*, 431, 931-945 (2004)
2) Ota, T. *et al.*, *Nat. Genet.*, 36, 40-45 (2004)
3) Kimura, K. *et.al.*, *Genome Res.*, 16, 55-65 (2006)
4) Otsuki, T. *et al.*, *DNA Res.*, 12, 117-126 (2005)
5) Nomura, N. *et al.*, *DNA Res.*, 1, 251-262 (1994)
6) Stausberg, R.L. *et al.*, *Proc. Natl. Acad. Sci. USA*, 99, 16899-16903 (2002)
7) Wiemann, S. *et.al.*, *Genome Res.*, 11, 422-435 (2001)
8) Hu, R. *et al.*, *Proc. Natl. Acad. Sci. USA*, 97, 9543-9548 (2000)

9) Temple, G. *et al.*, *Hum. Mol. Genet.*, **15**, R 31 (2006)
10) 五島直樹ほか，実験医学，**23**, 577 (2005)
11) Hartley, J. L., Temple, G. F., Brasch, M. A., *Genome Res.*, **10**, 1788 (2000)
12) Goshima, N. *et al.*, *Nat. Meth.*, **5**, 1011 (2008)
13) Maruyama, Y. *et al.*, *Nucleic Acids Res.*, **37**, D 762 (2009)
14) Nakagawa, M. *et al.*, *Nat. Biotechnol.*, **26**, 181 (2008)
15) Sridharan, R. *et al.*, *Cell*, **136**, 364 (2009)
16) Huangfu, D. *et al.*, *Nat. Biotechnol.*, **26**, 795 (2008)
17) Shi, Y. *et al.*, *Cell Stem Cell*, **2**, 525 (2008)
18) Feldman, N. *et al.*, *Nat. Cell Biol.*, **8**, 188 (2008)
19) Tachibana, M. *et al.*, *Genes Dev.*, **16**, 1779 (2002)
20) Kim, J. B. *et al.*, *Nature*, **454**, 646 (2008)
21) Sato, N. *et al.*, *Nat. Med.*, **10**, 55 (2004)
22) Ying, Q. -L. *et al.*, *Nature*, **453**, 519 (2008)
23) Zhao, Y. *et al.*, *Cell Stem cell*, **3**, 475 (2008)
24) Watanabe, K. *et al.*, *Nat. Biotechnol.*, **25**, 681 (2007)
25) Masaki, H. *et al.*, *Stem Cell Research*, **1**, 105 (2008)
26) Silva, J. *et al.*, *PLoS. Biol.*, **6** (10), e 253 (2008)
27) Yu, J. *et al.*, *Science*, **324**, 797 (2009)
28) Zhou, H. *et al.*, *Cell Stem Cell*, **4**, 381 (2009)

2 細胞質で持続的に遺伝子を発現できる新規ベクター開発と先端医療への応用

中西真人[*1]，西村　健[*2]，大高真奈美[*3]，佐野将之[*4]，酒井菜絵子[*5]

2.1 はじめに—iPS細胞の開発と遺伝子導入・発現技術

　iPS細胞（人工多能性幹細胞）の開発に至る研究の流れを振り返る時，発生学の重要なトピックを抜きに語ることはできない。アフリカツメガエルの体細胞の核を脱分化させて新しい個体を作ったGurdonらの先駆的研究（1970年）[1]に始まって，初めてマウスES細胞（胚性幹細胞）を樹立したEvansやMartinの研究（1981年）[2,3]，ヒツジの乳腺細胞の核を未受精卵に移植してクローン羊「ドリー」を作製したWillmutらの研究（1997年）[4]など，さまざまな先人の成果の上に現在の研究がある。しかし，iPS細胞開発のもう一つの重要なコンセプトである「動物細胞の分化形質を外部から導入した高分子物質で自由自在に変化させる」という「細胞工学」のアイデアが，世界に先駆けて1970年代の日本で提唱されていたことはややもすると忘れられがちである。

　細胞培養の技術がようやく普及し始めた1960年代から70年代にかけて，性質の異なる細胞を融合させてその変化を観察するという体細胞遺伝学の研究が盛んに行われていた。その流れの中で「細胞Aと細胞Bを融合すると，細胞Aの中の成分が細胞Bの核に働きかけてその遺伝子発現が変化する」と考えられる現象が見いだされた。例えば，血清タンパク質のアルブミンを分泌するラットの肝癌細胞と，アルブミンを合成できないマウスの線維芽細胞を融合すると，マウスのアルブミンを分泌する細胞が出現する（1972年）[5]。これは，「ラット肝癌細胞核の中にあってラット・アルブミン遺伝子を活性化している因子が，マウス核の中に移行し，休止しているマウス・アルブミン遺伝子を活性化した」と考えると説明がつく。

　また，既に最終分化を終えて遺伝子発現能やDNA複製能を失った細胞の休止核が，細胞融合により「再活性化」される現象も発見されている。例えば，休止核を持つニワトリ赤血球をマウスの線維芽細胞と融合させると，既に役割を終えたニワトリの核が再活性化され，DNA複製やニワトリ由来抗原の発現が起こる（1969年）[6]。この場合は，マウスの線維芽細胞に存在する因

---

*1　Mahito Nakanishi　㈳産業技術総合研究所　器官発生工学研究ラボ　副研究ラボ長
*2　Ken Nishimura　㈳産業技術総合研究所　器官発生工学研究ラボ；㈳科学技術振興機構
　　　さきがけ研究員
*3　Manami Ohtaka　㈳産業技術総合研究所　器官発生工学研究ラボ　技術職員
*4　Masayuki Sano　㈳産業技術総合研究所　器官発生工学研究ラボ　研究員
*5　Naeko Sakai　㈳産業技術総合研究所　器官発生工学研究ラボ　技術職員

iPS 細胞の産業的応用技術

子がニワトリの休止核を再活性化したと考えるのが合理的である。前述したヒツジの体細胞の核を未受精卵に移植すると初期化される現象[4]や，2001年に発見されたマウスの体細胞とES細胞を融合すると体細胞の核が初期化される現象[7]（この発見がiPS細胞樹立の重要なヒントになった）も，未受精卵やES細胞に体細胞核を初期化できる因子が存在することを示している。

それでは，この「アルブミン遺伝子を活性化する因子」や「休止核を再活性化する因子」を単離して細胞に導入すれば同じことが再現できるだろうか？ 1970年代から80年代には，「これらの仮想因子を精製して細胞に導入することにより動物細胞の分化形質を人工的に変化させる」という夢に多くの研究者が取り組んだ。しかし，このアプローチは，核内タンパク質の核移行機構の解明などさまざまな基礎生物学の成果を生んだが，細胞の形質転換については大きな果実を結ぶことなく終わる。これらの因子の細胞内含有量が極めて少なく不安定でもあったため，当時の研究技術ではこの壁を乗り越えることができなかったことも原因の一つであろう。ヒト細胞の核内転写因子をタンパク質で研究するためには，現在でも数百リットルというスケールで培養したHeLa細胞の核抽出液を使うのだから，研究費も乏しい当時の研究環境ではとても無理な話であった。

しかし，1980年代に入って組み換えDNA技術が一般の研究室に普及すると，細胞工学は新たな展開を見せる。つまり，それまでの生化学的手法ではできなかった「動物細胞の人工的形質転換」が分子生物学的手法を使うことにより現実のものになったのだ。分子生物学的手法の主人公であるDNAと，生化学的手法の主人公であるタンパク質とを比べると，前者は物理的に安定で均一な分子の大量生産が容易であり，染色体に取り込ませれば安定な形質転換細胞が得られるなど，数多くの利点を持っていた。さらに1990年代末にはキャピラリーを使った高速シークエンサーやPCR法が実用化されてDNAの構造解析や構造改変はとても容易になり，今や，webから注文したオリゴDNAとキットを使って，初心者でもすぐに「なんちゃって分子生物学者」になれる時代だ。

一方，1980年代には，組み換えDNA技術の普及と共に動物細胞に遺伝子を効率よく導入する技術が大きな進歩をとげた。特に，1981年に発表されたレトロウイルスベクターは[8]，遺伝子治療が夢から現実になるきっかけとなり，初めてのiPS細胞の作製にも大きく貢献した。このように，iPS細胞の研究は1970年代に研究者が夢に描いていた細胞工学の発想の延長上にあり，その実用化にあたっては生きている動物細胞に遺伝子を導入して発現させる技術が非常に重要な役割を果たしている。本節では，現在iPS細胞作製のために提案されているさまざまな遺伝子導入・発現法について検討し，その欠点の克服を目指す我々のオリジナル技術について解説する。

第 4 章　細胞操作技術

2.2　現在の iPS 細胞作製技術とその長所・短所

　「安全で効率の高い iPS 細胞の作製」は，現在，最も注目を集めている研究分野であり，毎月のように Nature や Science に論文が出るという激しい競争になっている。そこでまず，2009 年 3 月現在で学術論文として公表されている，化学物質の助けを借りない iPS 細胞作製技術についてまとめてみた（表 1）。山中博士らによる世界初のマウス iPS 細胞の樹立から現在まで，多くの報告でレトロウイルスベクターやレンチウイルスベクターといった「挿入型ベクター」が使われている[9~11]。レトロウイルスベクターはマウス白血病ウイルス，レンチウイルスベクターはヒト免疫不全ウイルスが素材となっているものが多いが，ウイルスベクターの RNA ゲノムがベクター粒子内にある逆転写酵素によって DNA に変換され，この DNA が染色体に効率よく挿入される点は共通している。両者の違いとしては，後者は DNA 複製を行っていない静止期の細胞にも導入でき（これには異論もある），染色体上の挿入部位がよりランダムで特定の領域に偏っていないとされている。

　当初は，アデノウイルスベクターの感染やプラスミド DNA の導入による一過性の遺伝子発現では iPS 細胞を樹立することができず，また，効率のよい遺伝子導入・発現系であるレトロウイルスベクターを使っているにもかかわらず iPS 細胞が出現する頻度は極めて低かった。そのため，導入した初期化用遺伝子の発現に加えて，染色体へのランダムな DNA の挿入による挿入変異（染色体に組み込まれた外来遺伝子が，その近傍の宿主遺伝子を異常に活性化（または抑制）する現象）も iPS 細胞の出現になんらかの役割を果たしているのではないかとも考えられていた。しかし，現在ではこの可能性は否定されており，挿入型ベクターの役割は，細胞の初期化（脱分化）活性を持つ遺伝子の発現を比較的長期間（報告によって異なるが 10 日から 20 日間）維持することだと考えられている。

　一方で，再生医療への応用を考えた場合には，挿入型ベクターを使って作製したヒト iPS 細胞にはさまざまな安全面での懸念がある。iPS 細胞の作製では通常，Oct 4・Sox 2・Klf 4・c-Myc

表 1　iPS 細胞の作製に使われている遺伝子導入・発現技術

使用された遺伝子導入・発現系	参　考　文　献
レトロウイルスベクター	K. Okita, *et al.*, *Nature*, 448, 313（2007）[9] K. Takahashi, *et al.*, *Cell*, 131, 861（2007）[10] など多数
レンチウイルスベクター	J. Yu, *et al.*, *Science*, 318, 1917（2007）[11]
プラスミド DNA	K. Okita, *et al.*, *Science*, 322, 949（2008）[12]
アデノウイルスベクター	M. Stadfeld, *et al.*, *Science*, 322, 945（2008）[13]
プラスミド DNA + *Cre-lox* 組換え系	K. Kaji, *et al.*, *Nature*, in press（2009）[14]
piggyBac トランスポゾン	K. Woltjen, *et al.*, *Nature*, in press（2009）[15]
EBV プラスミドベクター	J. Yu, *et al.*, *Science*, in press（2009）[16]

iPS 細胞の産業的応用技術

の4つの遺伝子が使われるが，このうち，c-Myc は種々のガン細胞で高発現している有名な発ガン遺伝子であり，Klf 4 や Oct 4 もガン化や異形成（一種の前ガン状態）と関連があるとされている[17]。これらの遺伝子の iPS 細胞での発現状態を調べると，細胞がもともと持っている内在性の遺伝子の発現が誘導されるのと入れ替わりに，外部から導入した遺伝子の発現はプロモーター領域のメチル化によって抑制されている。ところが，挿入型ベクターを使ってマウス iPS 細胞を作製し，この細胞を使ってキメラマウスを作ると，c-Myc 遺伝子の発現抑制が一部の組織ではずれて悪性腫瘍を形成することが明らかになった[9]。c-Myc を除いた3つの遺伝子でも効率は悪いながら iPS 細胞を作製できるが生殖細胞系列に分化しにくいという報告もあり（山中ら，日本再生医療学会，2009），c-Myc を使うかどうかで作製した iPS 細胞の性質が違う可能性もある。

挿入変異による重篤な副作用は，レトロウイルスベクターを使った遺伝子治療の臨床試験において報告されている。X 染色体連鎖重症免疫不全症（X-SCID）は，T 細胞表面にあるサイトカインレセプターの欠損によって引き起こされる疾患であり，正常なレセプター遺伝子をレトロウイルスベクターを使って骨髄の造血幹細胞に導入する遺伝子治療が計画された。フランスでの臨床試験では 11 例中 10 例で有意な免疫能の回復が観察されたが[18]，治療から3年が経過した時点から白血病を発症する被験者が次々と現れ，うち2例では治療用に使った遺伝子が染色体上の発ガン遺伝子を異常に活性化していることがほぼ確実となって大きな問題となった[19]。一方，1系統の iPS 細胞に含まれる外来遺伝子はせいぜい 10 から 20 個程度なので，10^7 個もの細胞にランダムに遺伝子を導入する遺伝子治療の場合とは異なり，挿入変異によって危険な発ガン遺伝子が活性化される確率は低いという意見もあるが，再生医療における安全性を担保するためには染色体への遺伝子挿入はできるかぎり避けるべきであろう。

以上のような挿入型ベクターの抱える問題点を踏まえて，初期化用遺伝子を染色体に残さないで iPS 細胞を作製する方法が検討され，現在，①一過性の遺伝子発現を複数回繰り返す方法[12,13]，②染色体に挿入された外来遺伝子を iPS 細胞ができた後で除去する方法[14,15]，③染色体外で複製する EB ベクターを使う方法[16]の3つのアプローチが提唱されている（表1）。一つ目のアプローチは，遺伝子導入を繰り返すことで遺伝子発現が短期間で消失する欠点を補うという最もシンプルな発想である。複数の遺伝子を搭載したプラスミドを使う方法では，マウス胎児線維芽細胞に DNA をリポフェクション法で4回導入してマウス iPS 細胞の樹立に成功している[12]。しかし，細胞初期化の確率は最大でも 0.006% と低く，出現した iPS 細胞のうち 74% は外来遺伝子がランダムに挿入されているので，実際の効率はさらに低くなる[12]。また，それぞれ1個の遺伝子を搭載したアデノウイルスベクターを混合して遺伝子導入する方法では，マウス肝細胞を材料に iPS 細胞が作製可能であるが，効率は最大で 0.0012% とやはり非常に低く，線維芽細胞では成功していない[13]。さらに，どちらの方法でもヒト iPS 細胞の作製はまだ報告されていない。

第4章　細胞操作技術

　二つ目のアプローチは，4つの初期化用遺伝子を染色体に挿入して発現させ，iPS細胞を作った後にバクテリオファージのCre–lox組み換え系や昆虫由来のpiggyBacトランスポゾン（transposaseという酵素の働きで染色体のあちこちに移動する遺伝情報のこと）の機能を利用して染色体から除去する方法である[14,15]。このアプローチの欠点は，いったん染色体にDNAを挿入してから挿入部位や挿入DNAのコピー数を調べ，ごく一部の条件の整った細胞に組換酵素を導入して外来遺伝子を除去し，その後にもう一度染色体へのDNAの挿入の有無を確認するなど実験系が複雑なことで，特にトランスポゾンを使った場合にはこの煩雑な過程が最終的なiPS細胞の樹立の効率を下げている。トランスポゾンを使った系では，外来の転写ユニットを1コピー持っていて除去が可能な細胞が出現する確率が4%，そこからさらにtransposaseを使って挿入遺伝子を除去できる確率が2%なので，総合すると効率はかなり低下する[15]。また，どちらの報告も，外来遺伝子をまったく含まないヒトiPS細胞作製の可能性を示唆しているものの，実際の樹立には至っていない。

　最近，ウィスコンシン大学のThomsonらが報告した論文では，ヒト細胞の染色体外でプラスミドとして維持できるEpstein–Barrウイルス（EBV）の複製系を使った正攻法で，染色体にまったく外来遺伝子を含まないヒトiPS細胞の作製に成功している[16]。EBVの潜伏感染時のゲノム複製起点oriPとEBNA1遺伝子を搭載したEBV複製系は1985年にSugdenらが開発したもので[20]，ヒトの細胞でしか機能しないのでマウスでの検討は行われていない。iPS細胞の樹立はEBVベクターの自然脱落（細胞分裂あたり1から4%）に依存しており，最終的なiPS細胞樹立効率は0.0003から0.0006%（10^6個の細胞から3ないし6個）程度である。

　このように，最先端のバイオテクノロジーを駆使してさまざまな方法が提案されているが，臨床応用が可能な安全なヒトiPS細胞を作製する方法としては2つの本質的な問題が残されている。一つは，挿入型ベクターを含むすべてのアプローチでDNAを初期化遺伝子の発現に使っていることである。教科書的には，アデノウイルスやEBVは染色体へ挿入されないウイルスに分類されているが，実際にはこの両者ともかなりの頻度で染色体に取り込まれることが報告されている[21,22]。そのため，作製したiPS細胞の安全性の確認のために染色体全域での遺伝子挿入の有無の確認が必要となる。また，系が複雑である・初期化効率が悪いなどの理由で細胞を長期間にわたって培養すると，作製したiPS細胞に染色体の脱落や欠失・融合などの異常が起きる確率が高くなり，臨床レベルの安全性を満たすのは難しくなる。私共の研究室では，これらの問題点を克服するために，次項に述べる新しいRNAウイルスベクターを使って，「安全性が高く品質が一定しているヒトiPS細胞」を樹立することを目指しているので，以下に紹介する。

2.3 細胞質で安定に維持されるセンダイウイルスベクターの開発

センダイウイルス（マウス・パラインフルエンザウイルスI型）は，ヒト・パラインフルエンザウイルスI型（hPIV-1，小児に多い急性気道炎の病原ウイルス）・麻疹ウイルス・流行性耳下腺炎（おたふく風邪）ウイルスなどと同じパラミキソウイルス科に属する一本鎖RNAウイルスである。野外強毒株は経鼻感染でマウスに致死的な肺炎を引き起こすが，ヒトに対する病原性は知られておらず，研究室で使われているセンダイウイルスのほとんどは，1950年代から孵化鶏卵での継代が続けられてマウスに対する病原性も大幅に低下した弱毒株である。海外ではこの弱毒株をhPIV-1に対する経鼻ワクチンとして使う研究が行われていて，既にサルでの有効性と安全性が確かめられ[23]，健常人に接種する第1相の臨床試験でも安全性に問題はなかったという報告が出されている[24]。

センダイウイルスは，外側に直径約240 nmのエンベロープ（M，F，HNの3つのタンパク質とリポソーム様脂質二重膜から成る構造）を持ち，その内部には一本鎖RNAゲノムとNP，P，Lの3つのタンパク質から成るヌクレオキャプシドが封入されている。エンベロープに存在するHNタンパク質を介してウイルス粒子が細胞膜表面のレセプター（シアル酸）に吸着し，引き続きFタンパク質の働きでエンベロープと細胞膜が融合して感染が成立する。センダイウイルスは非常に広い宿主域を持っており，少なくとも培養細胞レベルではBリンパ球を除くほとんどすべての哺乳類・鳥類の細胞に感染できる。センダイウイルスの転写・複製はウイルスが持つRNA依存性RNAポリメラーゼを使ってDNAの複製中間体を介さずに細胞質で起こるため，ウイルスゲノムが染色体ゲノムに組み込まれる可能性は限りなくゼロに近い。そのため，センダイウイルスを基にすれば，既存のウイルスベクターとはまったく異なる特徴を持った遺伝子導入ベクターが開発可能である。

センダイウイルスのゲノム構造はパラミキソウイルス科の原型とも考えられるシンプルなもので，ゲノムの両末端には複製に必要だとされる保存された配列があり，その間にmRNAの鋳型となる6個の発現ユニットが直列につながっている（図1）。各転写ユニットは，10塩基の転写開始シグナルから始まり10塩基の転写終結シグナルで終わっていて，P遺伝子を除き，それぞれ1種類のタンパク質を作るmRNAをコードしている。RNAポリメラーゼは，転写開始シグナルからmRNA合成を開始すると共に翻訳に必要なキャップ構造を付加し，転写終結シグナルではmRNAの末端にポリA配列を付加する。このように，イントロンや複雑なプロモーター領域を必要としないため，外来遺伝子の前後に転写開始シグナルと転写終結シグナルを置いてゲノムに組み込むことで簡単に外来遺伝子を発現することができる。世界で初めて完全長ゲノムcDNAからセンダイウイルスZ株の再構成に成功したのは東京大学・医科学研究所の永井美之博士（東京大学名誉教授，現・理化学研究所）らで[25]，筑波にあるバイオベンチャー企業・

第4章　細胞操作技術

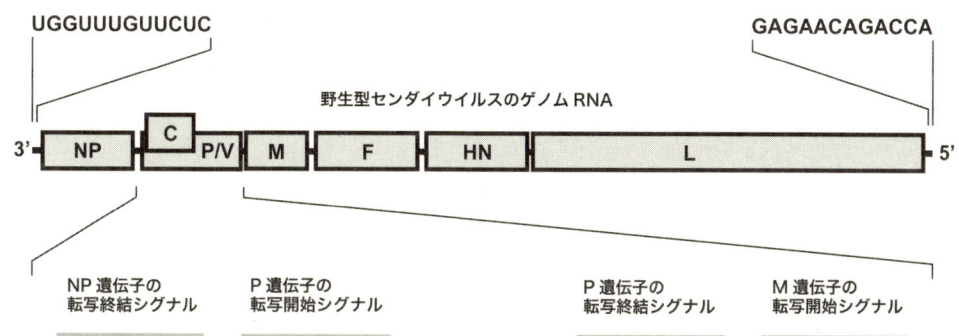

```
UGGUUUGUUCUC                                    GAGAACAGACCA
              野生型センダイウイルスのゲノム RNA
3'─[ NP ]─[C][ P/V ]─[ M ]─[ F ]─[ HN ]─[   L   ]─5'
```

NP遺伝子の　　　P遺伝子の　　　　　　P遺伝子の　　　M遺伝子の
転写終結シグナル　転写開始シグナル　　　転写終結シグナル　転写開始シグナル

3' guCAUUCUUUUUgaaUCCCACUUUCaagta………ucuAAUUCUUUUUgaaUCCCACUUUCuu 5'

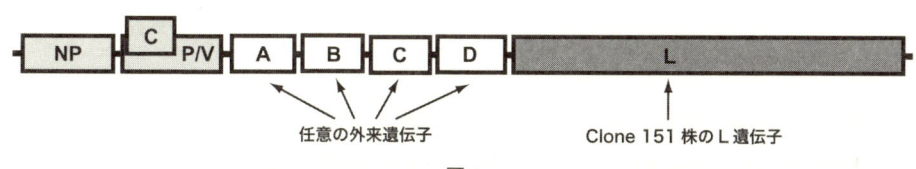

m⁷GpppAGGGUGAAAGUUC………GAUUAAGAAAAAAAAA…

Cap 構造　　　　Pタンパク質をコードする mRNA

```
─[ NP ]─[C][ P/V ]─[ A ]─[ B ]─[ C ]─[ D ]─[   L   ]─
                    ↑任意の外来遺伝子↑     Clone 151株のL遺伝子
```

図1
センダイウイルスのゲノムと mRNA の構造（上）。
センダイウイルスのゲノムは一本鎖 RNA で，mRNA と相補的な構造をしている6個の遺伝子が直列につながっている。ゲノム RNA の3'末端と5'末端にはほぼ相補的な構造があり，これが複製起点だと考えられている。また，各遺伝子はよく保存された転写開始シグナルと転写終結シグナルの間に挟まれている。図ではP遺伝子と，ここから転写されるPタンパク質を作るmRNA の構造を示している。mRNA の5'末端には翻訳に必要な Cap 構造が付加され，3'末端には長いポリ A 鎖が付加される。
持続発現型センダイウイルスベクターのゲノム構造（下）。
持続発現型ベクターは，野生型センダイウイルスの M・F・HN 遺伝子を外来遺伝子と置換して作製する。

　DNAVEC㈱がその研究成果を引き継いで，Z株由来の組み換えセンダイウイルスベクターを使ったワクチン開発や遺伝子治療技術の開発を行っている。
　Z株を初めとする野生型センダイウイルスは，多くの RNA ウイルスと同様，感染した細胞を破壊しつつ増殖する細胞溶解性感染（Lytic Infection）を起こすため，遺伝子発現は基本的に一過性である。一方，我々がベクター開発の素材として使っている変異センダイウイルス Clone 151（Cl.151）株は，吉田哲也博士（広島大学名誉教授，現・広島国際大学教授）が1979年に野生型の Nagoya 株から単離したもので，細胞と仲良く共存できる持続感染（Persistent infection）という感染形式を取る変異ウイルス株である[26]。既に我々は，このウイルスだけが持つインターフェロン β の発現を回避する変異や，細胞のアポトーシス・急性の細胞傷害性を回避する

変異を同定している[27]。さらに，Cl.151 株をベースに遺伝子発現に必要がない遺伝子を外来遺伝子に置き換えることにより，4個の外来遺伝子を搭載して6ヶ月以上の長期間持続的に発現できるセンダイウイルスベクターを構築することができた（図1）[27]（Nishimura, et al., 投稿準備中）。

　我々が開発した新規ベクターは，①染色体への挿入がない，②細胞の初期化に必要な期間ずっと遺伝情報を発現することができる，③4つの異なる遺伝子を同時に搭載して細胞に効率よく導入できるなど，安全性の高い iPS 細胞の作製に必要な要素をすべて兼ね備えている。このベクターのゲノムは RNA であるため DNA との組み換えが起こらず，原理的に染色体に挿入される可能性がない。また，動物細胞では逆転写酵素の存在が知られていないため，mRNA やゲノム RNA が DNA に変換されて染色体に挿入される可能性も無視できる。仮にヒト免疫不全ウイルス（HIV）等に感染して逆転写酵素を発現している細胞であっても，mRNA と結合する特異的な RNA プライマーが存在しない限り逆転写は起こらないので，ベクターの構造を慎重に設計することにより逆転写の可能性を限りなくゼロにすることができる。

　また，RNA ウイルスベクターは一般に細胞傷害性が強く一過性発現しかできないのに対し，持続発現型センダイウイルスベクターは細胞傷害性が極めて低く長期にわたって遺伝情報発現を持続できる点で極めてユニークな存在であり，iPS 細胞の作製を初めとしてバイオ医薬品の生産などさまざまな用途が考えられる。一方，このベクターでは遺伝子発現の抑制やベクターの除去を効率よく達成できるかどうかが効率の良い iPS 細胞作製の鍵となる。レトロウイルスベクターで iPS 細胞を作製する場合は，内在性の遺伝子が活性化されるのと入れ替わりに外部から導入した遺伝子の発現が停止するが，センダイウイルスベクターではそのような現象は期待できない。積極的にセンダイウイルスベクターを除去する方法としては，C型肝炎の治療などにも使われている抗ウイルス薬のリバビリン（rivavirin）を使う方法が発表されているが[28]，この薬剤には催奇性があることが知られているので，現在，リバビリンに代わる手法の開発を行っている。

　さらに，複数の遺伝子を搭載して同時に細胞に導入できるという性質は，再現性良く均質な iPS 細胞を作製するためにも重要である。一般的に，iPS 細胞は ES 細胞よりも性質の多様性が大きいとされているが，レトロウイルスベクターを使って4つの初期化遺伝子を別々に細胞に導入する作製法がその原因になっている可能性もある。DNA をベクターとして使う場合，4個もの遺伝子を同時に搭載して発現させるのはそれほど容易ではなく，自己切断性を持つ2A-peptide によって4つのタンパク質をつないだ融合タンパク質の形にするなどの工夫がこらされている[14, 15]。センダイウイルスの特徴は，それぞれの遺伝子の転写カセットが極めて単純な形をしているため，iPS 細胞作製に有用な新規遺伝子や自殺遺伝子を搭載することも比較的容易にできることである。現在は搭載できる遺伝子の上限は4個であるが，将来は5個以上の遺伝子を搭載できるようにベクターの改良を検討中である。

第4章　細胞操作技術

2.4　おわりに

　ヒト iPS 細胞の樹立が日米の研究グループから同時に発表されて以来,「染色体への外来遺伝子の挿入がない安全なヒト iPS 細胞の作製」に向けて激烈な競争が繰り広げられたが, おそらく今後1年以内に, 研究の目標はさらに「均質なヒト iPS 細胞の効率のよい作製」に向かうことになると考えられる。iPS 細胞を使った再生医療の実用化に向けた研究に日本がどのくらい貢献できるかがこれから問われることになるが, その中で我々の研究が少しでも貢献できることを願っている。

文　　献

1) R. A. Luskey and J. B. Gurdon, *Nature*, **228**, 1332 (1970)
2) M. J. Evans M. J. and M. H. Kaufman, *Nature*, **292**, 154 (1981)
3) G. R. Martin, *Proc. Natl. Acad. Sci. USA*, **78**, 7634 (1981)
4) I. Willmut, *et al.*, *Nature*, **385**, 810 (1997)
5) J. A. Peterson and M. C. Weiss, *Proc. Natl. Acad. Sci. USA*, **69**, 571 (1972)
6) H. Harris, *et al.*, *J. Cell Sci.*, **4**, 499 (1969)
7) M. Tada, *et al.*, *Curr. Biol.*, **11**, 1553 (2001)
8) K. Shimotohno and H. M. Temin, *Cell*, **26**, 67 (1981)
9) K. Okita, *et al.*, *Nature*, **448**, 313 (2007)
10) K. Takahashi, *et al.*, *Cell*, **131**, 861 (2007)
11) J. Yu, *et al.*, *Science*, **318**, 1917 (2007)
12) K. Okita, *et al.*, *Science*, **322**, 949 (2008)
13) M. Stadfeld, *et al.*, *Science*, **322**, 945 (2008)
14) K. Kaji, *et al.*, *Nature*, in press (2009)
15) K. Woltjen, *et al.*, *Nature*, in press (2009)
16) J. Yu, *et al.*, *Science*, in press (2009)
17) K. Hochedlinger,. *et al.*, *Cell*, **121**, 465 (2005)
18) M. Cavazzana-Calvo, *et al.*, *Science*, **288**, 669 (2000)
19) S. Hacein-Bey-Abina, *et al.*, *Science*, **302**, 415 (2003)
20) J. L. Yates, *et al.*, *Nature*, **313**, 812 (1985)
21) A. Harui, *et al.*, *J. Virol.*, **73**, 6141 (1999)
22) E. A. Hurley, *et al.*, *J. Virol.*, **65**, 1245 (1991)
23) J. L. Hurwitz, *et al.*, *Vaccine*, **15**, 533 (1997)
24) K. S. Slobod, *et al.*, *Vaccine*, **22**, 3182 (2004)
25) A. Kato, *et al.*, *Genes to Cells*, **1**, 569 (1996)

26) T. Yoshida, *et al.*, *Virology*, **92**, 139 (1979)
27) K. Nishimura, *et al.*, *J Biol. Chem.*, **282**, 27383 (2007)
28) K. Sasaki, *et al.*, *Gene Ther.*, **12**, 203 (2005)

3 セルサージェリー技術のiPS細胞および幹細胞への応用

中村　史[*1], 鍵和田晴美[*2], 三宅　淳[*3]

3.1 はじめに

2006年，京都大学山中教授らはOct 3/4, Sox 2, Klf 4, c-Mycの4遺伝子をレトロウイルスにより導入・発現させることで，マウス胎児線維芽細胞とマウス成体の線維芽細胞からES細胞のように多分化能をもつ細胞を樹立し，誘導多能性幹細胞（inducible pluripotent stem cell：iPS細胞）と名づけた[1]。発表後直ちに国内外の研究者によって急速に研究が進められ，翌年には，ヒトおよびマウスの体細胞に4つの遺伝子を導入することでES細胞とほぼ同等の分化多能性を持つiPS細胞が作製できることが実証された[2~4]。iPS細胞の作製過程は，受精卵を必要としないためES細胞の倫理的問題に無関係であり，さらに多様な遺伝的背景を持つドナーから誘導することが可能で，移植時の拒絶反応などの障壁も低いと予想されるため，再生医療，創薬など幅広い分野での活用が大いに期待されている。

レトロウイルスやレンチウイルスのような染色体DNAへの挿入を伴うウイルスは，染色体上にコードされた内在性因子の発現等を攪乱してしまう恐れがある。経済産業省が行った平成20年度中小企業支援調査「iPS細胞の産業応用に向けた要素技術に関する調査」における調査結果でも，ウイルスを用いないiPS細胞の作製法に対するニーズが浮かび上がってきている。これに対してゲノムへの遺伝子挿入を伴わないアデノウイルスやプラスミドを用いた作製方法が報告されているが，作製効率が低いという問題がある[5,6]。ヒストン脱アセチル化阻害効果を持つバルプロ酸の使用により作製効率を向上した例も報告されているが[7]，薬剤の細胞に与える影響も考慮しなければならない。

以上のようにiPS細胞の実用化，特に再生医療での利用において，まず求められているのは，より安全で効率的な細胞作製方法の確立である。iPS細胞のみならずその他の幹細胞においても，例えば分化誘導の過程において同様の安全性と効率が求められる。この課題の要点は，細胞に対していかに安全に効率よく物質を導入するかということであり，物質導入行為によって細胞の性質に全く変化を与えない手法が最も安全ということである。この観点において筆者らは，セルサージェリーあるいはナノサージェリーという細胞操作の新しい概念を提示し，高効率，高安全性を重視した細胞操作技術の開発を行っている。本節では，iPS細胞ならびに幹細胞の産業化とい

[*1]　Chikashi Nakamura　㈱産業技術総合研究所　セルエンジニアリング研究部門
　　　　グループ長
[*2]　Harumi Kagiwada　㈱産業技術総合研究所　セルエンジニアリング研究部門　研究員
[*3]　Jun Miyake　㈱産業技術総合研究所　セルエンジニアリング研究部門　部門長

3.2 従来法遺伝子導入技術

iPS細胞の作製に必要な誘導因子では，その発現量と発現時間に関する情報が報告されつつある。山中教授らのプラスミドによるiPS細胞の樹立では，細胞に対して誘導因子をコードしたプラスミドを4回断続的に導入している[5]。またHochedlingerのグループの報告では，10日間の誘導因子の発現が必要であるとしている[8]。遺伝子導入では，現在のところNaked DNA（プラスミドDNA）が最も安全かつ確実な誘導因子であると考えられるが，分裂に伴うプラスミドDNAの脱落が生じるため，断続的な導入が必要となる。山中教授らは，リポフェクションにより断続導入を行っているため，培養皿上の細胞に対してDNA導入はランダムに起こる。また，リポフェクション操作の細胞へのダメージの問題もあり，低い効率につながっていると考えられる。狙った細胞に対して断続的にダメージ少なく確実にDNA導入を行うことができれば，高効率なiPS細胞の作製が可能となる。

従来法としては，マイクロインジェクションが考えられる。マイクロインジェクションは，ガラスキャピラリを物理的に細胞膜に貫通させ，細胞内の狙った場所に目的とする物質を直接注入する方法である[9]。この方法では，細胞内にタンパク質，ペプチド，cDNAから巨大分子までさまざまな物質を，特定の細胞の細胞内の位置に，狙ったタイミングで運ぶことができる。このような時空間的に正確な制御下での物質導入は，他の遺伝子導入方法，エレクトロポレーションや化学的遺伝子導入方法などでは難しい。近年，ピエゾアクチュエーターを用いたマイクロインジェクション法や[10~12]，コンピュータ制御による空間的に正確なマイクロインジェクション法[13]，より詳細な量的制御の可能なマイクロインジェクション法[14,15]など，さまざまな技術の開発例が報告されている。

しかし，溶液を噴出させる必要があるガラスキャピラリは，先端開口径を小さくすることに限界があり，外径は1ミクロン前後の大きさになる。我々は，このキャピラリの大きさが細胞に対する挿入効率を著しく低下させるものと考え，より小さな材料を用いることで問題を解決できると考えた。

3.3 セルサージェリー技術

我々が考案した方法は，原子間力顕微鏡（AFM）の探針を削って非常に細い針状にし，この針を細胞挿入のツールにするというものである。単結晶シリコン製のAFM探針を集束イオンビームによってエッチングする。これによって，最小で直径100 nm程度まで細くすることができる（図1Dの写真は直径200 nm）。長さは細胞操作を行うために，10 μm程度の長さにする。

第4章　細胞操作技術

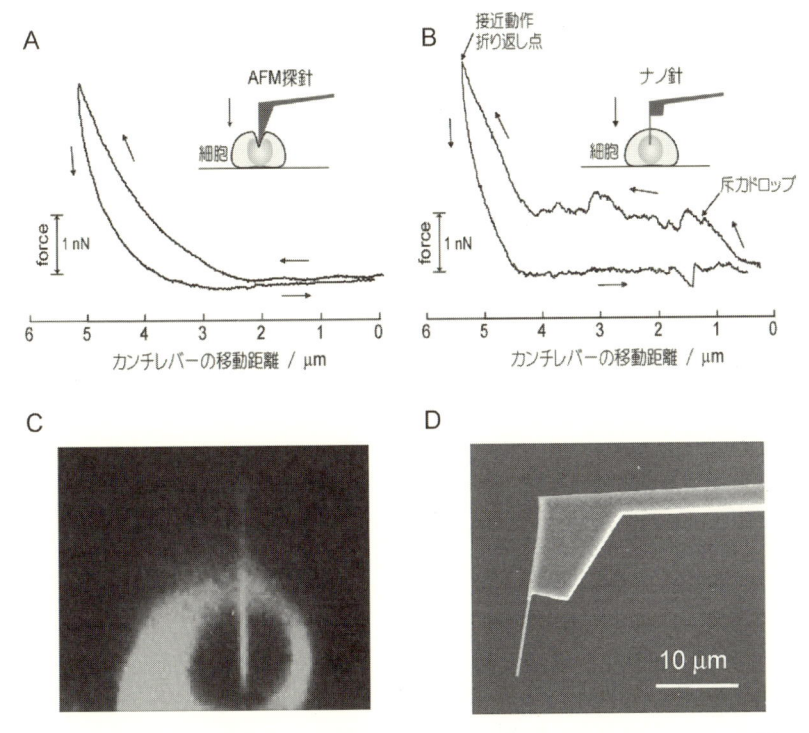

図1　通常のAFM探針（A）およびナノ針（B）を接近させた時のフォースカーブと
ナノ針挿入時のHEK 293のCLSM像（C）とナノ針のSEM像（D）

我々は，この針をナノ針と名付け，またナノ針を用いた細胞操作技術をセルサージェリーあるいはナノサージェリーと呼び，開発を行っている。セルサージェリー技術では可能な限り自然な細胞状態を維持しながら，単一細胞解析，遺伝子導入，細胞選別，細胞診断などあらゆる細胞操作を低侵襲で自在に行う技術の確立を目指している。

数百ナノメートル直径の針の細胞挿入は光学顕微鏡では観察できない。AFMはカンチレバーの先端に設けられた探針と試料表面の間に働くピコニュートンレベルの原子間力を測定できる装置である。これを利用し，分子内や分子間の相互作用の測定に使用することができる。AFMを用いて力学応答を観察しながらナノ針を細胞に接近させ，確実に細胞に針を挿入する。

図1A，Bにはナノ針と通常のピラミッド型のAFM探針を細胞に近づけた場合の典型的なフォースカーブを示している。通常のピラミッド状の探針では，単純な斥力上昇のみが観察される。この場合探針は細胞に押し付けられるだけで，細胞内に挿入できていない。これに対してナノ針を細胞に接近させた場合では，フォースカーブ上で斥力増加が始まってから1μmほどのところで斥力のドロップが観察される。この斥力のドロップは，ナノ針の先が細胞膜を通過した点を示している[16]。

このようにAFMを用いた力学応答の観察によって挿入動作の途中で挿入の成否を判定できる

ことが本方法の大きな特徴である。すなわちノンラベルで細胞への針挿入過程を観察できるということである。図1Cにはナノ針の細胞挿入を証明するために共焦点蛍光像を示しているが，このような蛍光修飾された細胞を再生医療に使用することはできない。また，本手法の強調すべき利点は挿入効率の高さである[17]。効率はトライアル数あたりの斥力ドロップ出現の回数から判定できるが，理研バイオリソースセンターから入手したマウスiPS細胞への挿入効率は95%以上の高効率であることを確認している。また，フォースカーブから細胞の固さを示すヤング率を算出することができ，マウスiPS細胞では10 kPaであることが分かっている。

　ナノ針挿入の細胞に対する侵襲性に関しては，様々な方法で評価を行っている。直径200 nmナノ針による細胞操作では，1時間以上の長時間の針挿入も可能であり，ダメージのほとんどない侵襲的操作が可能であることが証明されており[18]，挿入により，細胞の遺伝子転写活性も低下せず[19]，機械的刺激によるカルシウム流入等も起こらないことから電気生理的に安定した状態で，針の挿入，抜去が可能であることが示されている[20]。

3.4　セルサージェリー技術による遺伝子導入

　ナノ針によるプラスミドDNA導入の概念図を図2に示した[18,21]。直径数百ナノメートルの針で，マイクロインジェクションのような溶液の注入動作を行うことは高い圧力を必要とするため難しい。よって，針表面へ導入物質を吸着させ，細胞内に運搬する。遺伝子導入においては，DNAをナノ針表面に吸着させ，細胞に挿入し，DNAを細胞内に拡散させる。

　直径200 nmのナノ針をシラン化し，架橋剤を用いてポリリジンペプチドを修飾する。このポリリジン修飾ナノ針にプラスミドDNAを培地と同じpH 7.4の条件下で静電的に吸着させる。さらにDNAをインターカレーターで染色し，このDNA吸着ナノ針をヒト腎由来細胞HEK 293

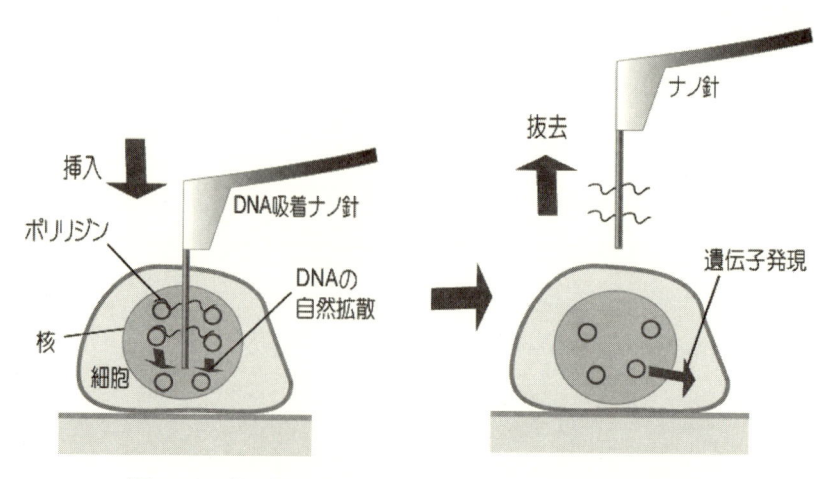

図2　ナノ針を用いた細胞へのプラスミドDNA導入の模式図

第4章　細胞操作技術

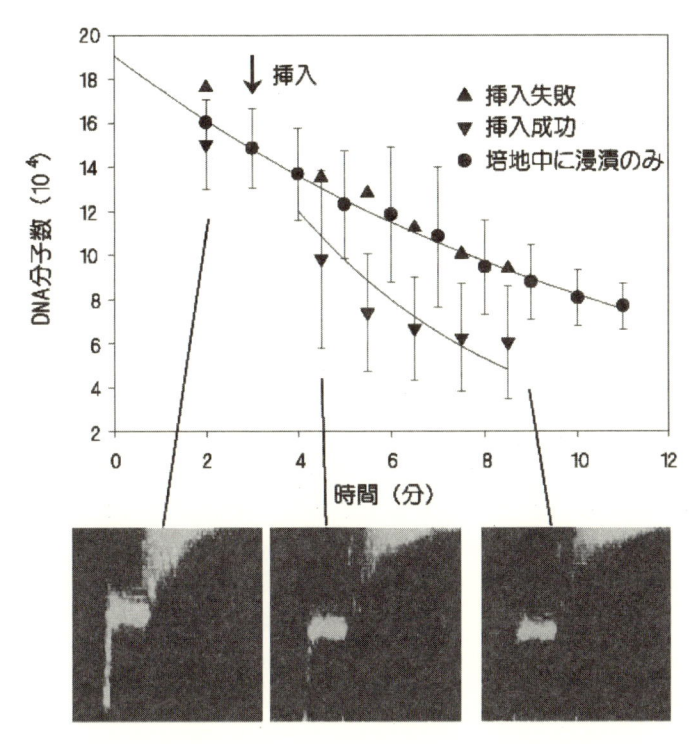

図3　細胞挿入中のナノ針からのプラスミドDNAの脱離

に挿入し，DNAの脱離を観察した結果が図3である。培地はDNAの分解を考慮し無血清培地を使用した。蛍光強度からナノ針に吸着されたDNA量は約10^5分子であった。培地中でのDNAの脱離と針挿入に失敗した際のDNAの脱離はほぼ同じ脱離曲線を描いており，培地に浸漬後2分間で25%のDNAが脱離している。一方，細胞へのナノ針挿入が成功した場合は著しくDNAの脱離が進行しており，挿入後，3分間で50%のDNAが脱離している。細胞内のpHは7.1程度であり，培地よりも低いため細胞内でDNAの脱離は促進されると考えられる。

ナノ針を用いてヒト乳癌細胞MCF-7[22]とヒト間葉系幹細胞（hMSC）[21]に対するプラスミドDNAの導入の検討を行っている。hMSCは付着培養状態で厚さが5μm程度の扁平な細胞である。図4にナノ針を用いて緑色蛍光タンパク質GFPの遺伝子を有するプラスミドphrGFPの導入操作を行った結果を示している。MCF-7を用いて遺伝子導入を検討した結果，図4Aに示すような細胞塊に対しても導入操作が可能であり，図4Bに示すように細胞塊中の1個の細胞のみにGFP発現が確認できる。初代培養hMSCに対して，同じプラスミドDNAの導入を行った結果が，図4C，Dである。操作を行った1個の細胞のみがGFP蛍光を示している。この細胞を回収し，細胞そのものを鋳型としたリアルタイムPCRによって導入されたプラスミドDNAの量を評価した。

iPS 細胞の産業的応用技術

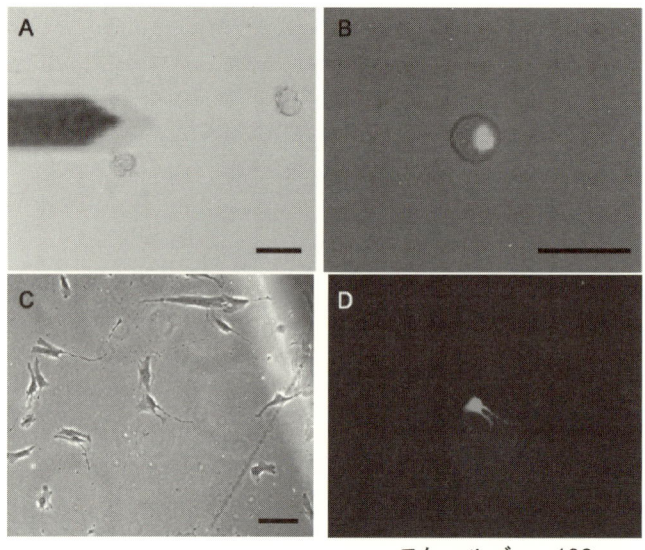

図4 ナノ針による DNA 導入操作中の乳癌細胞塊(A), 乳癌細胞塊中の GFP 発現細胞(B), DNA 導入後のヒト間葉系幹細胞の明視野像(C)と蛍光像(D)

表1 ヒト間葉系幹細胞へのナノ針を用いた遺伝子導入とその他の方法の効率の比較

	リポフェクション (Lipofectamine 2000)	マイクロインジェクション (Injectman)	ナノ針
DNA 導入効率	42%	8%	74%
単一細胞へ導入された DNA 量	2.7×10^6 分子	9.1×10^4 分子	8.4×10^3 分子
細胞あたりの GFP の 平均蛍光強度 (a.u.)	490,000	12,000	3,700
導入 DNA 1 分子あたりの 蛍光強度 (a.u.)	0.18	0.13	0.44

　表1は, DNA 導入効率, hMSC の単一細胞あたりの導入 DNA 分子数, GFP 蛍光の強度を示す[21]。対照としてリポフェクション, マイクロインジェクションを用いた結果を示した。遺伝子導入効率はリポフェクションで最大 42%, マイクロインジェクションではわずか 8% だったのに対して, ナノ針による導入では 70% 以上の高効率遺伝子導入が可能であった。導入効率は操作に供した細胞数を分母とし, 操作によって死滅した細胞数も母数に含めている。本研究ではマイクロインジェクション装置はエッペンドルフ社製のインジェクトマンを使用した。キャピラリはフェムトチップⅡであり, 先端開口部外径は 1μm 程度である。インジェクトマンでの hMSC に対する物質導入成功率はわずか 30% である上に, 導入の成否にかかわらず, さらに 30% 近くの細胞が操作によって死滅する。実質的な導入操作の効率は 20% 程度であるため, DNA 導

第 4 章　細胞操作技術

効率 8% は当然の結果と言える。

　マイクロインジェクションの問題点として溶液噴射時の圧力が挙げられ，これの改善によって導入効率の上昇に成功した例もある[15]。しかし，hMSC のような扁平な付着性細胞における問題点は，キャピラリの細胞挿入の成功率が低い点にある。キャピラリ先端の細胞内部への侵入が達成される前に，先端が基板に衝突するあるいはキャピラリを引き戻していると考えられ，この点で挿入効率が高いナノ針では高い導入効率が達成できているものと考えられる。

　さらに導入した遺伝子の発現効率を調べるため，操作後の細胞 1 個の全 DNA を鋳型として使用する定量 PCR によってプラスミド導入量を評価したところ，ナノ針による方法が 8000 分子程度で最も小さく，ナノ針表面という小さな面積に固定化できる DNA の数が最大でも 10^5 分子程度であることが反映されている。ところが，導入 DNA 量あたりのタンパク質発現量は他の手法と比べて最も高い。図 1 C に示すようにナノ針では核への直接挿入が可能であるために，高効率な DNA 発現が達成されるものと考えられる。

　リポフェクションでは，2 百万分子ものプラスミド DNA が導入されている結果となっている。ヒト染色体 DNA は全量で 6.4 Gbp 程度である。定量 PCR の信頼性は高くないが，結果が正しいとすれば導入された 4.3 Kbp のプラスミドの全量は染色体 DNA と同等であることを意味する。このような大量の DNA 導入はゲノム DNA の発現に少なからず影響を与えることが懸念される。正しく細胞の遺伝子発現を評価する，あるいは iPS 細胞の創出で求められるような安全な遺伝子発現を目指すにはできるだけ少量の DNA の導入を行った上で，高効率な遺伝子発現を達成する手法が必要になると考えられる。

　今後は，ナノ針の細胞への挿入確率の向上や，より制御された DNA 輸送を達成実現することが目標となる。細胞内に到達するまで減損することなく，細胞核内で確実に DNA を放出するナノ表面での controlled release が課題である。

3.5　おわりに

　物理的遺伝子導入方法は，古くから卵細胞操作や微生物研究，植物細胞研究等で用いられてきた。この技術はいずれも細胞膜を物理的に穿孔することにより膜透過性を向上させて細胞内に遺伝子を導入するもので，化学的な修飾等の痕跡を残すことなく狙った細胞内に目的とする遺伝子のみを直接導入することが目的である。セルサージェリー技術は，現在のところスループットに問題はあるものの，その究極の手法であると言え，高度な安全性が要求される iPS 細胞や各種幹細胞の産業応用に向けて極めて重要である。遺伝子以外にも，タンパク質などの導入も可能であり，また抗体修飾ナノ針を用いて生きたまま細胞内マーカータンパク質を検出することも可能である。このようにセルサージェリー技術は，各種幹細胞の分化誘導や細胞の評価など，幹細胞の

iPS 細胞の産業的応用技術

実用化に向けて多岐に渡り応用可能な技術である。今後，安全性と効率の向上を目指し，さらなる技術開発が必要となる。

文　　献

1) K. Takahashi *et al.*, *Cell*, **126**, 663 (2006)
2) K. Okita *et al.*, *Nature*, **448**, 313 (2007)
3) M. Wernig *et al.*, *Nature*, **448**, 318 (2007)
4) K. Takahashi *et al.*, *Nat. Protoc.*, **2**, 3081 (2007)
5) K. Okita *et al.*, *Science*, **322**, 949 (2008)
6) M. Stadtfeld *et al.*, *Science*, **322**, 945 (2008)
7) D. Huangfu *et al.*, *Nat. Biotechnol.*, **26**, 1269 (2008)
8) M. Stadtfeld *et al.*, *Cell Stem. Cell*, **2**, 230 (2008)
9) Y. Zhang *et al.*, *Current Opinion in Biotechnology*, **19**, 506 (2008)
10) N. Yoshida *et al.*, *Nature Protocols*, **2**, 296 (2007)
11) A. F. Ergenc *et al.*, *Biomedical Microdevices*, **9**, 885 (2007)
12) K. Kudoh *et al.*, *J. Mamm. Ova. Res.*, **15**, 167 (1998)
13) W. Wang *et al.*, *PLoS. ONE*, **2**, 862 (2007)
14) F. O. Laforge *et al.*, *Proceedings of the National Academy of Sciences of the United States of America*, **104**, 11895 (2007)
15) H. Matsuoka *et al.*, *Biotechnology Letters*, **29**, 341 (2007)
16) I. Obataya *et al.*, *Nano. Lett.*, **5**, 27 (2005)
17) I. Obataya *et al.*, *Biosens Bioelectron*, **20**, 1652 (2005)
18) S. Han *et al.*, *Biochem. Biophys. Res. Commun.*, **322**, 633 (2005)
19) S. Han *et al.*, *Arch. Histol. Cytol.*, in press. (2009)
20) C. Nakamura *et al.*, *Electrochem*, **76**, 586 (2008)
21) S. W. Han *et al.*, *Nanomedicine-Nanotechnology Biology and Medicine*, **4**, 215 (2008)
22) S. Han *et al.*, *Biosensors and Bioelectronics*, **24**, 1219 (2009)

第5章 細胞ソース

1 ヒトES細胞の創薬産業における有用性

饗庭一博[*1], 尾辻智美[*2], 中辻憲夫[*3]

1.1 はじめに

　胚性幹細胞（ES細胞）はあらゆる組織の細胞に分化する能力をもち，その多分化能を維持したまま，増殖可能な細胞である（図1）。ES細胞はその分化する過程が正常な胚発生を再現していると考えられているため，幹細胞生物学や発生生物学などの基礎科学において重要な研究対象になっている。さらに，その多分化能のため，ヒトES細胞から分化させた細胞の移植による再生医療への応用も期待されており，今年（2009年）ついに米国で急性脊髄損傷患者へ分化細胞を移植する臨床試験が始まる[1]。このようにES細胞は生物学や医学研究において非常に有望な細胞であるため，ヒトES細胞株樹立の最初の報告[2]があった1998年から数年の間に，日本を含め世界中の国々で400以上のヒトES細胞株が樹立された[3]。現在ではその数はさらに増加して

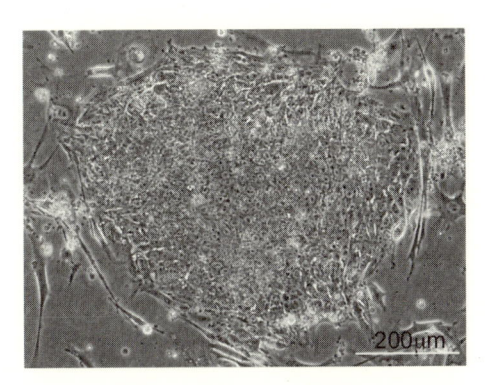

図1　未分化ヒトES細胞
ヒトES細胞，KhES-1のコロニー。京都大学再生医科学研究所で樹立された日本人由来のヒトES細胞株は現在5株である。

[*1] Kazuhiro Aiba　NPO法人　幹細胞創薬研究所　主任研究員
[*2] Tomomi G. Otsuji　NPO法人　幹細胞創薬研究所　研究員
[*3] Norio Nakatsuji　京都大学　物質—細胞統合システム拠点　拠点長，再生医科学研究所　発生分化研究分野　教授

おり，国内においても 2008 年 12 月，京都大学再生医科学研究所から新たなヒト ES 細胞株，2 株の樹立が発表された (http://www.kyoto-u.ac.jp/ja/news_data/h/h1/news6/2008/081205_1.htm)。現在，日本人由来のヒト ES 細胞株は 5 株となり，新しい 2 株も今後研究機関に分配される。

ヒト ES 細胞の樹立や生物学的特徴については，他の文献[4,5]に詳しく述べられているため，ここでは割愛させていただく。本節では，創薬研究におけるヒト ES 細胞の利用に焦点をあて，現在の創薬開発での問題点の解決において，創薬開発ツールとしてのヒト ES 細胞の有用性を論じる。

1.2 創薬開発の現在の問題点

新薬がその基礎研究から承認されるまでには，長いもので 20 年近くの年月が必要とされ，その期間に費やされる費用は莫大な額になる。最近はシード化合物の発見を効率的に行うためにゲノム情報を利用するゲノム創薬研究などもおこなわれ，研究開発費は年々増大してきている。しかし，開発費の上昇にもかかわらず，近年承認される新薬の数は減少傾向になってきている[6]。

開発中の候補薬すべてが長い年月をかければ承認されるわけではなく，臨床試験が行われた薬剤のうち，臨床試験フェーズⅢを通過するのは約 20% であり，その後承認される薬剤はわずか約 10% になる[7]。また，承認後でも予見されなかった副作用により市場から撤退することがある。臨床試験後期での候補薬のドロップアウトや上市後の新薬の撤退は，製薬企業にとってそれまでの開発に費やしてきたコストの回収ができないことを意味する。このことは薬の価格全体の上昇を招くことになり，消費者にとっても不利益になる。

最近のデータによると，臨床試験でのドロップアウトの主な要因は，ヒトに対する効能不足と毒性とされる[7]。つまり非臨床試験で有効とされた新薬候補が，臨床試験において有効性が認められない，または強い副作用により開発中止になる。したがってこれらの試験結果を改善できれば，臨床試験での成功率の向上に繋がると考えられている。臨床試験以前の，つまり基礎研究や非臨床試験の段階でヒトに対する有効性や副作用が判明できれば，開発後期での候補薬のドロップアウトを抑えることに役に立ち，開発費用の抑制や開発期間の短縮も期待できる。さらに，実験動物の使用数を減少させることも可能になるかもしれない。

1.3 創薬研究でのヒト ES 細胞の利用

薬剤の非臨床試験と臨床試験の結果の不一致は，薬剤への反応性が動物とヒトという種間で異なることに起因する。この種間差の問題を様々な方法で解決をしようという試みはあるが，根本的な問題解決には至っていない。しかし種間差の問題を低減させる一つの方法として，基礎研究や非臨床試験においてヒト細胞を用いたアッセイ系が用いられており，頻繁に利用されているヒ

第5章　細胞ソース

ト由来の細胞としては，腫瘍細胞や不死化細胞，そしてヒト組織からの初代培養細胞がある。腫瘍細胞と不死化細胞は，培養が容易でアッセイ系を構築するのに必要とされる多量の細胞も確保できるが，核型や増殖に異常があり，また由来する組織の特徴をすでに失っていることが多い。このことは治療薬や予防薬探索，毒性試験への利用を考えた際，考慮しておかなければならない。一方，初代培養細胞はその組織本来の特徴を備え，核型などで正常な細胞である。しかし，同じ組織からの細胞でも提供者が異なると薬剤反応性の不均一性がみられる。つまりバッチ間の相違が高いことが知られている。このことは多くの検体を検査する際に正確なデータの取得を困難にさせる。また，アッセイ系に必要とされる細胞の安定供給も難しく，レポーター遺伝子を組み入れるなどの遺伝子加工も困難である。これらに比べ，ヒトES細胞は上記の欠点がないと考えられる。つまり正常な状態を維持しつつ，無限に細胞を供給することが可能であり，またES細胞から分化細胞への分化過程は正常発生と同等であるため，分化細胞の特徴は組織のそれに近くなっていると考えられる。さらにレポーター遺伝子を組み込むなどの遺伝子加工も可能である。

　ヒトES細胞を創薬研究分野で利用しようという試みは，世界的な動向になってきており，欧米企業はヒトES細胞を用いた薬効や安全性試験のためのスクリーニング系の開発に既に取り組んでいる。また英国では政府と大手製薬企業からなるStem Cells for Safer Medicinesコンソーシアムを2007年に立ち上げ，ヒトES細胞から分化させた肝細胞や心筋細胞を用い薬剤の毒性を早期に発見するプロジェクトが進んでいる[8]。国内では2005年より，新エネルギー・産業技術開発機構（NEDO）のプロジェクト「研究用モデル細胞の創製技術の開発」（プロジェクトコードP 05010）として，京都大学とNPO法人幹細胞創薬研究所が中心となり，新薬の効率的な発見や安全性試験など創薬研究に用いるモデル細胞をヒトES細胞から創製するための研究が進められている。

1.4　新薬発見のためのヒトES細胞由来の疾患モデル細胞

　それぞれ異なる疾患では，その疾患に特異的な部位に症状が現れる。例えば神経変性疾患では，症状の現れる神経細胞はそれぞれの疾患で異なることが知られている。したがって，薬のような外来因子に対し，生理機能が異なる細胞間では異なった応答を示すであろうことは容易に考えられる。よって効率の良い候補薬のスクリーニングを成功させるためには，疾患症状の現れる部位の細胞を用いることが重要である。神経系に対する薬効は動物実験では予見が難しいため[7]，我々は神経変性疾患に対する薬の探索系構築を念頭に置いている。神経変性疾患に対する薬剤の有効性を見極めるために，神経変性疾患患者の脳からの神経細胞を利用すべきとの提言もあるが[9]，より初期段階でのスクリーニングでは，その供給が安定している細胞ベースのアッセイ系のほうがより良いと考えられる。またその際，これまで述べてきた理由でヒトES細胞を用い，

iPS細胞の産業的応用技術

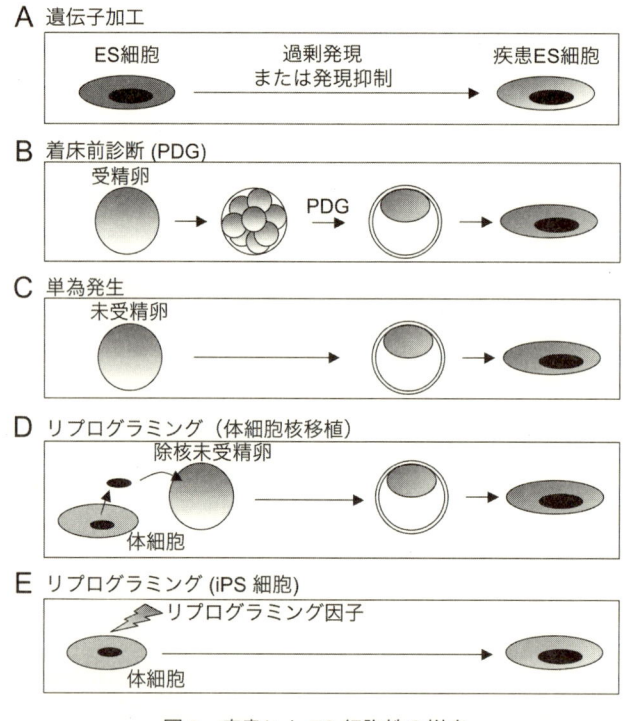

図2 疾患ヒトES細胞株の樹立
A：遺伝子工学的手法による方法。
B：着床前診断により変異遺伝子を保持している受精卵を選別し，ES細胞株を樹立する。
C：疾患患者，保因者の未受精卵を単為発生させ，ES細胞株を樹立する。
D：疾患患者の体細胞の核を除核した未受精卵に移植し，ES細胞株を樹立する。
E：疾患患者の体細胞からiPS細胞株を樹立する。

目的とする分化細胞へ分化誘導しスクリーニング系を構築する。

新薬探索に使われる疾患様分化細胞を得るためには，疾患原因遺伝子の変異型遺伝子を発現しているES細胞（ここでは疾患ES細胞とする）がまず必要である。そのような疾患ES細胞を得るために，いくつかの方法が考えられる（図2）。一番目の方法として，既に樹立されているES細胞を用い，遺伝子工学的手法によって，疾患原因遺伝子の変異型を強制発現させた，または遺伝子破壊やRNA干渉法で遺伝子発現を抑制させたES細胞株を作製する（図2A）[10]。既存の株を利用するため，実行しやすい方法であり，既に代謝異常疾患などのヒトES細胞由来の疾患モデル細胞が報告されてきている[11]。

二番目は着床前診断を介しES細胞株を樹立する方法である（図2B）。体外受精後，子宮に戻す前に受精卵の遺伝子診断を行い，その後，破棄されるであろう変異遺伝子をもつ受精卵から

第5章 細胞ソース

ES細胞株を樹立する[10,12]。この方法で得られるES細胞株は、既に疾患原因遺伝子に変異があり、また原因遺伝子自身のプロモーターを持つため、疾患発症が自然に近い状態で現れると考えられる。そのような疾患ES細胞は国内では樹立されていないが、海外では既に数多くの疾患ES細胞が樹立されている[12,13]。

三番目の方法は、未受精卵を賦活後、胚盤胞まで単為発生させたのちES細胞株を樹立する（図2C）。現在のところ疾患保因者、発症患者の未受精卵を用いた例は報告されていないが、健常者からの未受精卵を用い正常なヒトES細胞株は樹立されており[14]、疾患保因者や患者から未受精卵の提供を受けることができれば樹立可能である。

四番目の方法としては、体細胞核移植を介してES細胞株を得る方法がある（図2D）。体細胞の核を除核した未受精卵に移植し、その後卵割を行わせES細胞株を樹立する。しかし以前、疾患患者由来のES細胞株樹立の捏造（実際は単為発生ES細胞であった[15]）などがあり、本来この方法は霊長類では困難であると思われていた。しかし、一昨年この方法でアカゲザルのES細胞株の樹立に成功した[16]。近い将来、ヒト細胞を用いたES細胞株の樹立の報告があるかもしれない。しかしながら、同じ核のリプログラミング技術であるヒトiPS細胞の樹立[17,18]（図2E）のほうがより技術的にも容易に行えることもあり、すでに様々な遺伝性疾患患者の体細胞から疾患iPS細胞株が樹立されている[19,20]。

倫理的な問題や現在のヒトES細胞利用の規制のために、国内で新たなヒトES細胞株を樹立することは難しい。そのため、我々は既存のヒトES細胞へ遺伝子工学的手法を用い、神経変性疾患に関わる変異遺伝子をヒトES細胞に導入し、疾患ES細胞株を作製している。この方法には他の方法にはない利点がある。例えば、遺伝的バックグランドが同じ親株（健康なES細胞）と疾患ES細胞を比較することが可能であり、さらに外来性遺伝子の発現を調節する機能（例えばTet-Onシステムなど）を使って発現をコントロールすることができる点などである。また、強制的な変異遺伝子の発現は疾患形質の検出または疾患発症を促進させることができるかもしれない。遺伝子の強制発現によるES細胞への影響も考えられるが、家族性アルツハイマー病の原因遺伝子の一つであるプレセニリン1（PS1）の強制発現を例としてあげると、未分化ES細胞の形態は図1での形態と同じであり、遺伝子発現プロファイルにも変化は見られなかった（図3A）。また、問題なく神経細胞への分化誘導も行え、その神経細胞の形態に変化は見られなかった（図3B）。

疾患症状が現れる疾患モデル細胞は新薬のスクリーニングへの利用だけにはとどまらず、疾患の新たなバイオマーカーの同定、また疾患の発生機序の解明にも役に立つことが期待され、その発症メカニズムの詳細な解析から、疾患の新しいターゲットに対する治療薬の開発、そして根本的な治療へと繋がるものと思われる。

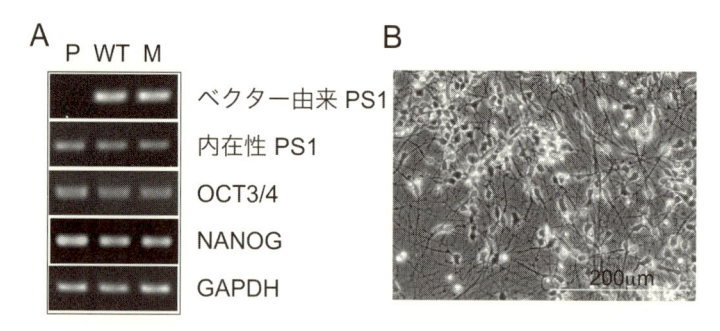

図3 プレセニリン1を強制発現させたヒトES細胞
A：遺伝子発現解析，P：親株，WT：野生型遺伝子の発現株
M：変異型遺伝子の発現株
B：PS1安定発現ヒトES細胞から分化した神経細胞

1.5 安全性試験のためのヒトES細胞由来のモデル細胞

　薬の重篤な副作用には心不全や心停止など心臓に対する影響，肝機能障害などの肝臓に対する影響がある。よって，これらの臓器に対する安全性の確認は創薬開発では必須である。特に心臓では突然死を引き起こしかねない薬剤誘発性QT延長が問題となっており，これが原因で市場から撤退した薬剤は少なくない。心臓に対する既存の安全性試験としてのHERG試験法は，自動パッチクランプ機器を用いることによりハイスループットスクリーニングを可能にしているが，偽陽性，偽陰性の結果を出すなどデータの信頼性に問題がある。また，他の安全性試験である心筋初代培養細胞試験法，イヌ心電図試験等も，これまで述べてきたように少ない供給量，ロット差やヒト生体と異なる結果の検出，コストの問題が残っていることから，安価でヒト生体での反応と相関性の高い試験方法が求められている。我々のプロジェクトでは，そのような安全性試験のためのアッセイ系構築研究をヒトES細胞由来の心筋細胞を用いて行っている。

　我々は分化誘導した心筋細胞の塊を，多電極システムの電極に単に接着させ，細胞外電位を測定する最もシンプルであると考えられる方法を用いているが（図4A），ヒトES細胞から分化させた心筋細胞塊の細胞外電位を測定したところ，拍動回数に応じた脱分極パルス（R波）および，良好な再分極パルス（T波）を検出し，心電図のQT間隔に相当する明瞭なRT間隔を検出することができた（図4B）。このことは，ヒトES細胞由来の心筋細胞と多電極システムと組み合わせることで，薬剤の影響を適正に評価できるアッセイ系が構築できる可能性を示している。事実，サルES細胞から分化した心筋細胞を用い，薬剤に対する応答性試験を行ったところ，非常に良好な結果が得られている[21]。このことは，ヒトES細胞由来の心筋細胞においても，サルES細胞と同様な結果を得ることは可能であると期待させる。

第5章　細胞ソース

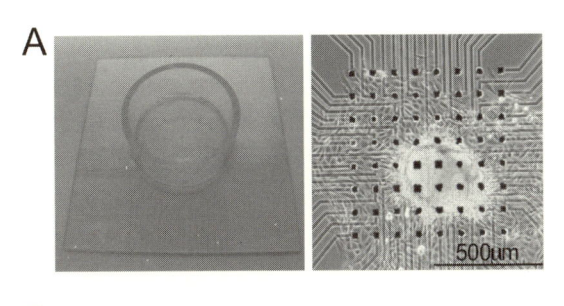

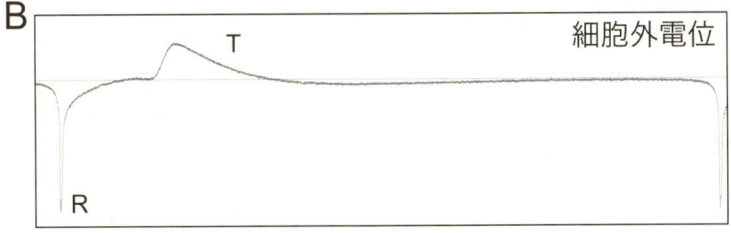

図4　ヒトES細胞由来の心筋細胞の細胞外電位測定
A：多電極システム用プローブ（アルファメッド社）と電極（図の黒点）上のヒトES細胞由来の心筋細胞塊
B：細胞外電位の測定例

1.6 おわりに

　ここで述べたES細胞の創薬研究への利用は，そのままヒトiPS細胞にも適用可能であろう。日本では非常に厳しい規制により，ヒトES細胞の使用が容易ではない。また，iPS細胞でも多分化能をもっているため，ヒトiPS細胞研究のみを推進し，ヒトES細胞研究はもはや必要ないと考える人々がいるかもしれない。しかし世界的に認められている多能性幹細胞の現在の「Gold Standard」はヒトES細胞であるため，今後もヒトES細胞を用いた研究は行うべきである。さらにiPS細胞は，ES細胞同様，多分化能を示していてもリプログラミングが完全ではなく，分化細胞にあったエピジェネティックな修飾が一部残っており，ヒトiPS細胞が「Gold Standard」に近づくためには，ヒトES細胞との比較研究が必須である。米国では今年3月に新大統領が，連邦政府によるヒトES細胞に対する規制を解除した。そのため米国のヒトES細胞研究がさらに加速することは確実であり，また，シンガポールや中国などのアジア諸国の幹細胞研究も，近年めざましい発展がみられる。今後の日本のヒトiPS細胞研究の発展のためにも，また世界レベルでの幹細胞研究に立ち遅れないためにも，ヒトES細胞に対する規制緩和が切望される。

謝　辞

本文の執筆にあたり，多田政子博士と有益な議論させていただきました。この場をかりて厚く感謝申し上げます。

文　献

1) M. Wadman, *Nature*, doi：10.1038/news. 2009. 56（2009）
2) J. A. Thomson *et al.*, *Science*, **282**, 1145（1998）
3) A. Guhr *et al.*, *Stem. Cells*, **24**, 2187（2006）
4) 安達啓子ほか，再生医療技術の最前線，シーエムシー出版（2007）
5) A. M. Wobus *et al.*, *Physiol. Rev.*, **85**, 635（2005）
6) 製薬協ガイド（2008）
7) I. Kola *et al.*, *Nat. Rev. Drug. Discov.*, **3**, 711（2004）
8) M. Wadman, *Nat. Rep. Stem. Cells*, doi：10.1038/stemcells. 2007. 130（2007）
9) M. Dragunow, *Nat. Rev. Drug. Discov.*, **7**, 659（2008）
10) I. Friedrich Ben-Nun *et al.*, *Mol. Cell Endocrinol*, **252**, 154（2006）
11) A. Urbach *et al.*, *Stem. Cells*, **22**, 635（2004）
12) Y. Verlinsky *et al.*, *Reprod. Biomed. Online*, **10**, 105（2005）
13) R. Eiges *et al.*, *Cell Stem. Cell*, **1**, 568（2007）
14) E. S. Revazova *et al.*, *Cloning. Stem. Cells*, **9**, 432（2007）
15) K. Kim *et al.*, *Cell Stem. Cell*, **1**, 346（2007）
16) J. A. Byrne *et al.*, *Nature*, **450**, 497（2007）
17) K. Takahashi *et al.*, *Cell*, **131**, 861（2007）
18) J. Yu *et al.*, *Science*, **318**, 1917（2007）
19) I. H. Park *et al.*, *Cell*, **134**, 877（2008）
20) J. T. Dimos *et al.*, *Science*, **321**, 1218（2008）
21) 斎藤経義ほか，幹細胞の分化誘導と応用〜ES細胞・iPS細胞・体性幹細胞研究最前線〜，エヌ・ティー・エス（2009）

2 幹細胞を用いた肝再生医療の可能性

柿沼　晴*

2.1 はじめに

　幹細胞とは，多種類の細胞系譜への分化が可能である「多分化能」と，その多分化能を保持しつつ，自己複製して増殖する能力である「自己複製能」の2つを大きな特徴として定義される細胞である。近年，幹細胞の形質については多くのことが明らかになってきた。幹細胞の生物学的・病理学的なメカニズムは，造血系の細胞で解明が先行し，次いで上皮系細胞でも研究が進んできている。本節で主にとりあげる肝臓の幹細胞については，20年以上前から研究されてきた。しかしながら，肝臓・消化管などの内胚葉系上皮細胞では，上記の幹細胞の定義を満たす細胞を明確に同定することが比較的難しく，最近までその形質はよくわかっていなかった。

　しかしながら，近年，幹細胞生物学の研究が進展し，その結果，上皮系幹細胞についてもいろいろと興味深いことが解明されてきた。さらに，2007年に報告された，京都大学・山中教授らの研究グループによるヒトiPS細胞の樹立成功[1]によって，自己の体細胞から誘導された幹細胞を用いることで，様々な細胞治療が実現しうる可能性が開けてきた。

　本節では，まず組織幹細胞システムについて血液系細胞と肝幹細胞を含めた他の上皮系細胞を比較して共通点と相違点を述べたい。次に，肝臓を対象とした再生医療の将来像の中で，組織幹細胞が再生医療にどのような役割を果たしてゆくのか，その展望を解説してゆきたい。

2.2 造血幹細胞の自己複製と終末分化

　生物の臓器は，非常に多数，かつ多種類の細胞が臓器固有の構築を行うことによって形成されている。その高次構造は，極めて精緻なネットワークが形成されている。そして幹細胞とは，前述のように多分化能と自己複製能を特徴とする細胞であり，臓器形成とその維持の頂点に立ちつつ，主たる役割をも果たす細胞でもある。まず，そのメカニズムの解明が最も進んでいる造血幹細胞を一例として，その自己複製と終末分化のシステムをみることで幹細胞について解説したい。

　血液系は10種類以上の多様な形態と機能を有する，赤血球・血小板・白血球（好中球・リンパ球など）の多種類の成熟血液細胞から構成される。これらの成熟細胞には寿命があり，常に新しい細胞が供給され続けなければならない。特に，血小板と白血球の体内での寿命は数日と短く，絶えず新しい血球を大量に産生する必要がある。造血幹細胞はこれらの成熟細胞を産み出す頂点にいる細胞である。通常，造血幹細胞は自分自身の自己複製を行うと同時に，より分化した造血

---

*　Sei Kakinuma　東京大学　医科学研究所　幹細胞治療研究センター　幹細胞治療部門；
　　㈱科学技術振興機構　中内幹細胞制御プロジェクト　研究員

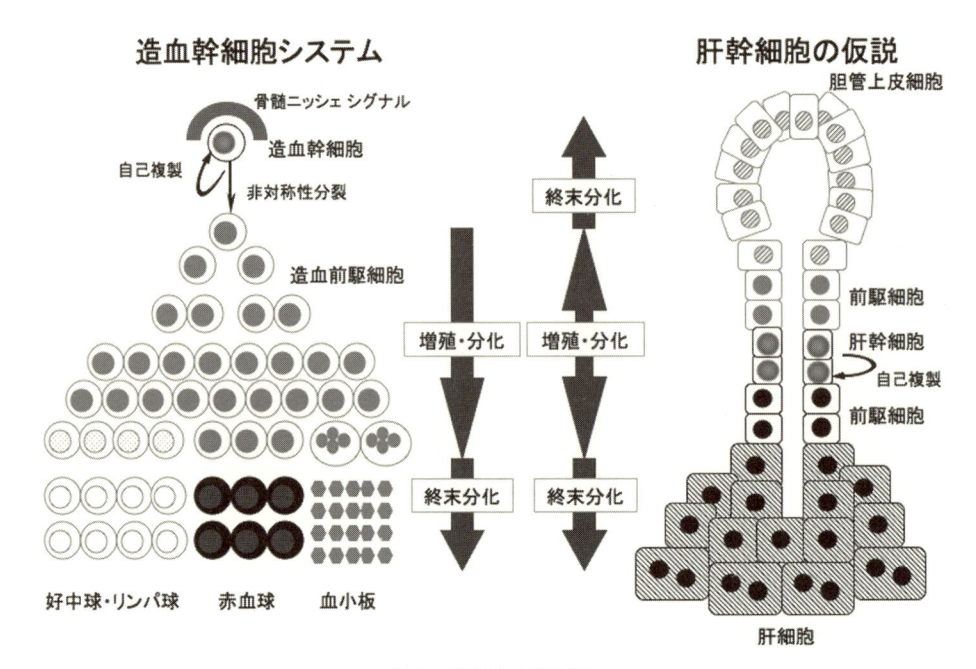

図1 幹細胞の概念図
造血幹細胞は血液細胞の頂点に立って，自らを自己複製しつつ造血前駆細胞を産み出している。造血前駆細胞は増殖と共に分化し，多種かつ大量の血液細胞を供給するピラミッド構造を形成している。一方で肝臓の幹細胞システムに関しては，このように2方向に分化しつつ肝小葉を構築してゆく仮説が示されている。

前駆細胞を産み出す「非対称性分裂」を行っていると考えられている。産出された造血前駆細胞は，強力にかつ短期間に増殖して数を増やすとともに，次第に分化が進んで細胞が成熟化してゆく。通常，増殖能と分化度は反比例し，分化と共に増殖能も減弱してゆく（図1左）。

最近の幹細胞生物学の研究によって，造血幹細胞にはいくつかの興味深い特徴があることが示された。造血幹細胞は，成体マウスの骨髄中ではCD 34陰性 c-Kit陽性 Sca-1陽性 Lineage陰性という細胞表面抗原によって分離が可能であり，この画分から得た細胞1個を致死的放射線照射を加えたマウスに移植しても骨髄再構築が可能である[2]。一方で，高い増殖能を持つにもかかわらず，通常は骨髄ニッシェと呼ばれる，特定のサイトカインシグナルと細胞外マトリックスが提供される細胞外環境の中におり，そこで分裂を抑制するシグナルを受け，細胞周期としてはほとんどが静止期のまま存在している[3]。マウスでは造血幹細胞は約3週間に1回だけ細胞周期に入り，非対称性分裂によって造血幹細胞と造血前駆細胞を産み出すことも明らかになった[4]。このような非対称性分裂は，体内のほとんど全ての造血幹細胞が行っており，ある特定の細胞だけが分裂しているわけではない。一方で，産み出された造血前駆細胞は急速に分裂・増殖し，それが分化して膨大な数の成熟血液細胞を産生する。このような幹細胞システムは幹細胞という重要な細胞を生体の中で保護しつつ，同時に細胞の大量産生を行う上でも合目的である。そして，こ

第 5 章　細胞ソース

れが破綻すると正常な造血能が失われてしまう。

　例えば，このような自己複製能を持つ細胞がわずかな遺伝子変異を起こした場合，通常の体細胞と比べて高い自己複製能を有するがゆえに，より癌化しやすいのではないか，ということが考え得る。この仮説を裏付けるように，急性骨髄性白血病の患者から得られた白血病細胞をマウスに移植した実験で興味深い事実が判明した。白血病細胞をFACSによって分画して移植したところ，全体のわずか0.2%にすぎないCD 34陽性かつCD 38陰性という細胞集団によってのみ移植が成立した[5]。このことは，白血病細胞の腫瘍性増殖に中心的な役割を果たすのはごく一部の細胞であることを示している。さらに，この細胞表面抗原CD 34陽性CD 38陰性という形質はヒトの造血幹細胞とほぼ一致していた。これらのことから，白血病細胞の増殖に中心的な役割を果たすこの細胞は「白血病幹細胞」と呼ばれるようになった。このように，幹細胞の形質の解析は，通常の組織構築のありかたに加えて，がんの発生に関しても重要な知見を有している。そして，肝臓を含めた上皮系細胞においても，同様の研究が近年急速に発展している。

2.3　上皮系の組織幹細胞システムに関する研究の発展

　次に小腸と肝臓を例にとって，消化器系上皮幹細胞の性質を解説したい。小腸の上皮は絨毛構造（腸陰窩）を形成している。そして，吸収に主たる役割を果たす吸収上皮細胞・粘液を産生する杯細胞・消化管ホルモンを分泌する神経内分泌細胞・粘膜免疫に関与するパネート細胞という4種類の成熟細胞から腸上皮は構成されている。血液同様に腸管上皮細胞は寿命が短く，2〜7日間で完全に新しい細胞に置換され，これが生涯にわたって継続される。成熟細胞は，いずれも腸陰窩の底部に存在する上皮幹細胞から供給されている。血液と同様に，上皮幹細胞から非対称性分裂によって産み出された増殖前駆細胞が増殖し，さらにそれが増殖と共に分化して上皮細胞を供給すると考えられている。マウスの小腸では上皮幹細胞は腸陰窩の最底部から4〜5番目の細胞で，Notchシグナルに関与するMsi-1を発現する細胞である[6]と報告されている。このように，腸上皮幹細胞は血液系と類似したシステムを有すると考えられているが，未解明の部分も数多く残されている。

　一方肝臓では，少し話が複雑になる。ギリシア神話・プロメテウスのエピソードに示されるように，肝臓が再生する臓器であることは，太古の時代から知られていたようである。そして通常の臓器であれば，その旺盛な再生過程においては幹細胞による成熟細胞の供給が活発になると予測される。しかしながら，肝再生の典型例である部分肝切除を行っても，静止期にあった成熟肝細胞が速やかに細胞周期に入って増殖し，幹細胞の関与は全く検出できない。例えば，肝臓の70%を切除しても，成熟した肝細胞が平均1.4回分裂するだけで，その不足分がほぼ完全に補われてしまう。さらに，チミジンによる増殖細胞の標識実験によって，肝細胞は門脈周囲から中心

iPS 細胞の産業的応用技術

静脈周囲へむかって turn over していることがわかったが，このスピードは定常状態では極めて遅いと言われている。したがって，幹細胞が成熟細胞を産み出しているにしても，血液や小腸などに比べて turn over が遅く，幹細胞の検出が難しかった。

近年になり，マウス・ラットを用いた研究で，成熟肝細胞の増殖を薬剤で阻害しつつ部分肝切除を行うなど，成熟肝細胞の再生への関与を抑えることで，今まで検出できなかった細胞が認められるようになった。この手法で同定されたのが Oval cells である。楕円形の細胞形態から Oval cells と呼ばれるこの細胞は，CD 34, c-Kit などの造血幹細胞と共通する細胞表面抗原が陽性[7,8]で，α-fetoprotein と CK 19 の両者を発現するなど肝細胞と胆管細胞の中間の形質を呈すると報告されている。ヒト肝臓においても，同様の形質の細胞が障害肝に同定されたことから，Oval cells は，増殖を阻害された成熟肝細胞に代わって，肝再生をサポートするために増加してきた，幹細胞もしくは増殖前駆細胞であると考えられている。この Oval cells での解析から，肝細胞のゆっくりとした turn over は門脈周囲の胆管上皮付近に Hering 管とよばれる管状構造物があり，Hering 管にある細胞から胆管上皮細胞と肝細胞の双方に細胞が供給される，という仮説（図1右）が肝臓の幹細胞システムとして主流になっている。しかし，定常状態の肝臓では Oval cells を prospective に同定することは困難である。したがって，Oval cells が傷害のない定常状態でも，肝細胞の遅い turn over に関わり，精緻な肝小葉の3次元構築を形成してゆく本当の幹細胞であるのか否か，現在のところは不明である。

このように，幹細胞の定義に合致する細胞を prospective に肝臓から同定することはこれまで困難であった。しかし近年，Suzuki らはマウス胎仔肝から自己複製能と多分化能を有するという，幹細胞の定義に当てはまる「肝幹細胞」を prospective に同定することに成功し，c-Met$^+$ CD 49 f$^{+/low}$c-Kit$^-$CD 45$^-$Ter 119$^-$ という表面抗原を有する胎仔肝細胞の中に肝幹細胞が見いだされる[9]ことを明らかにした。これをきっかけに，Dlk[10], Liv 2[11], E-cadherin[12] などいくつかの胎仔肝幹・前駆細胞の濃縮が可能となる表面マーカーがいくつか同定された。ただし，健常な成体肝臓から肝幹細胞を prospective に同定することはより困難であり，研究は進行中である。

一方これらの胎仔肝幹・前駆細胞に関する研究の結果，ある程度濃縮した肝幹・前駆細胞画分を研究に用いることが可能となり，肝幹・前駆細胞の増殖・分化を制御している分子生物学的なメカニズムに関する研究が発展している。例えば我々は，転写因子である Prox-1 と Lrh 1 が協調的に作用してマウス胎仔肝幹・前駆細胞の増殖を制御している[13]ことを見いだした。Prox-1 は細胞周期を抑制的に制御する INK 4 a（p 16）のプロモーター活性を負に制御し，その結果として p 16 の発現を低下させる。そのため，Prox-1 を過剰に発現させた肝幹・前駆細胞は増殖が亢進し，長期の継代培養も可能になる。一方で Lrh-1 は Prox-1 の作用を抑制し，増殖能を低下させていた。また同様に，分化・成熟に関しては，転写因子 Sall 4 が肝幹・前駆細胞の胆管細胞

系譜への分化を促進している[14]ことも明らかになった。このように，細胞表面抗原によって，ある程度濃縮した肝幹・前駆細胞を得ることができるようになった結果，幹細胞の機能を調節するメカニズムに関して様々な知見が得られている。その結果は血液同様に，消化器系臓器のがん幹細胞研究にも活かされている。

細胞周期やアポトーシスに関与する前述の INK 4 a 遺伝子座を epigenetic に制御する Bmi-1 は，造血幹細胞の自己複製に関与することが報告されている[15]が，ヒト癌組織での Bmi-1 関連分子群の発現プロファイル解析を行うと，前立腺癌・肺癌・乳癌・卵巣癌など計 11 種類の腫瘍の予後予測が可能だったとの報告[16]もなされた。さらに，肝癌細胞株の造腫瘍活性の高い画分に対して Bmi-1 の発現をノックダウンすることで，腫瘍形成能が低下する[17]ことも示されている。このように，上皮系細胞においても，幹細胞の自己複製機構とがんの増殖・転移機構の間には強い相関があると考えられ，今後，がんの病態を解明してゆく上でも，正常な幹細胞の形質と自己複製機構の研究が重要な役割を果たすものと考えられる。

2.4 肝細胞移植

わが国では，肝癌を含めた慢性肝疾患によって年間約 50,000 人が死亡し，その死因は C 型肝炎に関連した肝不全が大半を占めている[18]。現在のところ，このような致死的肝不全に対する根治的治療法は肝移植のみである。わが国では 2004 年 1 月から，生体肝移植の保険適応が大幅に拡大され，全国の医療施設で行われるようになった。しかしながら，絶対的な移植ドナーの不足は依然として問題となっており，代替治療の確立が強く求められている。そして代替治療の一つとして，肝細胞を移植する「肝細胞移植療法」が従来から研究されてきた。ラットなどを用いた動物実験モデルでは救命可能なモデルが既にいくつも報告されているが，ヒトへの応用という意味では，若干難航していると言わざるをえない。

肝細胞移植に関する臨床研究は 1990 年代から行われており，わが国でも Mito らが先駆的に肝細胞移植に取り組み，その成果を報告している[19]。さらに Fox らは Crigler-Najjar 症候群という肝臓の酵素欠損が原因となる遺伝的代謝異常疾患に対して肝細胞移植を行い，完全ではないものの一定の効果を上げ，黄疸が改善したと報告した[20]。このような肝臓での酵素欠損が原因となる遺伝的代謝異常疾患に対しては，肝臓全体でのドナー細胞による初期の置換率が低くても，少数のドナー細胞に selective advantage が働く可能性があり，肝細胞の旺盛な増殖能を見込むと，次第に置換率が向上することが期待できた。ところが，疾患の改善が得られない症例が報告され始めた。改善が得られなかった最大の原因は，ドナー置換率（キメラ率）が低すぎることにあった。移植後の肝臓を検査しても，ドナー由来の肝細胞がほとんど検出できない場合もあり，拒絶によって排除されているか，移植した細胞に問題があったか，どちらかの可能性が考えられ

ている。成人の肝臓には 2.5×10^{11} 個の肝細胞が存在すると言われている。これらの症例報告では，門脈塞栓症の危険性を考えて数回に分けて移植しても，総移植細胞数は $1\times2\times10^9$ 個と肝臓全体の 1% 以下に止めざるを得なかった。さらに初期生着率がどの程度なのか評価されていない報告もあり，移植細胞がどの程度生着し，どの程度拒絶されたのか，不明の点も多い。

　現在，このような背景を踏まえて考えてみると，肝細胞移植治療が求められる病態・状況として，対象疾患は急性あるいは慢性肝不全時の肝移植までの bridge therapy が必要な症例か，もしくは肝臓の酵素欠損が原因となる先天代謝異常疾患に対する cell-based gene therapy として生体肝移植の代替治療とするのが受け入れられやすいだろう。そして初期の低い置換率をカバーするためにも，生着後にも増殖することが期待される増殖活性のより高い細胞を selection し，それを用いて移植する方向性が考えられている。それが，自己の細胞であれば拒絶される可能性は低くなる。すなわち，幹細胞を利用した細胞移植療法である。

2.5　幹細胞を用いた細胞移植療法への展望

　前項に示した方向性から考えて，肝臓に移植しうる増殖活性の高い細胞を得る候補として，ES 細胞，iPS 細胞，骨髄や臍帯血の間葉系幹細胞，そして肝臓から分離した肝幹細胞が考えられている。それぞれ研究が進められているが，その応用性について展望を述べたい。

　まず，ES 細胞については活発な増殖能と多方向性分化能を有する点で便利ではあるが，樹立時の倫理的な課題，奇形腫形成の可能性を回避しきれない，自己由来（核移植）の細胞を樹立する際の技術的な問題といったいくつかの条件により，ヒトでの臨床治験にはまだ多くの障壁があるものと考えられる。一方で，ヒト iPS 細胞に関しては樹立時の倫理的な課題が比較的問題になりにくい。さらに，自己由来の細胞を利用できるうえに，樹立方法に関しても近年急速に研究が進歩している。したがって，いくつかの安全性に関する課題を克服することができれば，将来的に極めて有望な移植細胞供給源になりうる。骨髄や臍帯血の間葉系幹細胞についても細胞供給源となりうる。近年，脂肪細胞からも同様に間葉系幹細胞が樹立でき，これが培養系での制御によって肝細胞にも誘導が可能[21]であると報告された。したがって，これも自己由来の細胞が利用できるが，腫瘍形成性や誘導方法も含めていくつかの問題点を解決する必要があるだろう。

　肝幹細胞を用いる有利性は，直接肝臓から分離した細胞だけに，機能的肝細胞として終末分化しうることが十分に期待できる点にある。これに対して，ES 細胞や間葉系幹細胞などの multipotent stem cells から肝細胞のみを誘導して分離し，さらに選別・調整して移植することは，技術的に難しい上に，莫大な細胞培養コストがかかることも予想される。一方で，肝幹・前駆細胞は（成体肝臓では今のところ明確に同定されてはいないが），少なくとも胎児肝幹・前駆細胞に関しては，前述のように 1 つの細胞から 100 個以上の細胞を産み出すことが可能なほど増殖能

第5章 細胞ソース

が高い。その上，前記の multipotent stem cells と比べて，機能的分化に関しても技術的に比較的容易である。この戦略の問題点は成体肝臓からの肝幹・前駆細胞分離法が確立していないことである。成体肝臓での肝幹・前駆細胞を同定することが急務と考えられる。

別の戦略として，iPS細胞を利用しつつ，肝幹細胞として移植する手法も考えうる。自己の肝幹細胞を入手するには肝切除が必要である。肝不全の患者に対して肝切除を行うことは実際上困難である。しかしながら，自己由来の皮膚，血液[22]あるいは胃粘膜[23]からでも iPS 細胞は誘導することが可能である。iPS細胞から効率的に肝幹・前駆細胞を誘導する手法を確立すれば，移植する細胞も少数で済み，培養にかかるコストも軽減しうる。加えて酵素欠損症などの場合は，分離した幹細胞を体外で増殖させる際に，欠損遺伝子を導入あるいは修復してから再移植する手法も考えられる。この手法は，遺伝子治療モデルとして，マウス鎌状赤血球症の治療モデル[24]が既に報告されており，肝臓でも理論的には同じ事が可能であるはずである。増殖活性の高い肝幹・前駆細胞を iPS 細胞から効率的に誘導・純化・分離する技術が確立できれば，今後，移植の方法を向上させることによって，自己幹細胞を用いた再生医療が実現できるであろう（図2）。

再生医療の将来像を考える上で，このように肝幹細胞は期待を集める細胞の1つである。しかしながら，その性質，組織構築システム，増殖と分化の分子機構など，まだ明確にわかっていないことも多い。今後さらなる基礎研究の進展が，再生医療の実現化に結びついてゆくものと期待されている。

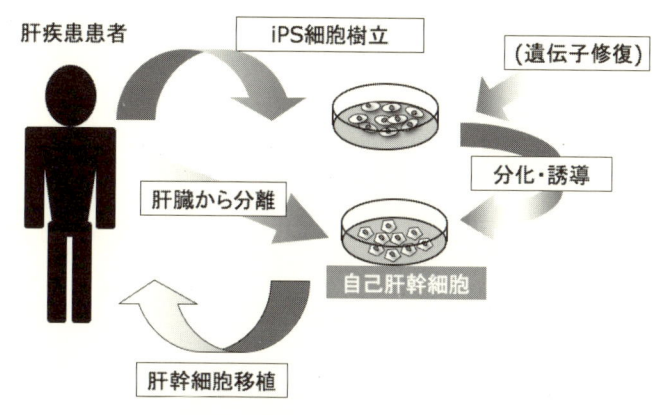

図2 肝幹・前駆細胞を用いた将来の再生医療
患者自身の細胞を用いて，増殖性の高い肝幹・前駆細胞を分離，もしくはiPS細胞を介して誘導する。誘導した細胞を移植して，肝臓病を治療する再生医療モデルが考えられている。

謝　辞

本節の作成にあたりましては，東京大学医科学研究所・中内啓光教授に御指導を頂戴致しました。この場をお借りして深謝申し上げます。

文　　献

1) K. Takahashi, *et al.*, *Cell*, **131** (5), 861-872 (2007)
2) M. Osawa, *et al.*, *Science*, **273** (5272), 242-245 (1996)
3) S. Yamazaki, *et al.*, *EMBO. J.*, **25** (15), 3515-3523 (2006)
4) S. H. Cheshier, *et al.*, *Proc. Natl. Acad. Sci. U S A*, **96** (6), 3120-3125 (1999)
5) D. Bonnet, *et al.*, *Nat. Med.*, **3** (7), 730-737 (1997)
6) C. S. Potten, *et al.*, *Differentiation*, **71** (1), 28-41 (2003)
7) K. Fujio, *et al.*, *Lab. Invest.*, **70** (4), 511-516 (1994)
8) N. Omori, *et al.*, *Hepatology*, **26** (3), 720-727 (1997)
9) A. Suzuki, *et al.*, *J. Cell Biol*, **156** (1), 173-184 (2002)
10) N. Tanimizu, *et al.*, *J. Cell Sci.*, **116** (Pt 9), 1775-1786 (2003)
11) T. Watanabe, *et al.*, *Dev. Biol.*, **250** (2), 332-347 (2002)
12) M. Nitou, *et al.*, *Exp. Cell Res.*, **279** (2), 330-343 (2002)
13) A. Kamiya, *et al.*, *Hepatology*, **48** (1), 252-264 (2008)
14) T. Oikawa, *et al.*, *Gastroenterology*, **136** (3), 1000-1011 (2009)
15) A. Iwama, *et al.*, *Immunity*, **21** (6), 843-851 (2004)
16) G. V. Glinsky, *et al.*, *J. Clin. Invest.*, **115** (6), 1503-1521 (2005)
17) T. Chiba, *et al.*, *Cancer Res.*, **68** (19), 7742-7749 (2008)
18) 清澤研道, 肝がん白書（日本肝臓学会編), 5-9 (2001)
19) M. Mito, *et al.*, *Transplant. Proc.*, **24** (6), 3052-3053 (1992)
20) I. J. Fox, *et al.*, *N. Engl. J. Med.*, **338** (20), 1422-1426 (1998)
21) A. Banas, *et al.*, *J. Gastroenterol Hepatol* (2008)
22) J. Hanna, *et al.*, *Cell*, **133** (2), 250-264 (2008)
23) T. Aoi, *et al.*, *Science*, **321** (5889), 699-702 (2008)
24) J. Hanna, *et al.*, *Science*, **318** (5858), 1920-1923 (2007)

3 Side population（SP）細胞

守田陽平[*1]，中内啓光[*2]

3.1 はじめに

　組織幹細胞の代表的存在である造血幹細胞をはじめ，様々な組織中に幹細胞様の能力も持つ細胞が存在することが明らかとなりつつある。このような組織幹細胞の性質を詳しく理解することは，生物学的な観点からだけでなく幹細胞を利用した再生医療を考える上でも極めて重要なことである。幹細胞の性質を解析するためには，高純度の組織幹細胞を効率よく分離してくることが不可欠である。現在，高性能なセルソーターの開発により，高い純度で組織幹細胞を分離することが可能である。その際の組織幹細胞を選別するための細胞染色法は，細胞表面分子に対する蛍光標識されたモノクローナル抗体を用いる方法，及び，Hoechst・Rhodamine など細胞を直接染色する方法の二つに大別される。モノクローナル抗体を用いた方法は，近年の抗体の種類の増加，多数の蛍光色素が開発されたことによって多数の細胞表面分子を同時に解析することができるようになり，組織幹細胞を純化するための主流な方法となっている。一方，細胞を直接染色する方法は幹細胞の持つ性質を利用した方法で，Hoechst で染色後フローサイトメトリー上に現れる Side population（SP）細胞は，幹細胞がもつ色素排出能を利用した方法である。この色素排出能は種々の組織幹細胞共通に維持されている能力として考えられており，実際，SP フェノタイプを利用することで多くの組織幹細胞様の細胞が分離できることが報告されている。特に，特異的な細胞表面マーカーが知られておらず，抗体を利用することができない組織幹細胞を同定することに有用であると考えられ，近年，がん組織中に存在すると考えられているがん幹細胞の同定にも用いられている。その一方で，生きた細胞の機能を利用する方法であるがゆえの問題点もいくつか存在する。本節では，SP 細胞とその有用性について概説する。

3.2 ATP-binding cassette（ABC）トランスポーター

　SP 細胞は，Goodell らによって 1996 年に初めて報告され[1]，マウス骨髄細胞を DNA 結合色素である Hoechst 33342 で染色し，フローサイトメトリー上で 450 nm 及び 600 nm，2 種類の蛍光波長を検出することで Hoechst 蛍光の低輝度分画として見ることができる（図1）。マウス骨髄中の SP 細胞の多くは分化マーカーである Lineage マーカー陰性，造血幹細胞のマーカーである

---

*1　Yohei Morita　東京大学　医科学研究所　幹細胞治療研究センター　FACS コアラボラトリー　特任助教

*2　Hiromitsu Nakauchi　東京大学　医科学研究所　幹細胞治療研究センター　センター長，教授

iPS細胞の産業的応用技術

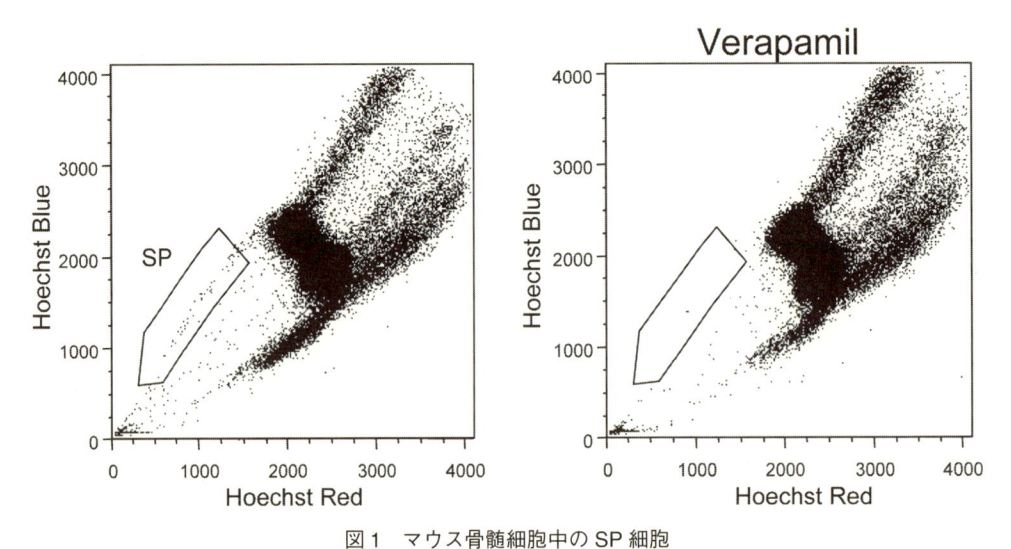

図1 マウス骨髄細胞中のSP細胞

マウス骨髄細胞を5μg/mlのHoechst 33342で90分染色後, UVレーザーを搭載したフローサイトメーターで解析を行った。G0, G1分画よりも更にHoechst蛍光の暗いゲートで囲った部分にSP細胞を見ることができる。Hoechst染色の際, ABCトランスポーターの阻害剤であるVerapamilを加えることによってSP細胞は消失する。

Sca-1, c-Kit陽性を示す。また, マウス骨髄のSP細胞を致死量放射線照射したマウスへ移植を行うことによって長期骨髄再構築が可能な造血幹細胞を高頻度で含んでいることが証明されている。SPフェノタイプは, Hoechst染色の際にMDR (Multi drug resistance) 1などのABCトランスポーターの排出阻害剤であるVerapamilを加えることによって消失することから, 当初からSP細胞はMDR1または他のABCトランスポーターによる色素の排出によって現れるものであると考えられていた。MDR1についてはマウス骨髄細胞に強制発現させるとわずかにSP細胞の割合の増加が見られるが[2], その欠損マウスでは野生型のマウスとSP細胞の割合に差は見られず, SPフェノタイプには必須ではないことが示されている[3]。そこでSPフェノタイプの責任分子として挙がったのがABCトランスポーターの一つであるBCRP (Breast cancer resistance protein) 1/ABCG 2 (ATP binding cassette ; subfamily G, member 2) である。BCRP 1/ABCG 2を細胞に強制発現させるとSP細胞の大幅な増加が見られ, またBCRP 1欠損マウスでは骨髄や骨格筋のSP細胞が顕著に減少することから, BCRP1はSPフェノタイプを示すためのHoechstを排出する主要なトランスポーターであると考えられている[3]。

BCRP-1/ABCG 2は, MDRやMRP (multidrug resistance-associated protein) 等の他のABCトランスポーターと異なり, 6回膜貫通領域とATP結合領域を一つずつしか持たないハーフサイズのトランスポーターである。BCRP1による基質排出の生理学的な機構や制御機構については分かっていない点が多いが, 基質の排出は一般的にはホモダイマー, もしくはテトラマーを形

成して排出していると考えられている[4,5]。BCRP 1 を制御している分子については，Hypoxia-inducible factor 2αがBCRP 1 のプロモーター領域に結合し，その活性化を促進することが報告されている。また，Akt 1 欠損マウスにおいて骨髄のSP細胞が減少していること，PI 3 K阻害剤によって細胞内のBCRP 1 の局在が変化しHoechstの排出能が変化することが示されており，Hoechst排出を制御している機構としてPI 3 K-Aktのシグナルが働いていることが示唆されている[6]。

BCRP-1 は，乳がん細胞株に薬剤耐性を付与する分子として同定されたことからも分かるように[7]，薬剤を排出することが一般的に知られている。一方，生理的な機能についてもいくつか報告がある。乳がん細胞株であるMCF 7 においては低葉酸培養条件下でBCRP 1 の発現の低下が見られ，細胞における葉酸の恒常性に寄与していることが示唆されている[8]。また，BCRP 1 は低酸素下において有害なポルフィリンの細胞内の蓄積を減少させ，細胞の生存に関与していることが示唆されている[9]。マウス造血幹細胞は生体内で低酸素領域に存在していることが報告されていることから[10]，マウス造血幹細胞は低酸素領域に存在するためにそこからのストレスから細胞を守るためにBCRP 1 を発現し，その結果SPフェノタイプを示すのかもしれない。その一方で，種々の組織幹細胞がマウスだけでなくヒト，ブタなど種を超えてSP細胞に濃縮されている事実は[11]，BCRP 1 が幹細胞としての機能に何かしら関係していることも考えられる。しかしながら，BCRP 1 をマウスの骨髄細胞に強制発現することによって，造血系の分化が抑制されることが報告されているものの[3]，BCRP 1 欠損マウスでは造血には異常は全く見られず[12]，幹細胞の機能との関係については未だに不明である。現在のところ，BCRP 1 は細胞の恒常性や環境から細胞を守るために機能していると考えられる。

3.3 正常組織におけるSP細胞

SPフェノタイプを用いることでマウス造血幹細胞が濃縮できることが報告されてから，マウス以外の異種も含めて様々な組織にSP細胞が存在することが報告され（表1），それらの組織中のSP細胞は，幹細胞様の能力を持つことが示されている。

マウス骨格筋におけるSP細胞は，致死量放射線照射した筋ジストロフィーのモデルマウスであるmdxマウスへの移植を行うと，Dystrophin陽性のDonor細胞に骨格筋の一部が置き換わること，さらにこれら骨格筋のSP細胞は血球細胞にも分化しうることが示されている[13]。また，肝臓のSP細胞は成熟した肝細胞のマーカーであるFAH（fumaryl acetoacetate hydrolase）陰性，胆管上皮のマーカーであるサイトケラチンK 19，A 6 陰性の未熟なフェノタイプを示す。この肝臓由来のSP細胞は血球細胞のマーカーであるCD 45 陽性細胞と陰性細胞両方が存在する。これらCD 45 陽性SP細胞とCD 45 陰性SP細胞を薬剤で障害を与えた肝臓に移植すると，CD

表1 各組織で報告されている SP 細胞

組織	種	幹細胞同定の可・不可	文献
骨髄	マウス	可	1)
	ヒト	可	11)
骨格筋	マウス	可	13, 38)
心筋	マウス	可	18, 19)
乳腺	マウス	可	39, 40)
		不可	21)
脳	マウス	可	41, 42)
		不可	43, 44)
子宮筋	ヒト	可	20)
肺	マウス	可	45)
腸	マウス	可	46)
精巣	マウス	可	17, 47)
		不可	48)
肝臓	マウス	可	14)
網膜	マウス	可	49)
皮膚	マウス	可	16, 50)
		不可	51)
	ヒト	可	15)
		不可	51, 52)
膵島	ヒト	可	53, 54)
腎臓	ラット	不可	55)

各組織に存在する SP 細胞について, 幹細胞の同定に SP フェノタイプが利用できるとする報告を可, 利用できないとする報告を不可で示した。

45陽性・陰性 SP 細胞両方から胆管上皮細胞と肝細胞が再生される。また同じ論文上で骨髄細胞由来の SP 細胞でも肝臓が再生されることが報告されている[14]。ヒトの皮膚に存在する SP 細胞は $in\ vitro$ で長期間培養でき, さらに長期間培養後でも細胞を取り除いた皮膚に多層の表皮を形成することができる[15]。また, マウス皮膚の SP 細胞でも, $in\ vitro$ での増殖能が SP 以外の細胞と比べて劣っているにもかかわらず, $in\ vivo$ での皮膚組織の再生能力は優位に優れていることが示されている[16]。さらに, 生殖細胞においても SP 細胞は存在し, マウスの精巣の SP 細胞は, ブスルファン処理をして精原細胞を除去したマウスの精巣へ移植を行うと, 精巣上に作られるコロニーが SP 外の細胞に比べて13倍になることが示されている[17]。これ以外にも, 心筋[18,19], 子宮筋[20]などの組織においても幹細胞様の能力を持つ細胞が SP フェノタイプを用いることで分離できることが報告されている。

このように種々の組織において, SP 細胞に組織を再生する能力を持つ細胞が含まれているこ

とが示されてはいるが，本当に幹細胞としての能力である自己複製能と多分化能を持っているかどうかは，造血幹細胞や乳腺幹細胞で行われているようなクローナルな実験が成立しない限りは実際には分からない[21,22]。また多くの研究者から報告されている，SP 細胞の由来する組織以外の細胞に分化する分化転換は，ドナー由来細胞とレシピエント由来細胞の細胞融合ではないことをしっかりと確認する必要がある。

3.4 SP 細胞によるがん幹細胞の同定

がん幹細胞は，がん始原細胞とも呼ばれる。この概念は，正常組織と同様の幹細胞システムががん組織にも存在し，がん組織中に存在している一部のがん幹細胞が増殖・分化し，がんを作り出しているというという概念である。がん幹細胞は，1997 年に Dick らによって初めて白血病細胞から分離された[23]。その後，細胞表面マーカーを用いて，CD 44 陽性，CD 24 陰性の乳がん幹細胞[24]，CD 44 陽性，CD 133 陽性，$\alpha 2 \beta 1$ 強陽性の前立腺がん幹細胞などが同定されているが[25]，近年がん幹細胞領域の発展はめざましく SP 細胞を用いたがん幹細胞の同定の報告は数多くなされている。

SP 細胞を最初に報告した Goodell らのグループは，寛解期の白血病患者から採取した骨髄細胞中に SP 細胞が存在することを見いだした[26]。さらにその SP 細胞を NOD/SCID マウスへの移植を行うことによって白血病と同様な病状を呈するようになることを示し，SP フェノタイプとがん幹細胞に相関性があることを報告している。また，遺伝子を組み替えたグリオーマの疾患モデルマウスでも，SP 細胞中にがん幹細胞が存在していることが報告されている[27]。また，いくつかのがん細胞株でも SP 細胞の存在が報告されている。がん細胞株は，ヘテロな集団であり様々な増殖能力をもつ細胞が混在している。細胞株に含まれる SP 細胞はその中でより未熟なフェノタイプを示す。例えば，肝がん細胞株 HuH 7 細胞に含まれる SP 細胞は，分化マーカーは発現しておらず幹細胞マーカーである CD 133 を強発現している[28]。また，ラットグリオーマ細胞株である C 6 細胞では，培養時に細胞増殖因子を添加することによって SP 細胞が増加すること，SP 細胞と SP 以外の細胞をヌードマウスへ移植すると SP 細胞を移植したマウスで肺，リンパ節等に腫瘍が形成されることが報告されており，SP 細胞側により悪性度の高い細胞が含まれていることが示されている[29]。これらの結果は SP 細胞が腫瘍やがん細胞株中のがん幹細胞の同定・分離に利用できることを示唆している。これ以外にもメラノーマ[30]，網膜芽腫[31]，肺[32]などのいくつかの腫瘍やがん細胞株で SP 細胞にがん幹細胞が濃縮されていることが確認されており，がん幹細胞を同定する方法のひとつとして利用されている。

3.5 SP細胞と胚性幹細胞（Embryonic stem cell；ES細胞）

　組織幹細胞やがん幹細胞とは異なりES細胞におけるSP細胞に関する報告は少ない。ES細胞中にもSP細胞が存在することはいくつか記述されているものの，少なくともマウスES細胞については，SPフェノタイプを利用することでより未分化なES細胞を分離することは難しいように見える[33]。しかしながら，Hoechst排出の責任分子であるBCRP 1を阻害剤によって培養中のES細胞を阻害し続けると細胞内のポルフィリンの蓄積，Oct-4，Nanogの発現の低下，細胞周期の停止を引き起こすことが報告されている[34]。SPフェノタイプの利用は別にして，少なくともBCRP 1は，ES細胞の培養中において重要な働きをしているようである。

3.6 SPフェノタイプ利用の問題点

　SPフェノタイプは，上述したように種々の組織で幹細胞を同定するための有用な方法である。しかしながらその一方で，その利用にはいくつか問題も存在する。そのひとつは，染色に利用するHoechst 33342が細胞に対して毒性を示す色素である点である。これまで，Hoechstが細胞増殖を抑制すること[35]，及びアポトーシスを引き起こすことなどが報告されている[36]。SP細胞とSP以外の細胞の能力を比較する際には，HoechstでよりSP以外の細胞で特異的に細胞が障害されていないか注意する必要がある。また，その染色は色素の排出という細胞の機能を利用しているため，染色時の条件によってSP細胞の割合が大きく変化する。その原因にはHoechstの濃度，温度，染色の時間，Hoechstのロット差などが挙げられ，同種，同組織であるにもかかわらず，論文ごとに割合が異なることも多い。

　また我々は，マウス骨髄中の造血幹細胞が高度に濃縮されている分画であるCD 34陰性，c-Kit陽性，Sca-1陽性，Lineage陰性細胞がSP細胞とSP以外の細胞に分かれることを見いだしている[37]。さらにそれらの細胞の移植を行うとSP細胞だけでなくSP以外の細胞も同様に造血幹細胞活性を示す。このことはSP以外の細胞中にも造血幹細胞が存在していることを示している。また，多くの研究者がSP細胞の中にのみ幹細胞活性を持つ細胞が存在すると考えている中，いくつかの論文では，組織幹細胞の濃縮にSP細胞が利用できないことを報告している（表1）。SPフェノタイプを利用する際にはこれらのことに注意しなければならない。

3.7 おわりに

　SP細胞は組織，種を問わず，そこに存在する幹細胞を同定・分離することができる便利な方法である。実際，マウス骨髄細胞においては高頻度に造血幹細胞を含む細胞集団を分離することが可能である。しかしながら，本章で指摘したような問題点も存在し，決して全ての幹細胞の濃縮に利用できるわけではなく，SP細胞の全てが幹細胞というわけでもない。そのため，目的と

第5章 細胞ソース

している幹細胞が非常に良く研究され幹細胞が発現している細胞表面マーカーが分かっている場合は，それを用いた方がより純度の高い幹細胞集団を分離することができる可能性が高く，また幹細胞を取り逃してしまう危険性も少ないと考えられる。SP細胞は，まだあまり研究が進んでおらず細胞表面マーカーの知られていない組織で幹細胞を同定するための最初のツールとして非常に有用であると考えられる。SP細胞の今後の幹細胞研究への貢献が期待される。

文　献

1) Goodell, M. A., K. Brose, G. Paradis, A. S. Conner and R. C. Mulligan, Isolation and functional properties of murine hematopoietic stem cells that are replicating in vivo, J. Exp. Med., **183**, 1797-1806（1996）
2) Bunting, K. D., S. Zhou, T. Lu and B. P. Sorrentino, Enforced P-glycoprotein pump function in murine bone marrow cells results in expansion of side population stem cells in vitro and repopulating cells in vivo, Blood, **96**, 902-909（2000）
3) Zhou, S., J. D. Schuetz, K. D. Bunting, A. M. Colapietro, J. Sampath, J. J. Morris, I. Lagutina, G. C. Grosveld, M. Osawa, H. Nakauchi and B. P. Sorrentino, The ABC transporter Bcrp 1/ABCG 2 is expressed in a wide variety of stem cells and is a molecular determinant of the side-population phenotype, Nat. Med., **7**, 1028-1034（2001）
4) Graf, G. A., L. Yu, W. P. Li, R. Gerard, P. L. Tuma, J. C. Cohen and H. H. Hobbs, ABCG 5 and ABCG 8 are obligate heterodimers for protein trafficking and biliary cholesterol excretion, J. Biol. Chem., **278**, 48275-48282（2003）
5) Xu, J., Y. Liu, Y. Yang, S. Bates and J. T. Zhang, Characterization of oligomeric human half-ABC transporter ATP-binding cassette G 2, J. Biol. Chem., **279**, 19781-19789（2004）
6) Mogi, M., J. Yang, J. F. Lambert, G. A. Colvin, I. Shiojima, C. Skurk, R. Summer, A. Fine, P. J. Quesenberry and K. Walsh, Akt signaling regulates side population cell phenotype via Bcrp 1 translocation, J. Biol. Chem., **278**, 39068-39075（2003）
7) Doyle, L. A., W. Yang, L. V. Abruzzo, T. Krogmann, Y. Gao, A. K. Rishi and D. D. Ross A multidrug resistance transporter from human MCF-7 breast cancer cells, Proc. Natl. Acad. Sci. USA., **95**, 15665-15670（1998）
8) Ifergan, I., A. Shafran, G. Jansen, J. H. Hooijberg, G. L. Scheffer and Y. G. Assaraf, Folate deprivation results in the loss of breast cancer resistance protein（BCRP/ABCG 2）expression, A role for BCRP in cellular folate homeostasis. J. Biol. Chem., **279**, 25527-25534（2004）
9) Krishnamurthy, P., D. D. Ross, T. Nakanishi, K. Bailey-Dell, S. Zhou, K. E. Mercer, B. Sarkadi, B. P. Sorrentino and J. D. Schuetz, The stem cell marker Bcrp/ABCG 2 en-

hances hypoxic cell survival through interactions with heme, *J. Biol. Chem.*, **279**, 24218-24225 (2004)

10) Parmar, K., P. Mauch, J. A. Vergilio, R. Sackstein and J. D. Down, Distribution of hematopoietic stem cells in the bone marrow according to regional hypoxia, *Proc. Natl. Acad. Sci. USA*, **104**, 5431-5436 (2007)

11) Goodell, M. A., M. Rosenzweig, H. Kim, D. F. Marks, M. DeMaria, G. Paradis, S. A. Grupp, C. A. Sieff, R. C. Mulligan and R. P. Johnson, Dye efflux studies suggest that hematopoietic stem cells expressing low or undetectable levels of CD 34 antigen exist in multiple species, *Nat. Med.*, **3**, 1337-1345 (1997)

12) Zhou, S., J. J. Morris, Y. Barnes, L. Lan, J. D. Schuetz and B. P. Sorrentino, Bcrp 1 gene expression is required for normal numbers of side population stem cells in mice and confers relative protection to mitoxantrone in hematopoietic cells *in vivo*, *Proc. Natl. Acad. Sci. USA.*, **99**, 12339-12344 (2002)

13) Gussoni, E., Y. Soneoka, C. D. Strickland, E. A. Buzney, M. K. Khan, A. F. Flint, L. M. Kunkel and R. C. Mulligan, Dystrophin expression in the mdx mouse restored by stem cell transplantation, *Nature*, **401**, 390-394 (1999)

14) Wulf, G. G., K. L. Luo, K. A. Jackson, M. K. Brenner and M. A. Goodell, Cells of the hepatic side population contribute to liver regeneration and can be replenished with bone marrow stem cells, *Haematologica*, **88**, 368-378 (2003)

15) Larderet, G., N. O. Fortunel, P. Vaigot, M. Cegalerba, P. Maltere, O. Zobiri, X. Gidrol, G. Waksman and M. T. Martin, Human side population keratinocytes exhibit long-term proliferative potential and a specific gene expression profile and can form a pluristratified epidermis, *Stem. Cells*, **24**, 965-974 (2006)

16) Redvers, R.P., A. Li and P. Kaur, Side population in adult murine epidermis exhibits phenotypic and functional characteristics of keratinocyte stem cells. *Proc. Natl. Acad. Sci. USA*, **103**, 13168-13173 (2006)

17) Falciatori, I., G. Borsellino, N. Haliassos, C. Boitani, S. Corallini, L. Battistini, G. Bernardi, M. Stefanini and E. Vicini, Identification and enrichment of spermatogonial stem cells displaying side-population phenotype in immature mouse testis, *FASEB J.*, **18**, 376-378 (2004)

18) Oyama, T., T. Nagai, H. Wada, A. T. Naito, K. Matsuura, K. Iwanaga, T. Takahashi, M. Goto, Y. Mikami, N. Yasuda, H. Akazawa, A. Uezumi, S. Takeda and I. Komuro, Cardiac side population cells have a potential to migrate and differentiate into cardiomyocytes *in vitro* and *in vivo*, *J. Cell. Biol.*, **176**, 329-341 (2007)

19) Martin, C. M., A. P. Meeson, S. M. Robertson, T. J. Hawke, J. A. Richardson, S. Bates, S. C. Goetsch, T. D. Gallardo and D. J. Garry, Persistent expression of the ATP-binding cassette transporter, Abcg 2, identifies cardiac SP cells in the developing and adult heart, *Dev. Biol.*, **265**, 262-275 (2004)

20) Ono, M., T. Maruyama, H. Masuda, T. Kajitani, T. Nagashima, T. Arase, M. Ito, K. Ohta, H. Uchida, H. Asada, Y. Yoshimura, H. Okano and Y. Matsuzaki, Side population in hu-

man uterine myometrium displays phenotypic and functional characteristics of myometrial stem cells, *Proc. Natl. Acad. Sci. USA*, **104**, 18700-18705 (2007)

21) Shackleton, M., F. Vaillant, K. J. Simpson, J. Stingl, G. K. Smyth, M. L. Asselin-Labat, L. Wu, G. J. Lindeman and J. E. Visvader, Generation of a functional mammary gland from a single stem cell, *Nature*, **439**, 84-88 (2006)

22) Osawa, M., K. Hanada, H. Hamada and H. Nakauchi, Long-term lymphohematopoietic reconstitution by a single CD 34-low/negative hematopoietic stem cell, *Science*, **273**, 242-245 (1996)

23) Bonnet, D. and J. E. Dick, Human acute myeloid leukemia is organized as a hierarchy that originates from a primitive hematopoietic cell, *Nat. Med.*, **3**, 730-737 (1997)

24) Al-Hajj, M., M. S. Wicha, A. Benito-Hernandez, S. J. Morrison and M. F. Clarke, Prospective identification of tumorigenic breast cancer cells, *Proc. Natl. Acad. Sci. USA*, **100**, 3983-3988 (2003)

25) Collins, A. T., P. A. Berry, C. Hyde, M. J. Stower and N. J. Maitland, Prospective identification of tumorigenic prostate cancer stem cells, *Cancer Res.*, **65**, 10946-10951 (2005)

26) Wulf, G. G., R. Y. Wang, I. Kuehnle, D. Weidner, F. Marini, M. K. Brenner, M. Andreeff and M. A. Goodell, A leukemic stem cell with intrinsic drug efflux capacity in acute myeloid leukemia, *Blood*, **98**, 1166-1173 (2001)

27) Harris, M. A., H. Yang, B. E. Low, J. Mukherje, A. Guha, R. T. Bronson, L. D. Shultz, M. A. Israel and K. Yun, Cancer stem cells are enriched in the side population cells in a mouse model of glioma, *Cancer Res.*, **68**, 10051-10059 (2008)

28) Haraguchi, N., T. Utsunomiya, H. Inoue, F. Tanaka, K. Mimori, G. F. Barnard and M. Mori, Characterization of a side population of cancer cells from human gastrointestinal system, *Stem. Cells*, **24**, 506-513 (2006)

29) Kondo, T., T. Setoguchi and T. Taga, Persistence of a small subpopulation of cancer stem-like cells in the C 6 glioma cell line, *Proc. Natl. Acad. Sci. USA*, **101**, 781-786 (2004)

30) Grichnik, J. M., J. A. Burch, R. D. Schulteis, S. Shan, J. Liu, T. L. Darrow, C. E. Vervaert and H. F. Seigler, Melanoma, a tumor based on a mutant stem cell? *J. Invest. Dermatol.*, **126**, 142-153 (2006)

31) Seigel, G. M., L.M. Campbell, M. Narayan and F. Gonzalez-Fernandez, Cancer stem cell characteristics in retinoblastoma, *Mol Vis.*, **11**, 729-737 (2005)

32) Ho, M. M., A. V. Ng, S. Lam and J. Y. Hung, Side population in human lung cancer cell lines and tumors is enriched with stem-like cancer cells, *Cancer Res.*, **67**, 4827-4833 (2007)

33) Vieyra, D., A. Rosen and M. Goodell, Identification and Characterization of SP Cells in ESC Cultures, *Stem. Cells Dev.*, (2008)

34) Susanto, J., Y. H. Lin, Y. N. Chen, C. R. Shen, Y. T. Yan, S. T. Tsai, C. H. Chen and C. N. Shen, Porphyrin homeostasis maintained by ABCG 2 regulates self-renewal of embryonic stem cells, *PLoS. ONE.*, **3**, e 4023 (2008)

35) Idziorek, T., J. Estaquier, F. De Bels and J. C. Ameisen, YOPRO-1 permits cytofluoromet-

ric analysis of programmed cell death (apoptosis) without interfering with cell viability, *J. Immunol. Methods*, **185**, 249-258 (1995)

36) Zhang, X. and F. Kiechle, Hoechst 33342-induced apoptosis is associated with decreased immunoreactive topoisomerase I and topoisomerase I-DNA complex formation, *Ann. Clin. Lab. Sci.*, **31**, 187-198 (2001)

37) Morita, Y., H. Ema, S. Yamazaki and H. Nakauchi, Non-side-population hematopoietic stem cells in mouse bone marrow, *Blood*, **108**, 2850-2856 (2006)

38) Bachrach, E., S. Li, A. L. Perez, J. Schienda, K. Liadaki, J. Volinski, A. Flint, J. Chamberlain and L. M. Kunkel, Systemic delivery of human microdystrophin to regenerating mouse dystrophic muscle by muscle progenitor cells, *Proc. Natl. Acad. Sci. USA*, **101**, 3581-3586 (2004)

39) Welm, B. E., S. B. Tepera, T. Venezia, T. A. Graubert, J. M. Rosen and M. A. Goodell, Sca-1 (pos) cells in the mouse mammary gland represent an enriched progenitor cell population, *Dev. Biol.*, **245**, 42-56 (2002)

40) Alvi, A. J., H. Clayton, C. Joshi, T. Enver, A. Ashworth, M. M. Vivanco, T. C. Dale and M. J. Smalley, Functional and molecular characterisation of mammary side population cells, *Breast Cancer Res.*, **5**, R 1-8 (2003)

41) Murayama, A., Y. Matsuzaki, A. Kawaguchi, T. Shimazaki and H. Okano, Flow cytometric analysis of neural stem cells in the developing and adult mouse brain, *J. Neurosci. Res.*, **69**, 837-847 (2002)

42) Kim, M. and C. M. Morshead, Distinct populations of forebrain neural stem and progenitor cells can be isolated using side-population analysis, *J. Neurosci.*, **23**, 10703-10709 (2003)

43) Nagato, M., T. Heike, T. Kato, Y. Yamanaka, M. Yoshimoto, T. Shimazaki, H. Okano and T. Nakahata. Prospective characterization of neural stem cells by flow cytometry analysis using a combination of surface markers, *J. Neurosci. Res.*, **80**, 456-466 (2005)

44) Mouthon, M. A., P. Fouchet, C. Mathieu, K. Sii-Felice, O. Etienne, C. S. Lages and F. D. Boussin, Neural stem cells from mouse forebrain are contained in a population distinct from the `side population', *J. Neurochem.*, **99**, 807-817 (2006)

45) Giangreco, A., H. Shen, S. D. Reynolds and B. R. Stripp, Molecular phenotype of airway side population cells, *Am. J. Physiol. Lung. Cell Mol. Physiol.*, **286**, L 624-630 (2004)

46) Dekaney, C. M., J. M. Rodriguez, M. C. Graul and S. J. Henning, Isolation and characterization of a putative intestinal stem cell fraction from mouse jejunum, *Gastroenterology*, **129**, 1567-1580 (2005)

47) Lassalle, B., H. Bastos, J. P. Louis, L. Riou, J. Testart, B. Dutrillaux, P. Fouchet and I. Allemand, `Side Population' cells in adult mouse testis express Bcrp 1 gene and are enriched in spermatogonia and germinal stem cells, *Development*, **131**, 479-487 (2004)

48) Kubota, H., M. R. Avarbock and R. L. Brinster, Spermatogonial stem cells share some, but not all, phenotypic and functional characteristics with other stem cells, *Proc. Natl. Acad. Sci. USA*, **100**, 6487-6492 (2003)

49) Bhattacharya, S., J. D. Jackson, A. V. Das, W. B. Thoreson, C. Kuszynski, J. James, S. Joshi and I. Ahmad, Direct identification and enrichment of retinal stem cells/progenitors by Hoechst dye efflux assay, *Invest. Ophthalmol. Vis. Sci.*, **44**, 2764-2773 (2003)

50) Yano, S., Y. Ito, M. Fujimoto, T. S. Hamazaki, K. Tamaki and H. Okochi, Characterization and localization of side population cells in mouse skin, *Stem Cells*, **23**, 834-841 (2005)

51) Triel, C., M. E. Vestergaard, L. Bolund, T. G. Jensen and U. B. Jensen, Side population cells in human and mouse epidermis lack stem cell characteristics, *Exp. Cell Res.*, **295**, 79-90 (2004)

52) Terunuma, A., K. L. Jackson, V. Kapoor, W. G. Telford and J. C. Vogel, Side population keratinocytes resembling bone marrow side population stem cells are distinct from label-retaining keratinocyte stem cells, *J. Invest. Dermatol.*, **121**, 1095-1103 (2003)

53) Lechner, A., C. A. Leech, E. J. Abraham, A. L. Nolan and J. F. Habener, Nestin-positive progenitor cells derived from adult human pancreatic islets of Langerhans contain side population (SP) cells defined by expression of the ABCG 2 (BCRP 1) ATP-binding cassette transporter, *Biochem. Biophys. Res. Commun.*, **293**, 670-674 (2002)

54) Zhang, L., J. Hu, T.P. Hong, Y. N. Liu, Y. H. Wu and L. S. Li, Monoclonal side population progenitors isolated from human fetal pancreas, *Biochem. Biophys. Res. Commun.*, **333**, 603-608 (2005)

55) Iwatani, H., T. Ito, E. Imai, Y. Matsuzaki, A. Suzuki, M. Yamato, M. Okabe and M. Hori, Hematopoietic and nonhematopoietic potentials of Hoechst (low)/side population cells isolated from adult rat kidney, *Kidney Int.*, **65**, 1604-1614 (2004)

4 神経幹細胞による神経再生

小川大輔[*1]，田宮　隆[*2]，岡田洋平[*3]，岡野栄之[*4]

4.1 神経幹細胞とは

　成体における中枢神経系は，ごく最近まで「神経は再生しない」と考えられてきたほど再生能力の低い臓器である。生体の分化した神経細胞（ニューロン）は増殖することができないため，欠落した神経系細胞を再生することは難しい。このため，中枢神経系を構成する細胞であるニューロン・アストロサイト・オリゴデンドロサイトのいずれにも分化できる多分化能をもち，かつ未分化状態を維持しながら増殖できる自己複製能をもつ，神経幹細胞が神経系の恒常性を維持している。この性質から神経幹細胞は，*in vitro* で大量に増幅したり，神経細胞などに分化させたりすることができるため，まさに中枢神経系の再生において最も重要な細胞ソースとして注目されてきた[1]。この中枢神経再生への戦略基盤は，これまで治療し得なかった様々な難治性神経疾患に対する夢の治療法となる可能性があり，大きな期待が集まっている。

　神経幹細胞を用いて神経系を再生するためには，

① 　生体の内在性神経幹細胞を活性化する方法

② 　胎仔脳から神経幹細胞を分離・培養し，移植する方法

③ 　ES細胞やiPS細胞などの，より未分化な細胞から分化誘導し，移植する方法

などが考えられる。これらの神経幹細胞は，いずれも自己複製能や多分化能を持ち，神経幹細胞としての定義を満たすが，それぞれ特徴があり，同一ではない。これは例えば，細胞の増殖能の違いや分化に対する可塑性の違いといった神経再生に関わる性質の違いだけではなく，採取のしやすさ，擁する倫理的な問題，免疫拒絶や腫瘍化などの安全性の問題など，再生医療へ用いるにあたって多くの重要な違いがあり，これらの特徴をふまえた細胞ソースを選定する必要がある。

　著者らは前著において神経幹細胞に関わる発生，生理およびこれまでの研究成果に関して述べた*。本節においては，近年注目を集め，急速に新たな技術が開発されてきているiPS細胞などとの比較もしつつ，それでもなお再生医療への多大なる貢献の可能性が秘められている生体由来の神経幹細胞とそれを用いて神経再生を目指した臨床応用について，その問題点を交え，概説したい。

[*1] 　Daisuke Ogawa　香川大学　医学部　脳神経外科

[*2] 　Takashi Tamiya　香川大学　医学部　脳神経外科　教授

[*3] 　Yohei Okada　慶応義塾大学　医学部　生理学　特別研究講師

[*4] 　Hideyuki Okano　慶応義塾大学　医学部　生理学　教授

第5章　細胞ソース

4.2　内在性神経幹細胞の活性化を応用した再生医療への挑戦

　胎仔脳における神経幹細胞は，成体のそれと比べ，自己増殖能が高いだけでなく，分化の可塑性に富んでいる。実際に，臨床において乳児程度までであれば，何らかの疾患のために大脳半球の切除を行っても，優位半球にかかわらず，言語障害や上下肢の麻痺などは起こらずに発育する場合があると知られている。その一方で，成体ではひとたび損傷を受けると，自己による神経再生は困難で，神経症状が回復しづらく，重篤な症状が残存することも少なくない。このため，成体において神経幹細胞は長年にわたり存在しないと信じられてきたが，1992年に成体マウスに神経幹細胞が存在することが証明され[2]，1998年には当教室においてもヒト成体にも神経幹・前駆細胞が存在することを証明した[3]。その後の研究で成体の神経幹細胞は主にSVZ（Subventricular zone；側脳室の脳室下帯）とSGZ（Subgranular zone；海馬歯状回の顆粒下層）の2ヵ所で存在し[4,5]，ゆっくりと自己複製を繰り返しながら，ニューロンやグリアを生み出して中枢神経系の恒常性を保っていることが明らかになった。また，神経幹細胞は脳室上衣層や黒質，脊髄など，他部位に存在する可能性も示唆されており[6〜8]，わずかではあるが脳損傷時にはそれまでdormantな状態であった神経幹細胞が活性化され，損傷部位へ移動することが報告されている[9]。しかし，このような内在性の神経幹細胞による神経再生から得られる代償はわずか0.2％と報告されており[10]，機能的回復を得るのに十分であるかは明らかではない。そこで，内在性神経幹細胞を人為的に活性化させることで，自己の神経再生能を高めようとする研究が行われている[11]。

　例えば，EGFやFGF 2などといった成長因子を投与することにより，SVZに存在する内在性の神経幹細胞を増殖させ，虚血部位への神経再生を促すことができることは以前から報告されていた[12,13]。その他にも，我々はGalectin-1やβ-cateninが内在性神経幹細胞の増殖に重要であることを突き止めた[14,15]。また，Liuらは最近，脳虚血モデルにおいてWntシグナルやNotchシグナルが神経幹細胞の自己増殖や維持に必要であると報告した[16]。

　これらの知見を応用し，内在性の神経幹細胞をコントロールして，徐々にニューロンの新生を効率よく誘導できるようになってきている[17]。しかし，再生医療に臨床応用するためには，病変部への移動，および病変部での適切な神経系細胞への分化，長期生存，有効な回路の構築といった脳内での最適化が必要と考えられている。これらの各段階に関する，より詳細な過程を解析し，応用することで初めて神経幹細胞の生理活性を増幅し，目的とする神経再生を果たすことが可能となる。また，最近では神経幹細胞の過剰な神経新生による痙攣などの弊害も報告されており[18]，このようにまだまだ問題点が残されてはいるが，内在性神経幹細胞を活性化する方法は，免疫応答や倫理的な面において細胞移植療法より有利であると考えられ，今後のますますの発展が期待される。

4.3 中枢神経系疾患に対する細胞移植療法の臨床応用

　胎仔由来の神経細胞は，倫理的な問題や，十分量の細胞数を確保しにくいという問題点を擁しつつも，細胞移植療法のための細胞ソースとして早くから注目されてきた。既に1989年には，堕胎した胎児脳より得た細胞（ドーパミンニューロンの前駆細胞を含む）をパーキンソン病患者に移植し，特定の症状に限っては改善を得たと報告されている[19]。最近では，この治療群の長期予後についても報告されており，治療効果については意見の分かれるところではあるが，少なくとも15年という期間においての安全性に関しては，問題がないようである[20,21]。しかし，移植後にドーパミンニューロンの大半はアポトーシスを起こすため，移植する細胞のドーパミンニューロン含有率を増加させ，治療効率を改善することが重要な課題である。

　例えば，神経幹細胞やES細胞などからのより効率的なドーパミンニューロンへの分化誘導方法を開発し，それらの純化された細胞集団を移植することができれば，移植効率をあげることができる可能性がある[22,23]。また，胎児由来の神経組織を用いる方法ではドナーとして胎児が必要なことや，治療に必要で十分な細胞数を確保するのが難しいことから，臨床的な普及には，供給面のみならず，倫理的な面で問題が多い。そこで，少ないドナーから多くの移植細胞を *in vitro* で大量に培養して移植することができれば，これらの問題を解決できる可能性があり，このような培養神経幹細胞を用いた細胞移植を臨床応用するための研究が進んでいる。

　1990年代に入ると，Neurosphere法などをはじめとした神経幹細胞の各種培養法が確立され，神経幹細胞に関する研究が盛んになってきた[2]。これにより神経幹細胞に関する知見は飛躍的に発展し，培養された神経幹細胞の臨床応用への期待が高まった。しかし，Neurosphere法においては，細胞集団はheterogeneousであり，培養細胞の中には神経幹細胞のみならず，ある特定の系譜への分化傾向を持つ細胞も含まれるため，必ずしも神経幹細胞のみを培養しているわけではない。そこで，近年では，CD133やCD24などの細胞表面抗原に対する抗体を利用して，Fluorescent activated cell sorter（FACS）で神経幹細胞を直接分離・濃縮する方法が試みられている[24,25]。これらの手法を用いて神経幹細胞を純化することで，さらなる応用研究の発展が期待されている。

　培養されたヒト胎児由来神経幹細胞の細胞移植に関する話題は研究レベルのみならず，実際に人体へ移植された臨床応用例もある。特定の酵素が作られないために，徐々に神経が障害されていくBatten病（Neuronal Ceroid Lipofuscinosis；NCL）という重度致死的小児疾患に対し，2006年に開始されたアメリカの臨床試験で，初めてヒト胎児由来神経幹細胞が6例の小児に対し移植された[26]。現在，この試験は5年間の追跡予定で進行中であり，まだ詳細な報告はない。おもに安全性についての評価を行う予定とされているが，その臨床効果についても検討されている。将来的には適応疾患を増やすことも検討されており，脊髄損傷や脱髄性疾患，脳梗塞，アルツハイ

マー病なども対象となるとされている。この結果は他疾患への神経幹細胞に関わる今後の臨床試験に対し，大きな影響を与えると思われ，注目されるところである。

4.4 移植細胞の投与法に関する検討

病変部に対する移植は研究段階で古くから行われてきたが，炎症反応が高いために移植細胞が生存できず，治療効果が得られにくいことが指摘されている。特に病変が大脳基底核や脳幹などの脳深部に存在する場合には，移植時の直接損傷や，移植細胞塊と周辺浮腫による mass effect から，病態が増悪する可能性も考えられる。そこで，神経幹細胞のもつ遊走能に着目し，病変部に直接移植せずに，より簡便に移植できる方法についての検討がなされてきた。

例えば，ヒト神経幹細胞をマウスの側脳室内に移植した実験において，神経幹細胞は脳内へ移行し，移植後7ヵ月においてもSVZに留まりながら増殖をし続け，さらには脳内の Rostral migratory stream（RMS）と呼ばれる経路に沿って遊走し，ホストマウスの神経細胞と同様の動きを示したという報告がある[27]。その他にも病側に比べて炎症反応が少なく，血流も豊富であり，移植細胞の生存環境が整っていると考えられる対側の脳に細胞を移植した例では，移植細胞は病側の脳にも遊走し，生着したという報告がある[28]。これらの方法は，将来の臨床応用を考えた場合，いずれも穿頭術による移植が必要となり，やや侵襲的ではあるが，病変部に移植するよりは移植細胞の生存率の向上が計れると考えられている。

最も手軽で理想的な手段として経静脈的な投与が考えられるが，マウスによる実験ではそのほとんどが肺にトラップされ，脳にたどりつかないばかりか，投与する細胞濃度が濃い場合には重症肺塞栓をきたし，レシピエントが呼吸不全のために死亡することもある[29]。また，投与した細胞が目的とする臓器にたどりつくことができるかどうかや，目的外臓器にたどりついた場合の副作用など憂慮すべき課題が残る。ただし，細胞の種類によっては肺を通過し，脳内へ生着できることもあるため，細胞表面の接着因子などの更なる解析により脳血管に特異的に接着し，脳内への生着を促すような分子がみつかれば，このような経静脈的な投与法も実現する可能性がある。その他に，マウスにおいては腹腔内投与も試みられており，これは安全かつ比較的簡便な方法であると考えられるが，細胞が腹膜を通過して脳へ生着する量は，他の投与法と比べ低かったようである[30]。

これらの病変以外への投与方法に関する検討は，それぞれに特徴があり，現段階ではまだ試行錯誤中といってもよいが，神経幹細胞の性質を活かした，より簡便で安全かつ効果的な投与方法の開発を今後の研究成果に期待したい。

4.5 移植細胞の腫瘍化などの安全性に対する問題点

　ES細胞やiPS細胞などから誘導された神経幹細胞は，他の神経幹細胞と同様にニューロンやグリア細胞へと分化誘導されるが，成体や胎児由来の神経幹細胞に比べて分化の可塑性に富む。特に，分化誘導前の親細胞の増殖能が高く，大量に培養することが可能なため，再生医療における細胞ソースとしては供給面において大きなメリットを持つ。さらに本書の主題であり，21世紀の大発見とも言えるであろうiPS細胞においては，今までES細胞や神経幹細胞が擁していた倫理的な問題や免疫拒絶の問題が少ないと考えられ，細胞移植療法の臨床応用に向けて大きな前進となった。しかし，これらの未分化な細胞から人工的に分化誘導を受けた細胞集団の中に残存する分化誘導耐性の未分化な細胞や，iPS細胞のように遺伝子導入を受けた細胞は，その影響により移植後に何らかの腫瘍を生み出す可能性がある。ES細胞やiPS細胞などの未分化細胞を取り扱う場合，移植細胞の腫瘍化を防止するために，何らかの対策を施す必要がある。再生医療のみならず，新たな治療法を開発するには，治療効果はさることながら，安全性の確保は臨床応用に向けて非常に重要な問題であり，安全性が実証されない限り，臨床に実用化されることはない。例えば，ES細胞から分化誘導した細胞中には，分化誘導耐性の未分化な細胞が残存することが知られている。この問題に対して，FACSで未分化な細胞が特異的に発現しているマーカーを用いてソーティング除去し，細胞移植を行ったところ，腫瘍化しなくなったとの報告がある[31]。また，詳細は多項に譲るが，最近では癌遺伝子やウィルスベクターを使用せずにiPS細胞を作製するより安全と考えられる方法も報告されている[32,33]。これらの報告は，対策を十分にとることで，安全性を確保できる可能性を示した。さらに，未分化な細胞から得られる神経幹細胞は可塑性が高いことから，再生医療に対する強力で安全な細胞ソースとなりうる。

　一方，組織から得られた神経幹細胞は移植後も腫瘍化しにくいことが知られている[34]。当教室においても臨床応用に向け，ヒト胎児由来神経幹細胞を免疫不全マウスへ移植した後の長期観察実験で，明らかな腫瘍化を認めないことを確認した[35]。このような長期間の安全性の確認は再生医療の実現に向けて非常に重要な課題である。また，同時に長期継代培養された神経幹細胞の増殖能および分化能に関わる性質変化についても報告しており，現在の培養技術において培養細胞を全く同様の性質を維持したまま，継代培養を繰り返すことはまだ不可能と考えられる。これは組織由来神経幹細胞といえども長期に培養されたような場合には，染色体異常や細胞の性質変化を考えねばならず，このような変化がみられた細胞は，意図した神経分化が得られないばかりか，移植細胞そのものが腫瘍化する可能性もあり，注意が必要である。移植療法における安全性の確保は最優先の課題であり，ひとたび問題が起これば再生医療全体にとって大きな遅れとなる可能性があるため，臨床応用に向けて，慎重に検討・解決されなければならない。

第5章　細胞ソース

4.6　神経幹細胞と悪性脳腫瘍との関わり

　神経幹細胞に関する研究は，再生医療への貢献のみならず，悪性脳腫瘍に対する治療の発展にもつながっている。

　悪性脳腫瘍に対する手術，化学療法，放射線療法などといった種々の治療法の積極的な開発が行われてきたにもかかわらず，治療成績はほとんど改善していない。この原因の一つとして考えられる点は，腫瘍の浸潤性であり，主病巣を外科的に摘出しても，周辺に浸潤した細胞や播種巣から，後々に再発するためであると考えられてきた[36]。神経幹細胞には，腫瘍向性があることが知られており，移植した部位から腫瘍本体だけでなく，浸潤巣や播種巣にも遊走することがわかっている[37]。この性質を利用して，効果の高い既存のウィルス療法と併用し，注入部位付近の腫瘍本体のみならず，周囲の浸潤巣や遠隔の小さな播種巣にもウィルス療法を届かせるベクターとしての役割が，神経幹細胞に期待されている[38,39]。

　その他にもいくつか神経幹細胞と脳腫瘍との重要な関係が指摘されている。近年では悪性脳腫瘍にも幹細胞が存在することが知られており，その特徴がきわめて組織幹細胞と類似する[40]。脳腫瘍の発生起源そのものが神経幹細胞由来ではないかとの報告もある。例えば，脳腫瘍の一種であるグリオーマは，神経幹細胞が存在するSVZより発生するとされている[41]。そのため，神経幹細胞が何らかの損傷を受けることにより腫瘍幹細胞に悪性化する可能性が考えられている。また，抗がん剤を投与すると通常のがん細胞はアポトーシスが誘導されるが，腫瘍幹細胞には薬剤排出ポンプが細胞表面に存在するため，抗がん剤に対する薬剤耐性を示し，再発につながるとされている[42]。この薬剤耐性をはじめとして，腫瘍幹細胞と神経幹細胞は多くの類似した性質をもっており，神経幹細胞に関わる再生医学の研究と，悪性脳腫瘍，腫瘍幹細胞に関する研究は密接に関わっていると考えられる。

文　　　献

1) Okano, H. *J. Neurosci. Res.*, **69**, 698-707（2002）
2) Reynolds, B et al., *Science*, **255**, 1707-1710（1992）
3) Pincus, D et al., *Ann. Neurol.*, **43**, 576-585（1998）
4) Sanai, N et al., *Nature*, **427**, 740-744（2004）
5) Eriksson, PS et al., *Nat. Med.*, **4**, 1313-1317（1998）
6) Weiss, S et al., *J. Neurosci.*, **16**, 7599-7609（1996）
7) Momma, S et al., *Curr. Opin. Neurobiol.*, **10**, 45-49（2000）

8) Zhao, M et al., *Proc. Natl. Acad. Sci. U. S. A.*, **100**, 7925-7930 (2003)
9) Yamashita, T et al., *J. Neurosci.*, **26**, 6627-6636 (2006)
10) Arvidsson, A et al., *Nat. Med.*, **8**, 963-970 (2002)
11) Okano, H et al., *J. Neurochem.*, **102**, 1459-1465 (2007)
12) Teramoto, T et al., *J. Clin. Invest.*, **111**, 1125-1132 (2003)
13) Nakatomi, H et al., *Cell*, **110**, 429-441 (2002)
14) Sakaguchi, M et al., *Proc. Natl. Acad. Sci. U. S. A.*, **103**, 7112-7117 (2006)
15) Adachi, K et al., *Stem Cells*, **25**, 2827-2836 (2007)
16) Zhang, RL et al., *J. Cereb. Blood Flow Metab.*, **27**, 1201-1212 (2007)
17) Kolb, B et al., *J. Cereb. Blood Flow Metab.*, **27**, 983-97 (2006)
18) Scharfman, HE et al., *Science*, **315**, 336-338 (2007)
19) Freed, C et al., *Arch Neurol.*, **47**, 505-512 (1990)
20) Freed, CR et al., *N. Engl. J. Med.*, **344**, 710-719 (2001)
21) Freed, CR et al., *J. Neurol.*, **250**, iii44-iii46 (2003)
22) Takahashi, J. *Expert Rev Neurother.*, **7**, 667-675 (2007)
23) Deierborg, T et al., *Prog. Neurobiol.*, **85**, 407-432 (2008)
24) Coskun, V et al., *Proc. Natl. Acad. Sci. U. S. A.*, **105**, 1026-1031 (2008)
25) Uchida, N et al., *Proc. Natl. Acad. Sci. U. S. A.*, **97**, 14720-14725 (2000)
26) Taupin, P. *Curr Opin Mol Ther.*, **8**, 156-63 (2006)
27) Tamaki, S et al., *J. Neurosci. Res.*, **69**, 976-986 (2002)
28) Veizovic, T et al., *Stroke*, **32**, 1012-1019 (2001)
29) Fischer, UM et al., *Stem. Cells Dev.* (2007)
30) Tang, Y et al., *Hum. Gene. Ther.*, **14**, 1247-1254 (2003)
31) Fukuda, H et al., *Stem. Cells*, **24**, 763-771 (2006)
32) Nakagawa, M et al., *Nat. Biotech.*, **26**, 101-106 (2008)
33) Okita, K et al., *Science*, **322**, 949-953 (2008)
34) Vescovi, AL et al., *Exp. Neurol.*, **156**, 71-83 (1999)
35) Ogawa, D et al., *J. Neurosci. Res.*, **87**, 307-317 (2009)
36) Yuan, X et al., *Oncogene*, **23**, 9392-9400 (2004)
37) Aboody, KS et al., *Proc. Natl. Acad. Sci. U. S. A.*, **97**, 12846-51 (2000)
38) Herrlinger, U et al., *Mol. Ther.*, **1**, 347-357 (2000)
39) Dickson, PV et al., *J. Pediatr. Surg.*, **42**, 48-53 (2007)
40) Singh, SK et al., *Cancer Res.*, **63**, 5821-5828 (2003)
41) Uchida, K et al., *Neurosurgery*, **55**, 977-8 (2004)
42) Sanchez-Martin, M. *Curr. Stem. Cell Res. Ther.*, **3**, 197-207 (2008)
* 小川大輔, 岡野栄之, 再生医療技術の最前線, p. 91-99, シーエムシー出版 (2007)

5 iPS 細胞（induced Pluripotent Stem cell）

吉田善紀[*1]，山中伸弥[*2]

5.1 はじめに

 高齢化社会の進行に伴い，QOL のさらなる向上が求められている。機能不全となった組織に対して，生体外で作製した細胞を補充する，あるいは生体外で作製した組織と置換することにより，組織の機能を回復させる再生医療への期待が高まっている。しかし，再生医療の研究開発の対象として，組織から体細胞を取り出し，組織機能を回復させるのに必要な細胞を調達することは容易ではない。そのため，これらの細胞へ分化する能力を持ち，しかも自己複製能力を持つ幹細胞は，再生医療の開発において重要な役割を担う。また患者の幹細胞から特定の体細胞に分化させることで，実験動物に比してより優れた $in\ vitro$ の疾患モデルを構築することができれば，病因の形成，および病態の進行などを解明する疾患研究や，薬剤のスクリーニングなどに役立つことが期待される。このように今後の医療の発展に向けて幹細胞をいかに産業応用できるかが大きな鍵を握っているといっても過言ではない。

 幹細胞には大別して胚性幹細胞（embryonic stem cell；ES 細胞）をはじめとする分化多能性を持つ幹細胞と，造血幹細胞や間葉系幹細胞などのある特定の組織細胞へと限局された分化能を持つ組織幹細胞がある。なかでも多能性幹細胞は多分化能・自己複製能を持ち，基礎研究では培養法が確立されつつあることから，医療分野における広範な応用に期待され，研究が進められている。本章では現在急速に研究が進んでいる，線維芽細胞などの体細胞に特定因子を導入することにより樹立される人工多能性幹細胞（induced pluripotent stem cell；iPS 細胞）について述べたい。

5.2 iPS 細胞の樹立

 1981 年にマウス ES 細胞，1998 年にヒトの ES 細胞が樹立され，その後，多くの研究がすすめられ，ES 細胞を未分化な状態に維持させつつ安定に培養すること，また，胚葉体形成法などの方法によりさまざまな組織系列の細胞への分化誘導させることが可能となりつつある。2009 年 1 月には Geron 社がヒト ES 細胞から分化させた神経細胞による脊髄損傷治療の臨床試験が FDA により認可された。ES 細胞は，今後，脊椎損傷，パーキンソン病などの変性性神経疾患，

 [*1] Yoshinori Yoshida　京都大学　物質—細胞統合システム拠点／iPS 細胞研究センター
 　　　　　　　　　　特定拠点助教
 [*2] Shinya Yamanaka　京都大学　物質—細胞統合システム拠点／iPS 細胞研究センター
 　　　　　　　　　　センター長／教授

iPS細胞の産業的応用技術

Ⅰ型糖尿病，心筋梗塞など，さまざまな疾患に対する再生医療に貢献することが期待されている。

しかしながら，ES細胞には解決しなければならない問題がいくつか存在する。ひとつはヒトES細胞を樹立する際に受精卵を使用する必要があり，生命倫理的な問題が議論されている。もうひとつはES細胞を用いた再生医療の場合，レシピエントとなる患者とは他人の細胞を移植することになるため（同種間他家移植），免疫抑制剤を使用したとしても低い生着率や，ひいては拒絶反応がおこることがあげられる。

患者本人の体細胞からES細胞に類似した多能性幹細胞を作製することができればこれらの問題が解決すると考えられていたが，そのためには，体細胞の核の状態を初期胚の状態に再プログラミングする必要があった。

2006年に山中らは，ES細胞に特異的に発現する遺伝子であるfbx15をマーカーとして薬剤選別を行う多能性誘導因子探索系で，Oct3/4, Sox2, c-Myc, およびKlf4の4因子をレトロウィルスにより遺伝子導入・発現させることで，マウス胎仔線維芽細胞とマウス成体の線維芽細胞から，ES細胞のように多分化能を持つ細胞を樹立し，人工多能性幹細胞（induced pluripotent stem cell；iPS細胞）と名づけた[1]。fbx15で選別したiPS細胞をマウス胚にマイクロインジェクションしたところiPS細胞はマウス胎仔の発生に寄与が認められたがこのキメラマウスは胎生致死であった。しかしその後Nanog遺伝子発現を指標にした選別で樹立したiPS細胞からはキメラマウスを経由して全身がiPS細胞に由来するマウスが作出され，Nanog-iPS細胞はES細胞と同様に生殖細胞に分化（germline transmission）できる性質をもつことがわかった[2]。また海外の研究グループの追試が行われ[3]，iPS細胞はその分化多能性においてES細胞とほぼ同等であると考えられている。現在iPS細胞を選別するためにNanog遺伝子プロモーターとOct3/4遺伝子プロモーターが主に使用されているが，Oct3/4-GFPのほうがNanog-GFPより早期に発現が認められることから，Nanogプロモーターのほうがより厳しい基準であると考えられるが，いずれの方法で選別した場合も生殖細胞に分化するiPS細胞を得ることができる。

2007年11月に山中らのグループはヒト成人の皮膚線維芽細胞に，マウスの場合と同様にOct3/4, Sox2, c-Myc, Klf4の4因子をレトロウィルスで導入することで[4]，一方Thomsonらのグループは新生児の皮膚線維芽細胞にOct4, Sox2, Lin28, Nanogを導入することで[5]，それぞれヒトiPS細胞の樹立に成功した。受精卵を使用するES細胞の樹立や，卵子を使用する核移植とは全く異なった，体細胞に特定遺伝子を導入するという方法でヒトにおいても再現性高く多能性幹細胞を樹立することが可能であることが明らかになり，医療や創薬分野での産業応用の期待が高まり，現在も世界中で競って研究が行われている。

5.3 iPS 細胞樹立法の研究

　iPS 細胞を再生医療に応用するにあたり，解決しなければならない問題の一つとして腫瘍形成の可能性があげられる。iPS 細胞を樹立するためにはリプログラミング因子が少なくとも 1 週間程度の期間安定して発現する必要があり，レトロウィルスやレンチウィルスなど外来遺伝子がゲノム DNA に挿入される遺伝子導入法が使われていたが，これらの外来遺伝子は iPS 細胞誘導後にはゲノム DNA メチル化などのサイレンシングにより発現が抑えられているとはいえ，ゲノム DNA には依然として外来遺伝子が残存するため，挿入部位近傍の遺伝子発現を変動させることによって長期的には腫瘍形成の原因となりうると考えられている。実際 c-Myc を含むリプログラミング因子により誘導された iPS 細胞由来のキメラマウスにおいては腫瘍が高率に発生するが，c-Myc を使用せずに樹立した iPS 細胞由来のキメラマウスでは腫瘍の発生は一定期間の観察において見られなかった[6]。

　山中らは，より少ないリプログラミング因子での iPS 細胞樹立を目指して，誘導条件の検討の結果 c-Myc を除く 3 因子を導入することでも iPS 細胞を樹立することが可能であることを 2007 年 12 月に報告した[6]。また，内在性の c-Myc と SOX2 の発現レベルが高いマウス神経幹細胞においては Oct3/4，Klf4 の 2 つの因子だけで iPS 細胞が樹立可能であることが報告され[7]，2009 年 2 月にはさらに Oct3/4 のみの遺伝子導入でもマウス神経幹細胞から生殖細胞系列へも分化しうる iPS 細胞の誘導が可能であることが報告された[8]。

　一方，iPS 細胞の樹立効率を上げる方法についても様々な研究が進められており，これまでにヒストン脱アセチル化酵素（HDAC）阻害薬であるバルプロ酸（VPA）や[9,10]，Wnt3A を加えることにより iPS 細胞の樹立効率が上がることが報告されており[11]，またスクリーニングによる iPS 細胞樹立効率を上げる化合物の報告などもおこなわれている[12]。また，従来のリプログラミング因子に加え p53siRNA による p53 のノックダウンと UTF 遺伝子の導入により iPS 細胞誘導効率が上昇することも報告されている[13]。

　また遺伝子導入法についても，従来のレトロウィルスやレンチウィルスによる遺伝子導入以外の方法が検討されていたが，2008 年 11 月には山中らはプラスミドベクターによりマウス胎仔線維芽細胞から[14]，Hochedlinger らはアデノウィルスによりマウス肝細胞からそれぞれ外来遺伝子のゲノム挿入なしに iPS 細胞を樹立することに成功した[15]。また，ヒトにおいても 2009 年 3 月にプラスミドベクターによりゲノムへの遺伝子挿入のない iPS 細胞樹立の成功があいついで報告されている[16,17]。

　今後，ゲノムへの遺伝子挿入のない iPS 細胞を効率的に安定して樹立する技術の開発とともに，より質の高い iPS 細胞を作製することが産業応用に向けて重要になると考えられる。

　またマウス以外の動物モデルによる研究も前臨床研究において重要であるが，現時点でサル及

びラットのiPS細胞の樹立が報告されている[18〜20]。

5.4 iPS細胞の応用（疾患特異的細胞による病態解明，薬剤スクリーニング）

　患者から採取した体細胞からiPS細胞を樹立し，目的の細胞に分化誘導することにより，*in vitro*で疾患特異的な表現系を示す疾患モデルを構築することが可能であると考えられている。

　そのため，疾患特異的iPS細胞の研究が進められており，すでに複数の疾患についてiPS細胞樹立の報告がなされている[21]。脊髄性筋萎縮症の患者から作製したiPS細胞から分化させた細胞においては，健常者由来のiPS細胞から分化させた細胞と比べて，脊髄性筋萎縮症に特異的な細胞の変化（SMNタンパク質の減少）が認められ，また，これらの異常は薬剤投与に対して反応することが報告されており[22]，iPS細胞によって疾患特異的な異常を*in vitro*で再現することが可能であることが示された。

　今後，疾患特異的iPS細胞により，様々な疾患において疾患メカニズムに関する新たな知見がもたらされ，また創薬においても薬剤のスクリーニングなどにおいて貢献することが期待される。

　また発症において環境的要因より遺伝的要因の寄与の大きい疾患において疾患特異的iPS細胞研究が有効と考えられるが，単一塩基多型（SNP）に伴う異常や多因子疾患などにおいて疾患特異的iPS細胞がどこまで疾患特異的な異常を再現できるどうかは今後の研究の進展を待ちたい。

5.5 iPS細胞の応用（再生医療）

　iPS細胞はES細胞とほぼ同等の分化能を持つと考えられており，神経，心筋，血液などの細胞に分化しうることが報告されている[23〜25]。しかしリプログラミング因子によってなされる細胞核初期化の程度は，クローンによって異なることが想像される。このことをふまえた上で，ES細胞とiPS細胞の分化の特性の詳細な比較が今後必要となるであろうと考えられる。

　再生医療において治療用細胞として，iPS細胞から分化させた細胞を移植した場合，未分化な細胞が残存したままでは，ES細胞と同様に奇形腫などの未分化細胞による腫瘍発生の原因になると考えられる。高効率な分化誘導により未分化な細胞をいかにして少なくするかまた目的の細胞に分化した細胞をいかにして選別するかが重要な課題である。抗体を使用したフローサイトメトリーによる細胞の表面抗原の解析とセルソーティングは目的の細胞を選択し未分化細胞を除去するのに有効ではあるが，患者に移植する細胞を扱ううえで求められる閉鎖系ではなく，複数の患者の細胞が同一のラインを通ることからコンタミネーションの危険があるなど，課題が残る。未分化な細胞を除去する方法に関して，現在さまざまな方面から研究がなされており，さらなる技術開発が求められている。

第5章　細胞ソース

5.6　おわりに

　近年，組織幹細胞による再生医療の開発は急速に進展し，造血幹細胞，神経幹細胞，間葉系幹細胞などを用いた臨床研究が進行している。それに対してES細胞はその分化多能性から再生医療の資源細胞として大きな期待を受けつつも，倫理的課題や，免疫拒絶などがたちはだかり，臨床応用へ歩を進めることが困難であった。ES細胞とほぼ同等の分化多能性をもち，患者の体細胞から樹立可能なiPS細胞は，いわゆるTherapeutic cloningのコンセプトを実用化レベルに向上させ，自家多能性幹細胞による再生医療の研究開発が大きく前進することが期待される。また疾患の治療だけではなく，患者のiPS細胞はその疾患の病態解明，あるいは治療薬のスクリーニング・副作用検査への応用にも有用と考えられる。そのためiPS細胞の産業応用については多くの期待がなされている。

　iPS細胞の研究はまだ始まったばかりであり，今後，産業応用にむけてまだまだ解決すべき問題は多いが，国外のみならず，わが国の多くの研究者がiPS細胞の研究を開始しており，iPS細胞の研究は今後さらに加速していくであろう。

　2009年1月にアメリカのGeron社がES細胞由来オリゴデンドロサイトによる脊髄損傷治療の臨床試験がFDAにより承認され，世界初のヒトに対するES細胞を用いた移植治療が試みられようとしている。iPS細胞による再生医療の開発のため，今後得られるであろうヒトES細胞での知見が大きな役割を占めると考えられる。

文　　献

1) Takahashi, K. and S. Yamanaka, *Cell*, **126**(4), p. 663-76 (2006)
2) Okita, K., T. Ichisaka and S. Yamanaka, *Nature*, **448**, p. 313-7 (2007)
3) Wernig, M., *et al.*, *Nature*, **448**, p. 318-24 (2007)
4) Takahashi, K., *et al.*, *Cell*, **131**(5), p. 861-72 (2007)
5) Yu, J., *et al.*, *Science*, **318**(5858), p. 1917-20 (2007)
6) Nakagawa, M., *et al.*, *Nat. Biotechnol.*, **26**(1), p. 101-6 (2008)
7) Kim, J. B., *et al.*, *Nature*, **454**(7204), p. 646-650 (2008)
8) Kim, J. B., *et al.*, *Cell*, **136**(3), p. 411-9 (2009)
9) Huangfu, D., *et al.*, *Nat. Biotechnol.*, **26**(7), p. 795-7 (2008)
10) Huangfu, D., *et al.*, *Nat. Biotechnol.*, **26**(11), p. 1269-1275 (2008)
11) Marson, A., *et al.*, *Cell Stem Cell*, **3**(2), p. 132-5 (2008)
12) Shi, Y., *et al.*, *Cell Stem Cell*, **2**(6), p. 525-8 (2008)

13) Zhao, Y., *et al.*, *Cell Stem Cell*, **3**(5), p. 475-9 (2008)
14) Okita, K., *et al.*, *Science*, **322**(5903), p. 949-953 (2008)
15) Stadtfeld, M., *et al.*, *Science*, **322**(5903), p. 945-949 (2008)
16) Kaji, K., *et al.*, *Nature*, (2009)
17) Woltjen, K., *et al.*, *Nature*, (2009)
18) Li, W., *et al.*, *Cell Stem Cell*, **4**(1), p. 16-9 (2009)
19) Liao, J., *et al.*, *Cell Stem Cell*, **4**(1), p. 11-5 (2009)
20) Liu, H., *et al.*, *Cell Stem Cell*, **3**(6), p. 587-90 (2008)
21) Park, I. H., *et al.*, *Cell*, **134**(5), p. 877-886 (2008)
22) Ebert, A. D., *et al.*, *Nature*, **457**(7227), p. 277-80 (2009)
23) Choi, K. D., *et al.*, *Stem Cells*, **27**(3), p. 559-567 (2009)
24) Dimos, J. T., *et al.*, *Science*, **321**, p. 1218-1221 (2008)
25) Zhang, J., *et al.*, *Circ Res*, **104**(4), p. e30-41 (2009)

第6章 培養機器

1 ヒト細胞を加工するための自動培養装置の現状と展望

紀ノ岡正博*

1.1 はじめに

　iPS細胞培養における基礎研究は，細胞増殖および分化のための培養環境の調整（細胞と足場，培地成分の調和）を目指してきた。ES細胞の再生医療用途への展開には，動物由来の基質（フィーダーレイヤなど）をなくすことや遺伝的・エピジェニック的に正常であることが不可欠であることや[1]，目的の細胞への効率的な分化，長時間培養における遺伝的安定性，腫瘍形成の欠如の確認など，安全性に対する最終的な確認手段も必要であると述べている[2]。

　培養工程には，iPS細胞の導出培養，細胞増幅のための継代培養，必要に応じて分化を誘導する分化培養が挙げられ，各培養において，細胞加工（セルプロセッシング）が不可欠となる。その際，セルプロセッシングセンター（CPC）にて，熟練オペレータが煩雑な一連の培養作業を実施しており，労力軽減のために，培養操作の簡略化や自動化が望まれている。さらに，Veraitchら[3]は，培養中の操作による，培地中のガス濃度，温度，pHの変動はES細胞の未分化維持への安定性に影響を及ぼし，培養装置による操作の自動化は，一連の工程において恒常的に安定な環境を提供し，細胞の安定性を維持できることを示唆している。実践的には，再生医療用途や創薬スクリーニング用途にかかわらず供給細胞源の確保は重要な課題となり，継代培養による大量培養技術の構築は急務を要する技術の一つであり，Archer and Williams[4]は，幹細胞の再生医療への展開には，製造における工程管理，品質管理に関するプロセスエンジニアリングの知識が不可欠であることを強調している。

　培養工学的観点から鑑みると，現状のiPS細胞作製は観察力に長けた熟練オペレータの手作業によるもので，産業規模での生産には不向きとなっている。細胞供給センターにおける大量培養工程は，図1に示すように，解凍，継代培養，凍結，品質評価，発送からなる。

　解凍・凍結においては操作の迅速性を必要とし，特に凍結はガラス化法を採用しているため，秒レベルでの急速冷凍が要求される。一方，品質評価では明確な定量的評価指標がなく，また，動物実験の併用が不可欠なため煩雑である。継代培養においては，あらかじめ用意されたフィーダー細胞が播種された培養面へのiPS細胞播種，観察，培地交換，回収，継代播種と繰り返され

　＊　Masahiro Kino-oka　大阪大学　大学院工学研究科　教授

iPS 細胞の産業的応用技術

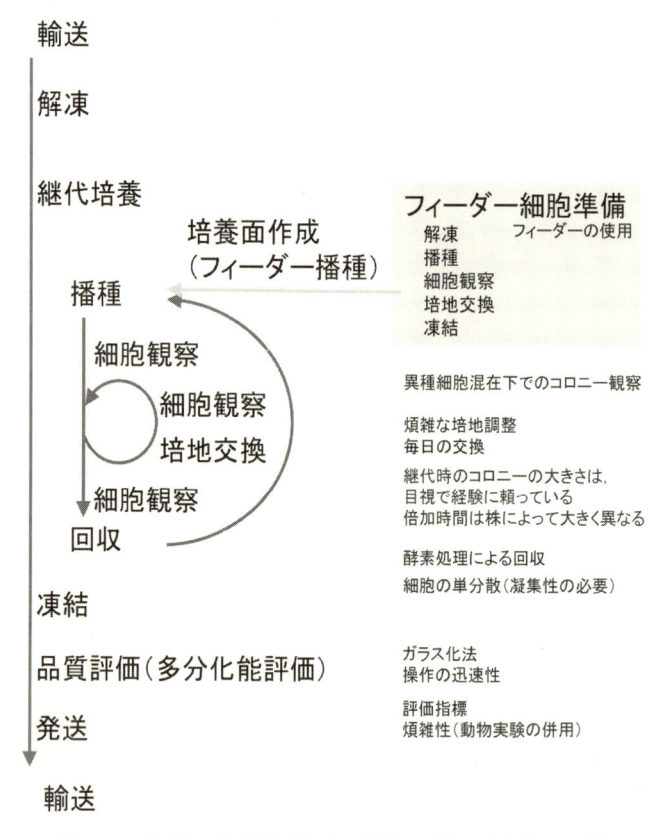

図1 iPS 細胞の樹立後（入手，培養，凍結，発送）の手順

る。これらの操作において，異種細胞混在下でのコロニー観察，煩雑な培地調整，毎日の培地交換，細胞観察，継代時のコロニーの大きさは目視で経験に頼っている，倍加時間は株によって大きく異なる，酵素処理による回収，細胞の単分散が不可能である（凝集性の必要）など，いわゆる，園芸職人的な培養技術（culture technique based on green fingers）が中心となっている。よって，職人技術体系からの脱却，つまり，エンジニアリング参加型培養技術（engineering-driven culture technique）への展開が不可欠である。英国における研究動向調査において，培養プロトコールの標準化および培養操作の自動化が重要で，今後の基盤研究であることを述べており[5]，日本においても培養工学的な見地から研究基盤構築が，iPS 細胞の産業用途展開には必須である。

1.2 継代培養における問題点と培養装置の役割

iPS 細胞の大量培養を行うにあたって，人材育成，操作の簡便化（細胞の単分散），培養環境の改善（フィーダーレス），道具の重要性（自動化）が重要となる。

第6章　培養機器

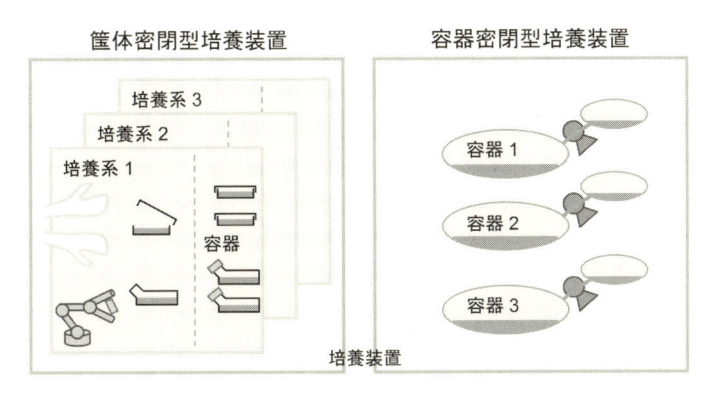

図2　培養装置の類別

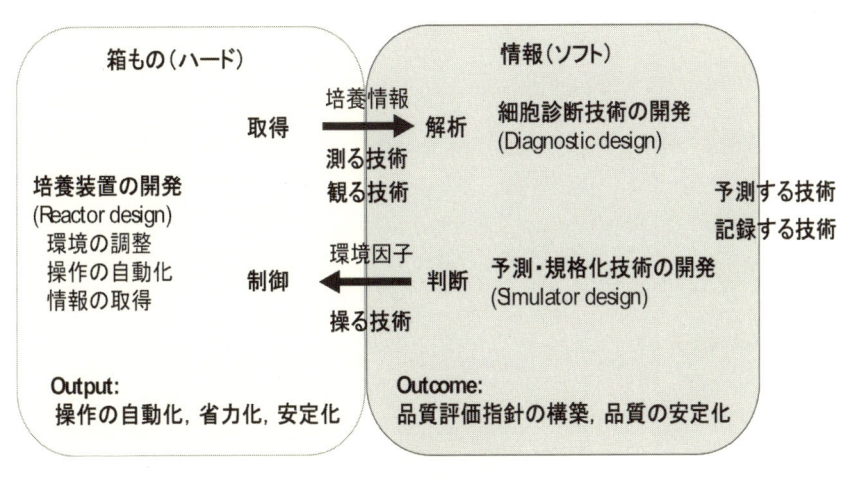

図3　培養装置の役割

　培養工学的観点から鑑みると，現状のセルプロセッシングは，これまで手技および観察力に長けた熟練オペレータの手作業によるもので，産業規模での生産には大きな課題となっている。培養装置は，作業者が装置外部から培養工程を実施するもので，図2，図3に示すように，主に，細胞を培養容器内に播種した後は容器を解放することなしに培養する装置，容器密閉型培養装置と培養操作において培養容器を開放し，筐体内にて無菌を担保する環境を提供する装置，筐体密閉型培養装置，および両者の統合型に類別できる。ここで，無菌を担保する必要のある培養系は，容器密閉型培養装置では，細胞および培地の接する培養容器となり，筐体密閉型培養装置では，筐体内部となる。

　装置の役目は，培養工程を実施するにあたり，ボックススケールでの培養環境の無菌化および調整，操作の自動化，情報の取得が挙げられる。また，人手ではできない操作（周期的加圧など）を実現することができる。本操作により，人体に近い培養環境を実現することができ，より

iPS 細胞の産業的応用技術

質の高い培養組織を生み出す可能性を有する。さらに，種々の先端技術要素を含む細胞評価技術および予測・規格化技術と統合したハード・ソフト両面からのシステム構築は，オペレータによる観察および予測する能力を含む洞察力を代替あるいは補助することを意味し，アウトプットとして，操作の自動化，省力化，安定化を導くだけではなく，品質評価系の構築，品質の安定化などのアウトカムが得られ，手工業的に生産している培養細胞・組織製品の高品質かつ計画的生産を可能にするものである。

　例えば，iPS 細胞を含む足場依存性細胞においては，培養容器内で，接着，馴化，分裂，分化などの細胞挙動が起こる。細胞分裂とともに，容器内で局所細胞密度の上昇が起こり（空間的不均一性），接触阻害による増殖低下が生じる。これらの挙動により，1 回の培養において，適度な播種密度と到達密度が要求され，足場依存性細胞の増幅には多回の継代培養が不可欠となる（継代操作の必須性）。また，1 回の継代培養の境界条件（細胞播種密度と到達密度）の設定は，操作を安定化させるために不可欠であるが，細胞挙動は，細胞株ごとや継代培養を経るごとに異なる（細胞集団的不均一性）。したがって，継代培養では，継代培養の回数，培養中の培地交換時期や継代時期などに関する熟練オペレータの判断が，製造工程や品質の安定化に大きな役割を持つ。

1.3　培養装置の現状

　一般的な工程の自動化は，図 4 に示すような対称操作の選択，各操作の機械化，マルチスケール化，機構の多様化，連続化，インテリジェント化，品質向上といった順で達成される。また，組織生産プロセスにおける自動培養装置の意義と方向性については，雑菌汚染に対するリスク軽減およびコストの観点から 1,000 L までの生産スケールではディスポーサブル化が必要であることや無菌操作の簡略化が要求されてきた[6, 7]。これまで，国内外において自動的に培養操作を実施できる装置は種々提案されている。国内においては，iPS 細胞または ES 細胞のための培養装置は構築されていないが，図 5 に示すように，種々の細胞を用いて，細胞播種，培地交換等の操作について機械的自動化がなされ[8]，培養スケールも多岐にわたっている（ハードの構築）。また，自動的な培養操作の環境を実現する小型 CPC などの周辺技術[9]についても開発されてきた。さらに，培養状態の把握は不可欠で，情報取得方法について検討されており，細胞観察が，非襲撃で，経時的に取得可能であることから，有望な手段であると考えられている。現在では，本機能を付加した培養装置にて，継代培養の連続化が達成されている[7]。臨床研究には，三洋電機の筐体密閉型培養装置と高木産業での容器密閉型培養装置のみであるが，他のいずれの装置においても今後臨床研究への展開が期待できる。

　一方，海外における研究動向であるが，Thomas ら[10]は，英国 TAP 社（The Automation

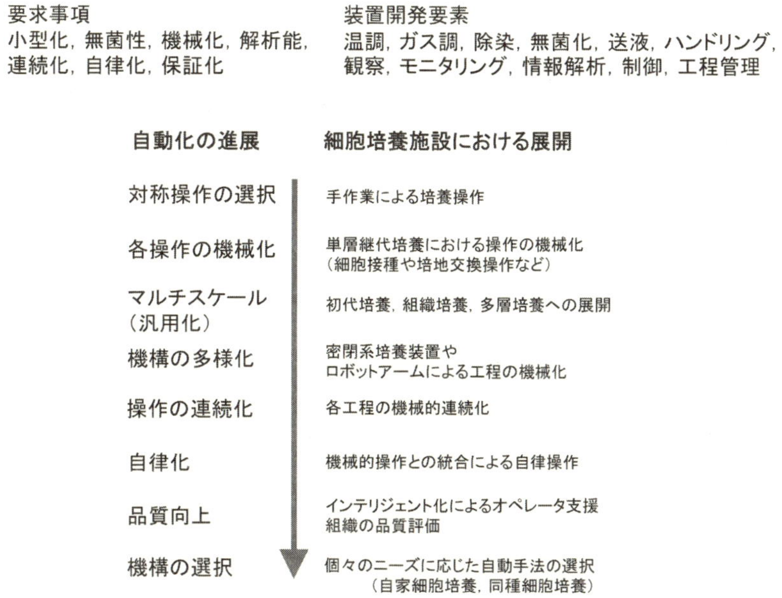

第6章　培養機器

要求事項
小型化, 無菌性, 機械化, 解析能,
連続化, 自律化, 保証化

装置開発要素
温調, ガス調, 除染, 無菌化, 送液, ハンドリング,
観察, モニタリング, 情報解析, 制御, 工程管理

自動化の進展	細胞培養施設における展開
対称操作の選択	手作業による培養操作
各操作の機械化	単層継代培養における操作の機械化 (細胞接種や培地交換操作など)
マルチスケール (汎用化)	初代培養, 組織培養, 多層培養への展開
機構の多様化	密閉系培養装置や ロボットアームによる工程の機械化
操作の連続化	各工程の機械的連続化
自律化	機械的操作との統合による自律操作
品質向上	インテリジェント化によるオペレータ支援 組織の品質評価
機構の選択	個々のニーズに応じた自動手法の選択 (自家細胞培養, 同種細胞培養)

図4　培養装置の要求事項, 開発要素ならびに自動化の進展過程

筐体密閉型培養装置

企業	三洋電機	澁谷工業	川崎重工業	セルシード
商標	セルプロセッシングアイソレータ	AIST	Auto culture	CSAX-II
特長	無菌操作環境の設置 装置のモジュール化	無菌操作環境の設置 ハーフスーツ方式	ロボットアーム	シート積層の自動化
細胞種	MSC など	NSCs など	MSCs など	My
培養目的	限定せず	限定せず	限定せず	シート積層
自動操作	O, St	St	Se, I, M, P, H, C, O, R, D, St	I, Ta
装置	Pb, In, Ce, Mi	Pb, In, Ce, Mi	Pb, Pa, Ra, In, Ce, Mi, Re	In
培養開始環境	無菌パスボックス 	無菌パスボックス 	無菌パスボックス 	クリーンベンチ 

容器密閉型培養装置

企業	メディネット	日立	ツーセル	高木産業
商標			ゆりかご	PURPOSE Bio Processor
特長	自動スケールアップ バッグ培養	細胞シート製造	小型化	圧力負荷およびかん流培養
細胞種	T	Co	MSCs	Ch
培養目的	浮遊(懸濁)培養	シート組織培養	継代培養	Tissue culture for ECM formation
自動操作	I, M, H, O, D, St	Se, I, M, Ma, O	I, M, P, H, O	I, M, Ms
装置	In, Mi, Re	Pb, Ra, In, Mp, Ce, Mi, Re	In, Mp, Mi, Re	Pa, In
培養開始環境	クリーンベンチ 	クリーンベンチ 		クリーンベンチ 

略号. 細胞種: Ch; 軟骨細胞(3次元組織), Co; 角膜上皮細胞(足場依存性細胞), MSCs; 間葉系幹細胞(足場依存性細胞), My; 骨格筋筋芽細胞(細胞シート), NSCs; 神経幹細胞(浮遊性細胞), T; T細胞(浮遊性細胞). 自動操作: Se; 接種, I; インキュベーション, M; 培地交換または添加, P; 継代(培養容器間輸送), H; 細胞採取, C; 遠心分離, Ma; 培地分析によるモニタリング, O; 観察によるモニタリング, Ta; 組織構築, Ms; 機械的刺激, R; 報告, D; 意志決定(スケジュール, 操作予測), St; 無菌化(熱, エタノール, 過酸化水素). 装置: Pb; パスボックス, Pa; 圧力負荷装置, Ra; ロボットアーム, In; インキュベータ, Mp; 培地調整, Ce; 遠心分離, Mi; 顕微鏡, Re; 冷蔵冷凍庫. LAF; クリーンベンチ.

図5　日本企業における培養装置の現状

iPS細胞の産業的応用技術

Partnership) との共同研究にて，ロボットアームを有する筐体密閉型培養装置にて間葉系幹細胞の継代培養に成功しており，今後，ES細胞やiPS細胞にも展開できるものと考えられる。また，Aastrom社においては，容器密閉型培養装置にて，装置培養を伴った臨床研究を進めており，骨の再生では現在Clinical Phase IIIとなっている[11]。ES細胞に特化した培養装置では，Terstegge ら[12]が筐体密閉型培養装置を開発し，手作業による培養と同等に安定培養できることを示しており，今後，海外においても多様な培養装置が開発されると考えられる。

1.4 製造設備としての培養装置

　無菌製剤製造におけるCPC設計は，国際標準化機構（ISO）「ヘルスケアー製品の無菌処理（ISO 13408-1）」によると，図6Aに示すように，無菌処理区域（いわゆるクリーンルーム）の環境は，表1に示す種々のグレードにて管理区分を設定し，無菌性を担保している。本規格にて，無菌処理区域は，ISOクラス5を担保できるクリーンベンチなどを指す重要処理ゾーンにおいて無菌処理を行い，本ゾーンは，ISOクラス7を維持する直接的支援ゾーン内に設置される。また，直接的支援ゾーンは，ISOクラス8を維持する間接的支援ゾーン内に位置している。ここで，無

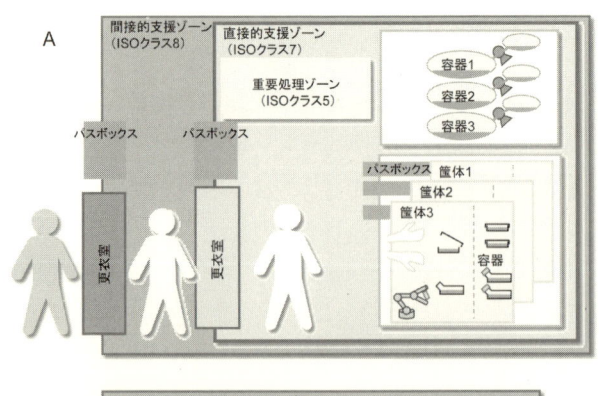

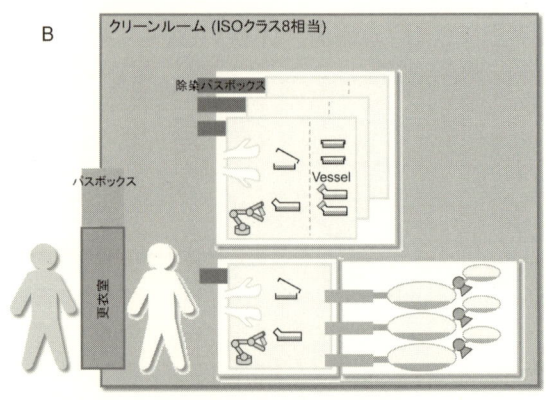

図6　培養装置の設置環境
（A：クリーンルーム型CPC，B：アイソレータ型CPC）

第6章 培養機器

表1 無菌処理区域構築に関する各区域の分類 （ISO 13408-1 より）

ゾーン区分	清浄度（0.5 μm）		備 考
	ISO	慣習呼称	
重要処理ゾーン	クラス5	クラス100	クリーンベンチ，セーフティーキャビネット，クリーンブースなど
直接的支援ゾーン	クラス7	クラス10,000	非作業時でクラス100の清浄度 作業時でクラス10,000の清浄度
間接的支援ゾーン	クラス8	クラス100,000	非作業時でクラス10,000の清浄度 作業時でクラス100,000の清浄度
		クラス100,000	非作業時でクラス100,000の清浄度

　菌操作に対して作業者を介在する場合は，作業者は2回の更衣が不可欠となる。無菌処理区域の構築には，管理コストが高騰し，作業者の作業時間も増大する。そこで自動化が望まれることが多いが，装置は，直接的支援ゾーンに設置されることとなり，設備投資に見合う生産規模が要求される。

　小規模な無菌製剤製造には，培養装置の初期投資に対する利益が低く，装置導入を妨げている。管理コストの低減には，無菌性を担保するための空間（重要処理ゾーンだけではなく直接的および間接的支援ゾーン）の省スペース化，作業者の関与回避による雑菌汚染リスクの低減，クロスコンタミネーションの危険回避などが考えられる。小規模な無菌製剤製造においては，代替となるアイソレータ技術の構築により，上述の問題を解消している。アイソレータ技術は，ISO「ヘルスケアー製品の無菌処理：アイソレータシステム（ISO 13408-6）」によると，アイソレータはISOクラス8相当の空間にて設置可能であり，その内部は重要処理ゾーン相当の無菌性を担保できる。小規模生産での本システムの導入は，DuttonおよびFoxによって，管理および設備投資を考慮したライフサイクルコストをアイソレータの導入しないクリーンルーム製造設備とアイソレータを導入した設備において比較検討され，アイソレータの導入は，ライフサイクルコストを43％低減できることを示した[13]。その際，アイソレータ内での自動化の導入も検討しており，設備投資が2％増加するが，全体でのライフサイクルコストは，クリーンルームでの生産に対して38％低減でき，積極的な自動化装置の導入を推奨している。

　再生医療用途の細胞・組織生産を目的とした場合，コンタミネーションリスクの高い自己細胞採取による原料調製，ヒューマンエラーを引き起こしやすい手作業に依存した工程，プロダクションスケールが小さく患部サイズにより製品サイズが変動することがあるなどの理由から，製剤生産での大型ロット製造で採用されるクリーンルームスケールでCPC（クリーンルーム型CPC）での一貫管理とは異なり，重要な部分のみ無菌環境を実現し，作業者が無菌環境内に立ち入る必要がなく外部からの作業あるいはロボットによる作業のみで完了するボックススケールでの

CPC（アイソレータ型 CPC）による個別管理が，設備投資および管理コストの低減につながると考えられる。アイソレータは，いわゆる筐体密閉型培養装置であり，筐体密閉型培養装置内でのロボットの導入は自動化を実現し，また，容器密閉型培養装置との統合は，一連の培養操作を可能とし，図6Bに示す設置環境で実現できると考えられる。

従来のクリーンルーム型CPC内における培養装置に対する要求事項は，図4に示すような無菌性，小型化，機械化，解析能，連続性，自律化，保証化が挙げられ，雑菌汚染に対するリスク軽減およびコストの観点から，容器，送液ラインなどのディスポーザブル化が必要であることや無菌操作の簡略化が要求されてきた。これらの要求を踏まえた装置開発には，温調，ガス調，滅菌・無菌化，送液，ハンドリング，観察，モニタリング，情報解析，制御，工程管理などの技術の統合が必要となる。さらに今後，培養装置自体がアイソレータ型CPCとして設計されると，製造における設営コストや工程管理コストの省力化に貢献できる。ここで，培養装置に望まれる技術要素としては，CPC外部から内部に物資が移送される際の供給方法ならびに移送時の無菌性の担保方法であると考えられる。この技術は，培養装置運転時における容器間や送液チューブ間のジョイント接続にも適用でき，培養により製造される製品の品質担保に重要な技術となる。

1.5 おわりに

培養組織の品質を評価するための細胞診断は，一般的には，襲撃的，破壊的な手法に依存している。培養組織の生産工程においては，評価のために原料である細胞を消費することは，生産原理および原料の希少性から避ける必要がある。したがって，培養中細胞接触することなく検査を行うか，一時的な検査の後再び原料としての使用を可能とするような，細胞を再利用できる細胞診断システムが不可欠である。また，多くの培養は，比較的少量（100 cm^3 まで）で行われ，複数ラインでの培養が要求されるため，いわば少量多品種での生産様式がとられる。その結果，培養容器としては，小型，単純でかつディスポーザブルなものが多い。しかし，いかなる単純な容器での培養においても，細胞を取り巻く環境を厳密に制御しつつモニタリングを行うことが必要となり，非襲撃かつ非破壊のセンシングツールの開発が望まれている。

今後の課題として，取得した情報による培地交換時期や継代時期などを決定できるシステムの構築（ソフトの構築）による自律操作が可能となるシステムの開発が重要となる。これらの技術は，CPCにおけるオペレータの判断支援（負担軽減），培養操作の無人化によるコストダウン，培養工程の安定化だけではなく，多種の細胞培養系への展開も期待できる。さらに，将来的には，培養工程時の定量的品質評価への展開が期待できる。

第 6 章 培養機器

文　　献

1) Skottman, H., Dilber, M. S. and Hovatta, O., The derivation of clinical-grade human embryonic stem cell lines. *FEBS Lett.*, **580**, 2875-2878 (2006)
2) Hentze, H., Graichen, R. and Colman, A., Cell therapy and the safety of embryonic stem cell-derived grafts. *Trends Biotechnol.*, **25**, 24-32 (2007)
3) Veraitch, F. S., Scott, R., Wong, J. -W., Lye, G. J. and Mason, C., The impact of manual processing on the expansion and directed differentiation of embryonic stem cells. *Biotechnol. Bioeng.*, **99**, 1216-1229 (2008)
4) Archer, R. and Williams, D. J., Why tissue engineering needs process engineering. *Nature Biotechnol.*, **23**, 1353-1355 (2005)
5) 日経BPバイオテクノロジージャパン（2008年7月22日）
6) Mason, C. and Hoare, M., Regenerative medicine bioprocessing: building a conceptual framework based on early studies. *Tissue Eng.*, **13**, 301-311 (2007)
7) Kino-oka, M., Ogawa, N, Umegaki, R. and Taya, M., Bioreactor design for successive culture of anchorage-dependent cells operated in an automated manner. *Tissue Eng.*, **11**, 535-545 (2005)
8) Kino-oka M. and Prenosil J. E., Growth of human keratinocytes on hydrophilic film support and application to bioreactor culture. *J. Chem. Eng. Japan*, **31**, 856-859 (1998)
9) 山﨑晶夫，中尾敦，佐々木審，平井克也，山本宏ほか，三洋電機グループ技術特集，**37**, 123-133（2005）
10) Thomas, R. J., Chandra, A., Liu, Y., Hourd, P. C., Conway, P. P. and Williams, D. J., Manufacture of a human mesenchymal stem cell population using an automated cell culture platform. *Cytotechnol.*, **55**, 31-39 (2007)
11) Goltry, K. L., Rowley, J. A., Martin, C. P. and Burchardt, E. R., Tissue repair cells for the treatment of cardiovascular diseases. *Adv. Mol. Med.*, **3**, 5-13 (2007)
12) Terstegge, S., Laufenberg, I., Pochert, J., Schenk, S., Itskovitz-Eldor, J., Endl, E. and Brüstle, O., Automated maintenance of embryonic stem cell cultures. *Biotechnol. Bioeng.*, **96**, 195-201 (2007)
13) Dutton, R. L. and Fox, J. S., Robotic processing in barrier-isolator environments: life cycle cost approach. *Pharm. Eng.*, **26**, 1-8 (2006)

2 再生医療・細胞治療分野用医療機器

中尾　敦*

2.1 再生医療・細胞治療分野用医療機器の課題

　現在，日本国内において再生医療・細胞治療におけるセルプロセッシングは，2つの異なる分野で存在していると考えられる。医療行為と医薬品・医療機器製造いわゆる「業」である。言い換えれば，医師法下と薬事法下の違いである。一般的に考えると医療行為の中の手段として，医薬品・医療機器は使用される。再生医療・細胞治療においても，投与・移植させるファイナルプロダクトは医薬品・医療機器であるべきである。しかしながら，現在の国内においては医薬品・医療機器の製造工程も含めた医療行為としての細胞治療・再生医療が存在している。本来ならば，医療行為と医薬品・医療機器製造は切り離して扱われるべきであると考える。現状の再生医療・細胞治療における医療行為の範囲は，原料の採取から，加工，製剤，投与までが医療行為として扱われている。

　医療機器の概念について考えてみると，ファイナルプロダクトである医療機器・医薬品は，患者へ直接的に使用され安全性・有効性を保証する印だと考えた場合，その製造・加工プロセスで使用される細胞培養及び無菌操作，細胞分離などで使用される培養器やバイオハザードキャビネットはファイナルプロダクトの医療機器と同列には考えにくい。これらの機器は直接的に患者へ影響を与え，安全性，有効性を保証できるものではない。ファイナルプロダクトの医薬品・医療機器の品質には影響を及ぼすので，間接的に患者の安全性・有効性に影響を与えると考えられる。これは将来的に完全な自動培養装置が開発されても，医療機器本来の概念ではなく，医療機器・医薬品を作り上げるためにサポートする支援機器としての位置づけが望ましいと考える。そこには，一定水準以上の規格を設けることが望ましいと考えるが，その規格をクリアしていることが，ファイナルプロダクトである細胞製品の品質（安全性：有効性）を保証するものではないことを十分に理解しなければならない。ファイナルプロダクトを保障するにはプロセスのバリデーションが重要となる（当社でも扱っている血液保冷庫がクラス1の医療機器にカテゴリーされているが，間接的な影響という側面からは同分類されるのだろう）。

　本質的には，細胞製品を製造するための機器は医療機器であることが目的ではなく，医療行為においても医薬品・医療機器製造においても製造されるファイナルプロダクトの品質，特に安全性を保証するシステムが必要である。業においては，医薬品・医療機器のGMPということになる。

＊　Atsushi Nakao　三洋電機㈱　バイオメディカ事業部　ソリューション営業部
　　システム提案営業課

第6章　培養機器

　最近の動向では，医療行為の範疇における細胞製品製造について，自主的な基準はさまざまな団体，組織では存在するが公的なものは皆無である。臨床研究においては，ヒト幹ガイドラインが整備され，一定の基準が示され，治験薬 GMP 同等レベルの管理が要求されている。

　製造業（医薬品・医療機器 GMP），臨床研究（ヒト幹ガイドライン）という括りではなく，人に投与する加工細胞に対する基準（特に安全性の確保）が必要である。この基準が現在空洞になっている医療行為における細胞治療およびその基準ということになるのではないだろうか。医療行為の基準がおざなりになっているのが，すべての議論や，規制を複雑にしている原因であり，包括的な施策が出せていない最大の原因だと考える。本来であればこの基準が，医薬品・医療機器の製造，臨床研究において幹細胞を加工する場合のベースとなるのが本来の姿であると考える。

　医療行為におけるヒトに投与する加工細胞の基準（特に安全性・リスク）を明確にし，リスクの評価を段階的にランク付けし，医薬品製造業，臨床研究，対象疾患等々のベネフィットを考慮して実施すべきである。

　再生医療・細胞治療において，我々を混乱させている原因は，同じ細胞培養という行為をしているにもかかわらず守らなければいけないルールの存在が不明確であり，またそのハードルの高さが異なるケースが存在している。

　また，医療機器に対する認識のあいまいさなどが一因となっていると考える。この辺りを私なりに整理した上で，再生医療・細胞治療における医療機器について論じたいと思う。

　医療については非常に広義であるがここでは，医者が患者を治療する行為，具体的には，道具を利用して診断し，診断に基づいてお薬で治療を行う，もしくは道具を使って手術などにより治療することとする。

　この場合，お薬（医薬品），道具（医療機器）は医療を成し遂げるための手段である。

　再生医療・細胞治療に置き換えると，細胞がお薬（医薬品）や，道具（医療機器）にあたる。しかし，現状では医薬品や医療機器としての承認されたものは極めて少ない。そのため大学病院などで臨床研究として実施されているが，これらをスムーズに治験へ結びつけられるシステムが必要である。

　現状において細胞治療・再生医療を実施しようする場合は，医療行為の中で，医薬品の製造までを含んで実施せざるをえない，もしくは実施することができる。通常は医薬品，医療機器の製造については，薬事法のもと GMP 管理で実施される必要があるが，医療行為の中であれば，規制にはかからない。

　医療においてはリスクとベネフィットの関係が常に考慮される必要はあるが，すべてのリスクを明確にしなければ，ベネフィットとの比較もできない。リスクを明確にすることにより，安全性をより具体的に示せることもできる。

2.2 再生医療・細胞治療を支援する機器

再生医療・細胞治療における細胞培養に必ず必要な機器は，無菌環境を創出するバイオクリーンルーム，バイオハザードキャビネット，炭酸ガス培養器，遠心機，顕微鏡，滅菌装置などが一般的である。

再生医療・細胞治療に用いる細胞をプロセッシングする場合は，通常の培養操作をGMP (Good Manufacturing Practice) =医薬品製造の法律に準じることが重要である。GMPには3原則【汚染防止（無菌管理），人為的ミスの防止，品質保証】がある，これらを実現するために組織を確立し，責任体制を明確にした上ですべての作業の基準を作り，すべてのデータや作業を記録しなければならない。

すべての基準・作業には科学的な根拠が必要であり，それがバリデーションである。したがって，再生医療・細胞治療を支援する機器はこれらのことを考慮しなければならない。また，それぞれの機器個別でGMPを実現することは不可能であり，全体システムを構想する時点で，デザインバリデーションにて基本設計思想を明確にし，バリデーションマスタープランを作成することがGMP実現への近道だと考える。

デザインバリデーションを検討していく上でGMPの3原則毎に考えるとまとめやすい。

2.2.1 汚染防止（無菌管理）

ゾーニングと室圧管理を空調システムとバイオハザードキャビネットを用いて実現する。ゾーニングの環境は，微粒子の数だけを対象としているわけではなく，環境微生物のコロニー数が重要である。したがって，クリーンルームおよびバイオハザードキャビネットにおいても，機械的な性能を保障するバリデーションだけではなく，清掃の手順や微生物の環境評価が非常に重要である。

もうひとつ，無菌管理で重要な事項は，清浄度（微粒子数）とバイオハザード（外部への汚染抑制）の両立にある。これを実現するために個別に室圧制御を行い排気フィルターにHEPAフィルターを搭載し実現させる。ソフト面としては，人員，資材持ち込みの制限（ディスポ製品の使用），滅菌バリデーション等がある。

2.2.2 人為的ミスの防止

交差汚染，検体の取り違い防止を実現するために動線をなるべく一方向にするクリーンルームレイアウトを実現する。

① 隣り合うドアはインターロック制御を行い同時に開くことは避ける。
② 炭酸ガス培養器などを患者もしくは細胞種ごとの個別管理とし，扉の電気錠制御を行い取り違いの防止を徹底する。
③ 細胞，試薬等を材料など2次元コード管理し，目視確認とシステム確認のダブルチェック

第6章　培養機器

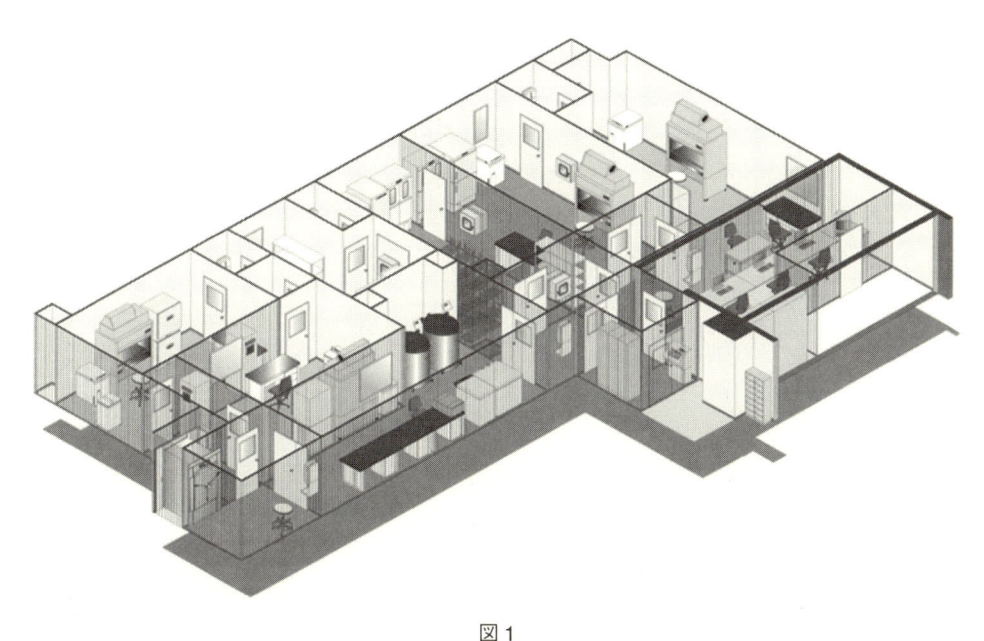

図1

を行い取り違い防止を徹底する。

2.2.3　品質保証の確立

ファイナルプロダクトの品質に影響を及ぼす可能性のあるパラメータ（空中微粒子数，培養温度，炭酸ガス濃度，試薬等の保存温度等）を集中監視システムにてリアルタイムでモニタリングし，一元管理する。製造記録を残すこと，同時的バリデーションの目的を達成させる。

2.3　これから再生医療・細胞治療に必要な機器（システム）①

これからの再生医療・細胞治療においては，iPS細胞などを利用した多種多様の細胞に分化後のバンキングが予想される。自己細胞でも基本的には同じなのだが，そのロット毎の管理が重要な意味を持ち，ロット毎のバッチレコードが最も重要になってくる。このためには，セルプロセッシングシステムを統合的に制御する次世代の細胞培養工程管理システム（CPMS）が必要となる。

最大の特徴は，培養環境の完全無菌化による閉鎖系環境での使用を考慮し，工程が進むごとに2次元ラベルの印刷および容器に貼付する必要がないようにRF-IDも使用できる2次元コードラベルとのハイブリットタイプとする。RF-IDでもダブルチェックを可能とさせるためにいつでもRF-IDタグをリードすると詳細情報が画面に表示される機能を持たせる。しかし，リスク管理の立場からRF-IDタグ，2次元コードには情報は一切持たせず，情報はサーバーで管理し，紐付き管理をする。

構成としては従来のCPMSと同様で，サーバーPCと，部屋ごとのクライアントPCである。PCには，2次元コードラベルプリンターと，無線ハンディリーダー，バイオハザードキャビネットの中には固定リーダーを設置する。セルプロセッシング・アイソレータや自動搬送インキュベータなどの閉鎖無菌環境では，RF-IDタグリーダを設置する。

すべての手順書を電子管理し，プロトコル毎に作業指図書を容易に作成し，承認までの作業を電子化できる。作業者は，クライアントPCに表示される指図通りに作業を行い，自動的に記録される。集中監視システムで一元管理している機器のパラメータは自動的にCPMSに必要なデータだけ送信される。

観察装置付き自動搬送インキュベータ等と連動させることより，タイムラプス映像，静止画も自動的にCPMSに送信できる。以上のデータをCPMSにて統合的に制御し，最終製品ロットのバッチレコードを自動作成させる。これにより，従来のCPMSの目的である①ペーパーレスによる無菌管理の向上，②2次元コードによる取り違い防止，③細胞トレースの明確化はもとより，完全なバッチレコードを自動作成することにより，品質保証の確立まで実現可能となっている。CPMSによりGMPの3原則への対応強化につながると考えている。

これからもCPMSはセルプロセッシングシステムを統合制御しGMP管理を実現するだけではなく，生産性の向上，効率化を追求するスケジュール管理機能や，空中微粒子数や入室人員数などにより，積極的に空調システムを制御しエネルギー効率を向上させるインテリジェントシス

図2　リスクマネージメントが必要→【細胞培養】工程管理システム

第6章 培養機器

テムを目指す。また，急速に開発が進んでいる自動化技術にも対応し，あらゆる最新技術を結びつけるネットワークを構築できるアプリケーションにしたい。

2.4 これから再生医療・細胞治療に必要な機器（システム）②

現在，三洋電機は次世代のセルプロセッシングシステムとして，セルプロセッシング・アイソレータを積極的に提案している。セルプロセッシング・アイソレータは，閉鎖系グローブボックス，除染パスボックス，細胞培養モジュール，細胞遠心モジュール，細胞観察モジュールから構成され無菌的に結合されている。基本的にモジュールは着脱可能であり，細胞培養モジュールはワンタッチで交換可能である。グローブボックス，すべてのモジュールを除染できる過酸化水素蒸気除染機能が内蔵されている（図3）。

2000年よりセルプロセッシング事業に携わりCPCを整備しても，実稼働まで到達することが非常に困難である現実を多く目にしてきた。

プロトコルの安全性・有効性についてのものであれば，我々は関与できないが再生医療・細胞治療を後方支援する我々のような企業が取り組まなければいけない問題も多く存在していた。①人材不足，②プロセスの無菌管理，③生産性が低い，④ランニングコストが高い。

①，②は同じ問題として捉えることができる，GMPに精通した培養テクニシャンが育成しにくく，アカデミアで習得した無菌操作だけでは通用しない。GMPにおける無菌管理を実現するためには，特殊技能といっても過言ではない。これらの課題の回答として，我々はセルプロセッシング・アイソレータを提案している。アイソレータの基本コンセプトは，専門的な無菌管理の

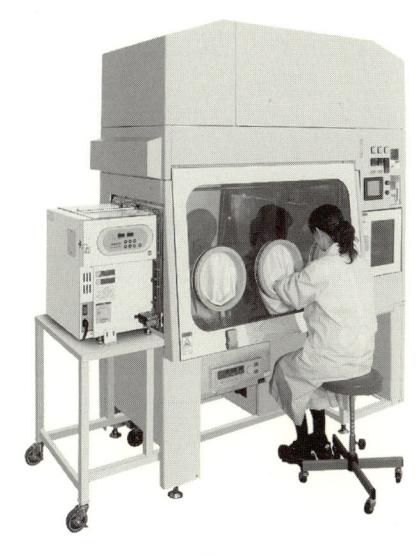

図3

技術を持たない作業者でも10-6の高度な無菌管理が可能であり，培養作業の操作に集中できる。大型のクリーンルーム設備が必要ではないためランニングコストを抑えることができ，作業時にのみ稼働することが可能である。また，作業の中断が容易であり，通常のクリーンルーム内における無菌操作と比較すると格段に作業環境は良化する。また，クリーンルーム方式の最大の課題である生産性の向上，いわゆるチェンジオーバーの手法であるが，セルプロセッシングアイソレータではバリデードされた過酸化水素による除染が可能であるため，連続的に異なる細胞を扱うことができる。クリーンルームの場合では，薬剤による清掃・除染作業の後に微生物環境評価作業を実施し，培養期間が必要なので，結果がでるまで2週間以上も必要である。

　しかし，高度な無菌環境を閉鎖系グローブ構造にて手に入れたアイソレータはその代償として課題を生み出していることも説明しなければならない。これは，グローブ作業による作業性の悪さである。ラボで使用するラテックスと比較すると非常に厚みのあるグローブを使用しなければならないために培養操作には工夫と慣れが必要である。しかし，無菌保証の問題，生産性の問題，コストの問題を解決することを考慮すると十分に余りあるものと考える。

　しかしながら，今後の再生医療・細胞治療が産業化へ推進していく上では，セルプロセッシング・アイソレータの操作性向上という新しい課題は解決しなければならない。我々は，ひとつの解決手法として，部分的な自動化を考えていくことになる。

2.5　再生医療・細胞治療における機器の自動化

　一般的には自動化には2つの目的がある。ひとつは，人間の作業を忠実に再現し休むことなく効率・スピードを追求する自動化である。もうひとつは，効率・スピードの追求ではなく，人間には不向きな作業（作業性が悪い，不定期な作業，待ち時間が長い）を自動化することにより，作業工程全体の効率化及び作業ミスを防止する。

　再生医療・細胞治療分野における自動化では後者の考えに基づいたシステムであるべきであると考える。生産性の向上を狙うものではなく，無菌性の向上，人為的ミスの防止，高い品質保証を実現，すなわちGMPを達成することである。ただし，現状のセルプロセッシングにおいて完全な自動化いわゆる全自動培養装置を目指すには，目的細胞の種類が多く培養手法も多種多様なため全自動化はきわめて不効率と言わざるをえない。そこで，我々は培養プロセスを細分化し，最大公約数的に要素技術を選択して自動化を進めている。最初に手掛けた自動化は，CO_2培養器内における培養中の自動観察である。一般的には細胞観察は培養器から取り出して顕微鏡にて行う。この場合，取り出すことによる汚染のリスク，環境の変化による細胞への悪影響，培養器内の環境変化などのリスクと，作業者が観察の都度，クリーンルーム内に入るための更衣や手順を踏まなければならないという効率性の悪さがある。

第6章　培養機器

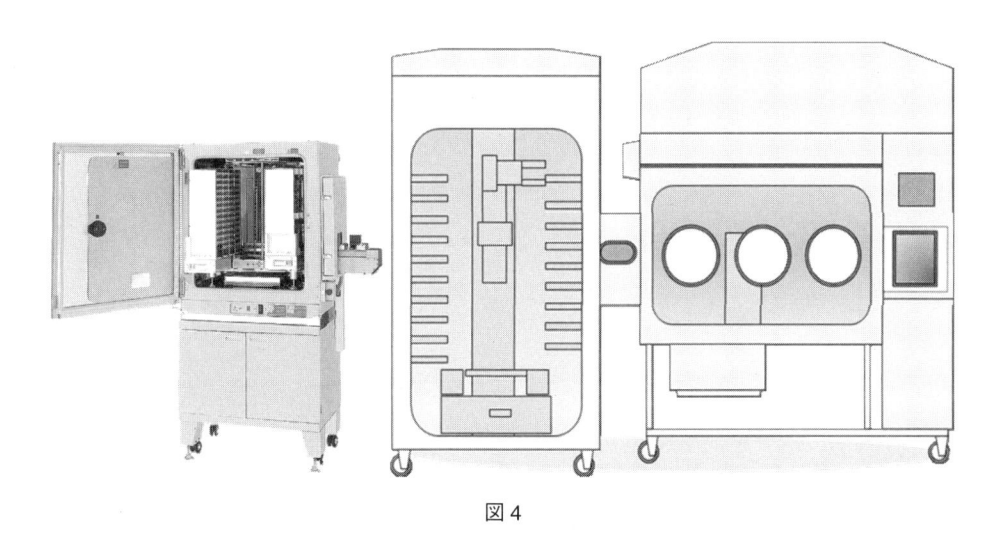

図4

現在は200LのCO$_2$インキュベータに倉庫型の搬送メカを組み込み，観察装置を内蔵して扉を開閉することなく目的の細胞だけを出し入れ可能とし，取り出すことも細胞観察を行えるようにしている（図4）が，今後は三洋で最大容積の800LのCO$_2$インキュベータを利用し，8軸ロボットをセンターに配置し，細胞の搬送だけではなく新たな可能性に挑戦したいと考えている。

近い将来には，セルプロセッシング・アイソレータとあらゆる要素技術を自動化した機器とを無菌的に結合可能とし，GMPへの対応をより身近なものにする。

今後も自動化できる要素技術を抽出し，セルプロセッシング・アイソレータを中心としたワークステーションに可能な限り接続可能としていき，汎用性のある自動培養装置に発展させていきたいと考えている。

3 ヒトを含む動物細胞の培養に利用されるアイソレータとその除染及び管理

出口統也*

3.1 はじめに

　当社は1994年からアイソレータを用いた医薬用設備機械（無菌試験用アイソレータ，過酸化水素蒸気を用いた外装滅菌機，キット製品組立機用アイソレータ，粉末充填機用アイソレータ，アンプル充填熔閉機用アイソレータ，バイアル充填打栓機用アイソレータ，アンプル／バイアル兼用充填打栓熔閉機用アイソレータ等）の商業化に取り組んでいる。

　アイソレータは，当初放射能汚染から人を防御する目的で原子力分野で使用されており，医薬品分野では1983年に米国において無菌試験のために導入された。このアイソレータの導入によって，無菌試験における過誤陽性が著しく減少したことから製造の分野でも注目され，1988年には最終滅菌ができない無菌医薬品の製造に使用され，欧州の製薬会社がこれに追随した。

　最近では，無菌性を維持する目的で使用されるものをアイソレータ，封じ込め（ハザード）の目的で使用されるものをバリアシステムと区別するようになってきたが，構造的にはほぼ同じである。前者は陽圧管理，後者は陰圧管理で運転される場合が多い。医薬品の無菌バルクや細胞培養などのように，ハザード＋無菌空間が求められる場合は陽圧管理のアイソレータが用いられている（図1，図2）。なお，アイソレータの定義は，「環境及び職員の直接介入から物理的に完全

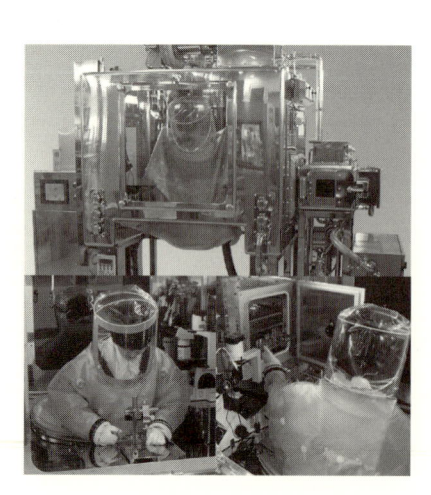

図1　細胞培養アイソレータ

図2　一方向気流タイプ3グローブアイソレータ

＊　Motonari Deguchi　澁谷工業㈱　微生物制御技術部　課長代理

第6章 培養機器

に隔離された無菌操作区域を有する装置であって，除染した後にHEPAフィルターまたはULPAフィルターによりろ過した空気を供給し，外部環境からの汚染の危険性を防ぎながら連続して使用できる装置をいう」とされている[1]。

3.2 クリーンルームとアイソレータ

現在，再生医療で使用される細胞の無菌操作のほとんどが，クリーンルームとその中に設置されたバイオハザード対策用キャビネット（安全キャビネット）を用いている。周知のごとく，クリーンルームでの無菌操作は常に人による汚染の問題がつきまとい，汚染管理も容易ではなく，これらの対策には膨大なコストがかかっている。大学，病院で実施されるヒト細胞・組織の多くは自家移植が対象の小規模生産であり，コストはその使用者（患者）一人の負担とせざるを得ない状況である[2]。

これに対し，アイソレータシステムの最大のメリットは無菌環境の維持が容易であることと，無菌環境を最小限にしていることによるランニングコストの低減である。通常無菌操作はグレードAの環境で行われるため，クリーンルームの場合は厳密なガウニングが必要であるが，アイソレータの設置環境はグレードDで良いため[3]，厳密なガウニングは不要である点もメリットである。また，アイソレータは微生物学的に閉鎖された空間であるため，いったん内部を除染すると，外部の微生物によって汚染されるリスクはほとんどない。内部を陽圧に管理することで，長期間の無菌性維持を可能としている。実績としては，エアサンプラー及び落下菌サンプリングの結果，1ヶ月以上の無菌性維持が可能であった。

これに対し，クリーンルームでは部屋全体を無菌化することは困難であり，HEPAフィルターの下の一方向流エリアだけが無菌性が維持できる場所である。

一方，アイソレータのデメリットとしては，必要な手作業をグローブ等によって行うため作業性が低下すること及び作業範囲が限定される点である。このため，予めモックアップ（実物大の簡易模型）にて実作業をシミュレートし，適切なグローブ配置やメンテナンス性を考慮したアイソレータを設計することが重要となる。

3.3 アイソレータの設計

アイソレータは無菌作業に必要な空間と設備を外部の発塵源，あるいは微生物学的汚染源から完全に隔離するという考え方で設計されており，いったんアイソレータ内部を除染（ここでいう除染とは，「再現性のある方法で生存微生物や微粒子を除去，または予め指定されたレベルまで減少させること」と定義されている[4]）すれば内部の陽圧を維持することにより長期間にわたって無菌性を維持できる構造になっている。アイソレータへのエアの供給口及び排出口には，

iPS 細胞の産業的応用技術

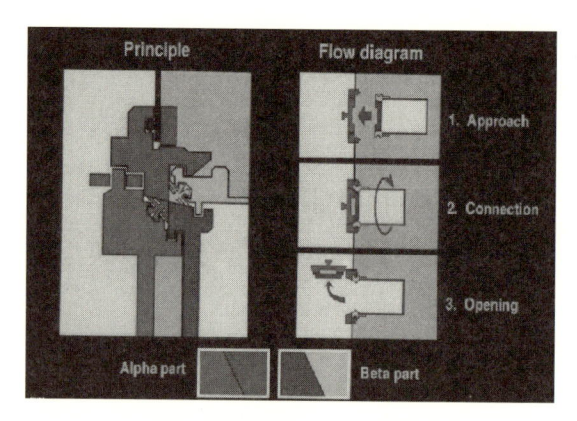

図3　無菌接続ポート（RTP）

　HEPA フィルター又は ULPA フィルターが取り付けられており，アイソレータ内部に外部の微粒子や微生物が入り込むことはない。細胞培養や無菌試験に用いられるアイソレータのエアフローパターンは通常タービュラントフローであるが，必要に応じて一方向流も選択される。またアイソレータの無菌性を維持するために，内部に持ち込むものは全て無菌性でなければならず，ダブルドアタイプのオートクレーブで滅菌するか，過酸化水素蒸気（VPHP：Vapor Phase Hydrogen Peroxide）で除染が行われる。

　さらに，RTP（Rapid Transfer Port）と呼ばれる無菌接続ポートを使用することにより，二つの個々の無菌空間を無菌ブレークすることなく，連結するシステムも開発されている。この無菌接続ポートはアイソレータ内に無菌的に資材を搬入するときなどに使われる（図3）。アイソレータ内部において，人手による操作を行うためには，通常グローブが使用される。グローブは，使用に伴って破れやピンホールが生じたりすることがあり，アイソレータの完全性を議論する場では常に問題となる部分でもある。グローブの破損については目視によるチェックまたはグローブリークテスターによるチェックが必要であるが，ダブルグローブ（無菌手袋を着用してから，アイソレータのグローブを使用する）がリスク低減に有効と思われる。

3.4　アイソレータの除染

3.4.1　無菌環境の除染方法

　無菌環境を作り出すためには，長年除染剤としてホルムアルデヒドが用いられているが，現在は発がん性などの理由から残留規制がより厳しくなり，次第に敬遠されつつある。このため，効果的に作用する殺菌（殺胞子）剤に関する研究が盛んに行われてきた。ここ20年余りで，かなり効果が見込める薬剤や手法の研究が進んでいる。無菌試験や無菌製剤生産用アイソレータが採用され始めた当初は，過酢酸（Peracetic Acid：PAA）と過酸化水素（H_2O_2）が組み合わされて

第6章　培養機器

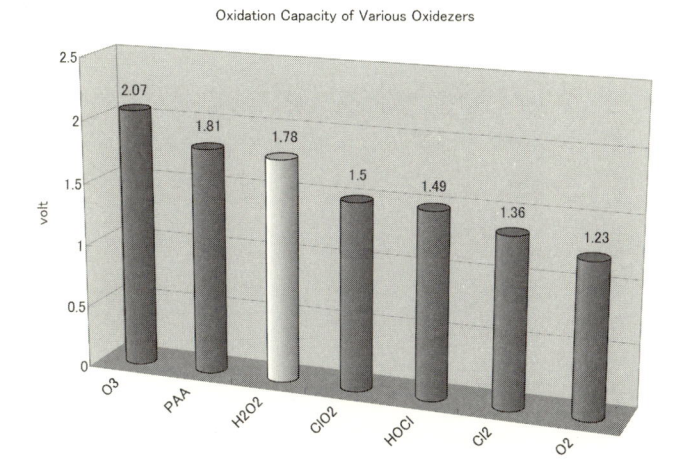

Oxidation Capacity of Various Oxidezers

O3: 2.07, PAA: 1.81, H2O2: 1.78, ClO2: 1.5, HOCl: 1.49, Cl2: 1.36, O2: 1.23

図4　各種酸化剤の酸化還元電位
注：PAA データは筆者追加

使用されていたが，現在ではほとんどが過酸化水素のみで使用されていると思われる。ホルムアルデヒドの代替として見込まれているのは過酸化水素の他，過酢酸，二酸化塩素（ClO_2）やオゾン（O_3）が挙げられるが，いずれも図4[5]に示すとおり強い酸化剤である。素材によっては強く影響を受けるものがあるため濃度管理等に注意が必要である。なお，アイソレータ内表面及び持ち込む資材の除染は，バイオロジカルインジケータ（BI）の4〜6 Logの減少の確認が求められている[6]。

3.4.2　VPHP方式の発達とBI

VPHPの殺胞子能力は1970年代の後半に発見され，当初は病院の設備や備品の除染を目的として技術研究が進められた。1980年代後半，新たな無菌技術として，比較的小型の無菌試験用アイソレータが使用され始め，VPHPはその除染手段として用いられるようになった。VPHP除染のバリデーションで用いるBIは，USP General Chapters ＜1035＞ BIOLOGICAL INDICATORS FOR STERILIZATIONでは *Bacillus stearothermophilus*（旧名，現在は *Geobacillus stearothermophilus*）が最も一般的に使用されると記載されている。その他の微生物として，*Bacillus subtilis* や *Clostridium sporogenes* も併記されているが，現在市販されているVPHP用のBIは，*G. stearothermophilus* ATCC 12980の胞子をステンレス担体に接種し，タイベックのエンベロープで包装したものである（図5）。

3.4.3　VPHP除染システム

これまでのVPHP除染システムは，アイソレータ内を除湿した後，フレッシュなVPHPを連続的に供給し，一定の蒸気濃度を維持する方式であるが，比較的除染サイクル時間に長時間を要するため改善が望まれていた。最近開発された新しいプロセス[7]では，従来方式に比べて半分程

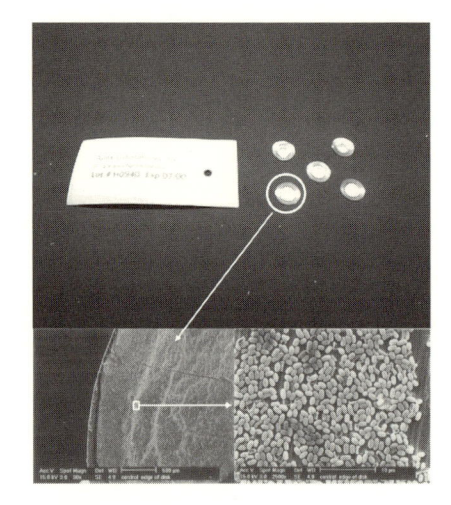

図5 過酸化水素用バイオロジカルインジケータ

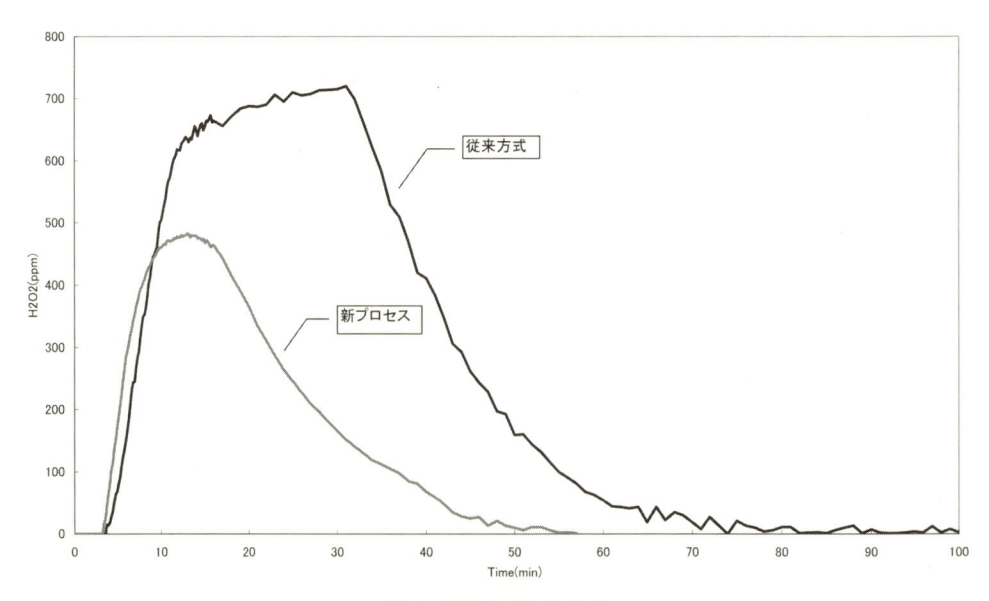

図6 従来方式との比較

度の時間で除染サイクルが終了する（図6）。本方式では，①除染を行うのに適当な量のVPHP全量を速やかにアイソレータに注入する，②除染中は新しいVPHPを補充せず，アイソレータ内を適当な時間保持する，③エアレーションという3つのフェーズで除染を行う。図7にアイソレータと接続して使用する本装置のプロセスフローを示す。

従来方式では，除湿しながら蒸気濃度をコントロールするが，本方式では，温度，湿度の変動に対して過酸化水素量のコントロールのみでBIが死滅できることを確認している（表1，表2）。図8に，本試験で用いたアイソレータ（リジッドウォール，一方向流ダウンフロータイプ，SUS

第6章 培養機器

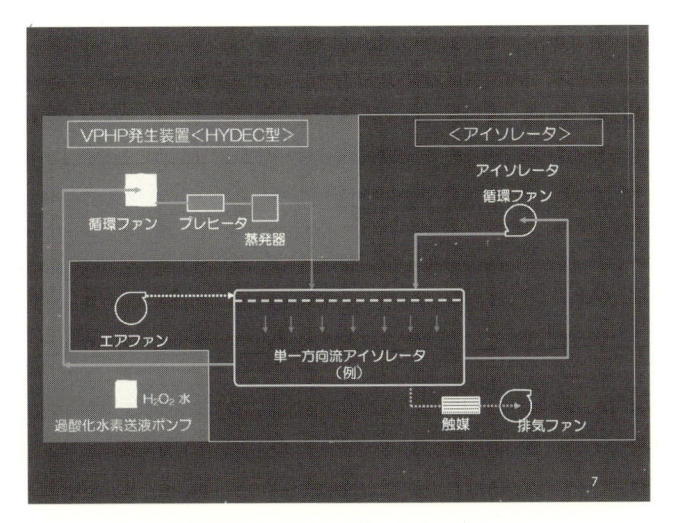

図7 VPHP発生装置（HYDEC型）のプロセスフローチャート

表1 過酸化水素総注入量とBI致死率

過酸化水素総注入量（g）	100	80	60	40	20
注入開始時のアイソレータ温度（℃）	32.0	32.5	33.0	31.0	32.2
致死率（%）	100	100	20	3	0

致死率（%）＝（陰性BI数／総BI数）×100
アイソレータ内初期湿度：5% RH

表2 過酸化水素総注入量及びアイソレータ内湿度とBI致死率

総注入量 (g)	初期湿度（%RH）				
	70	60	40	20	5
100	—	—	100%	—	—
80	100%	100%	100%	100%	100%
60	27%	80%	97%	90%	43%
40	7%	10%	57%	13%	7%

致死率（%）＝（陰性BI数／総BI数）×100

304，ポリカーボネート製窓付き）に設置したBIの配置図を示す．図9は，高い蒸気濃度の維持が必要かどうか試験したグラフであるが，試験した全ての条件において，*G. stearothermophilus* 10^6 個以上のBIが死滅した．この結果から，除染について必ずしも従来方式のような高いVPHP濃度を維持する必要はないということが示され，アイソレータが通常設置される40% RHないし60% RH程度の通常のクリーンルーム環境においては，VPHP注入前の除湿は必要がないということもわかった．結果として除湿工程が不要になるため，総サイクル時間を短縮することが可能となった．

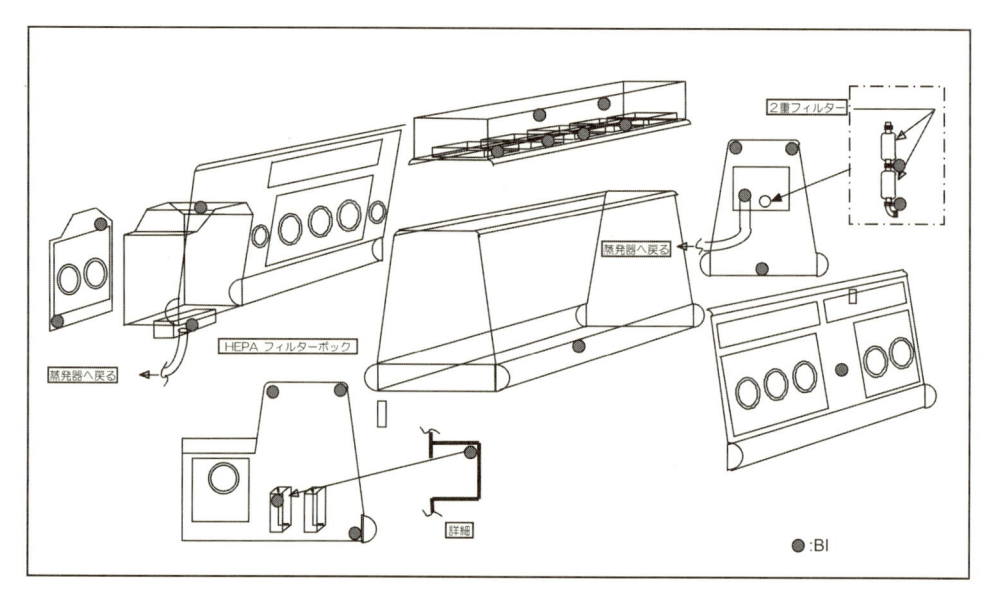

図8 アイソレータのBI配置

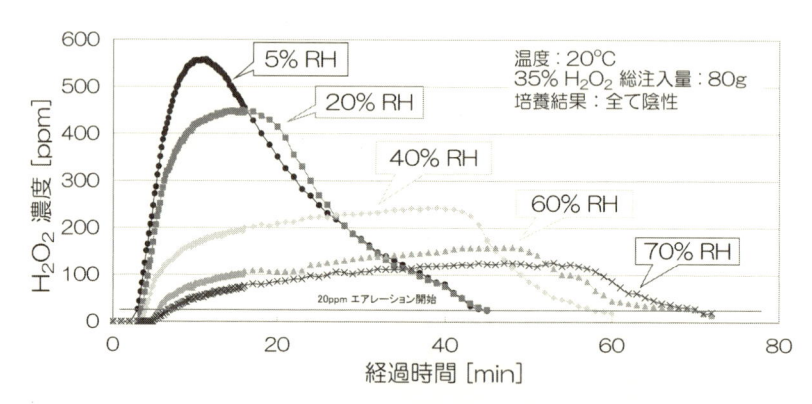

図9 除染開始時のアイソレータ内湿度がVPHP濃度に及ぼす影響

3.5 アイソレータの管理

　クリーンルームの管理では，一般に微粒子，浮遊菌，付着菌，温度，湿度，差圧のモニタリングを行うが，アイソレータ環境においても基本的に同じである。参考までに，各国の医薬品製造環境モニタリングの基準の例を表3〜表4に示す[8,9]。アイソレータは局所無菌空間として使用され，グレードAの環境管理となる。しかし，細胞培養に必要な環境管理を考えると，無菌であることは必要であるが，微粒子管理については除染がしっかり行われていれば必ずしも必要ではないと思われる。したがって，微粒子管理はケースバイケースとなるが，除染管理は確実に行わなければならない。

第 6 章 　培養機器

表 3-1　空気清浄度比較（微生物）

EU	USP	クラス呼称	空気 1 m³ あたりの cfu			表面コンタクトプレートあたりの cfu		
			EU	USP	JP 15	EU 55 mm	USP 24～33 cm²	JP 15
A	M 3.5	100	<1	3　(0.1/ft³)	<1	<1	3	<1
B		100	10	—	10	5	—	5
C	M 5.5	10,000	100	20　(0.5/ft³)	100	25	5 (床10)	25
D	M 6.5	100,000	200	100　(2.5/ft³)	200	50	—	50

表 3-2　空気清浄度比較（微生物）

EU	USP	クラス呼称	マスク，ブーツ，作業衣，コンタクトプレートあたりのcfu		落下菌 4 時間あたりの cfu（90 mm）		グローブ，コンタクトプレートあたりのcfu		
			EU	USP	EU	USP	EU (5 本指)	USP	JP 15
A	M 3.5	100	—	5	<1	—	<1	3	<1
B		100	—	—	5	—	5	—	5
C	M 5.5	10,000	—	10	25	—	—	20	—
D	M 6.5	100,000	—	—	50	—	—	—	—

表 4-1　空気清浄度比較（微粒子―非作業時）

EU	USP	クラス呼称	非作業時 1 m³ あたりの許容粒子数				
			EU		USP		JP 15
			0.5 μm	5 μm	0.5 μm	5 μm	0.5 μm 以上
A	M 3.5	100	3,500	1	—	—	3,530
B		100	3,500	1	—	—	3,530
C	M 5.5	10,000	35,000	2,000	—	—	353,000
D	M 6.5	100,000	3,500,000	20,000	—	—	3,530,000

表 4-2　空気清浄度比較（微粒子―作業時）

EU	USP	クラス呼称	作業時 1 m³ あたりの許容粒子数				
			EU		USP		JP 15
			0.5 μm	5 μm	0.5 μm	5 μm	0.5 μm 以上
A	M 3.5	100	3,500	1	3,500	—	3,530
B		100	350,000	2,000	—	—	—
C	M 5.5	10,000	3,500,000	20,000	350,000	—	353,000
D	M 6.5	100,000	—	—	3,500,000	—	3,530,000

アイソレータに関するガイドラインはFDA，PDA，PIC/Sなどから出されているが，日本国内では，無菌操作法ガイドライン（無菌操作法による無菌医薬品の製造に関する指針）が平成18年に作成され，各都道府県に配布されている。事務連絡ではあるが，今後の査察にも活用されるものと思われる。以下にアイソレータの設備管理・作業管理のポイントについてピックアップし，若干の解説を加える。

3.5.1 設備管理のポイント[6, 10]

① アイソレータシステムの換気回数は，微粒子，汚染物質，昇温を避ける十分な回数であるか。

② 空気の流速及びフローパターンは，アイソレータシステム内における作業内容に適した清浄環境を維持するに十分なものか。無菌試験用アイソレータでは乱流タイプが容認される。

③ アイソレータシステム内部の清浄度は，ユーザーが予め定めたグレードに適合するものであること。

④ アイソレータシステム内の空気の循環・吸排気は，HEPA規格以上のフィルターを採用しているか。

⑤ フィルターの差圧管理。

⑥ フィルターの完全性試験を適切な間隔で実施しているか。

⑦ アイソレータシステムは，作業形態に応じて設置室内環境と適切な差圧を維持すること（製造用アイソレータでは最低17.5 Pa程度の差圧を保持することとされている）。

⑧ 運転中は差圧を連続的にモニタリングし，記録に残すこと。圧力異常低下時には警報を発すること。

⑨ アイソレータシステムでは高い完全性が維持されていると考えられるが，絶対的な完全性が保たれているわけではない。したがって，一定期間毎及び除染サイクル前にリーク試験を行うこと。

⑩ 付属計器のキャリブレーション。

⑪ パーティクルカウンタのサンプリングプローブの位置は適切に決められているか。

なお，自由に移動できる可搬式の除染装置（図10）とアイソレータをそれぞれ1つ以上所持しているケースも考えられるが，それぞれの同等性を実証できない限り，バリデーションはそれぞれを組み合わせた状態で行わなければならないことに注意が必要である。

3.5.2 作業管理のポイント[6, 10]

（1）除染作業

1）除染工程の確立にあたって，あるいは日常の除染工程実施の際には，以下の点を配慮すること。

第6章　培養機器

図10　可搬式除染装置
（HYDEC 2200）

① 除染前に，アイソレータシステム内表面を洗浄および乾燥する。
② 洗浄剤を使用する場合は，アイソレータシステムの全ての構造材料と適合性のあるものを選択する。
③ バイオロジカルインジケータの仕様確認（異なった仕様のものを使用しない）。
④ ケミカルインジケータの仕様確認。
⑤ 内部及び周囲温度（温度分布確認を含む）。
⑥ 湿度。
⑦ 除染剤への曝露時間（除染時間）。
⑧ 除染剤の曝露濃度。
⑨ 差圧。
⑩ 除染剤の全内表面への拡散状態の確認。PIC/Sでは，ガス分布は煙を使用するか，または，それをシミュレートあるいはガス・フローを目に見えるようにするもっと精巧な方法で調査すべきであるとしている。
⑪ バイオバーデン。
⑫ 検体，試験器具など，除染対象物のローディングパターンの厳守。
2) 除染剤は，アイソレータシステムの材質，アイソレータ内での作業内容，アイソレータ内に持ち込む資材等の量と形態，アイソレータ内のバイオバーデン等を考慮して選定する。除染剤は過酸化水素蒸気の他，過酢酸ミストまたは蒸気，オゾンガス，二酸化塩素ガスなどである。
3) アイソレータシステム設置室における除染剤の濃度が作業環境基準を満たしていることを確認するなど，取扱いには作業員への影響を考慮すること。

4) 除染剤使用前に，あらかじめ設定されている除染剤の組成との同一性を確認すること。

(2) 教育訓練

アイソレータシステムの使用にあたっての教育訓練には，少なくとも以下のことを含む。特に除染作業は，使用するミスト，蒸気あるいはガスの特性，及びこれらの発生装置の運転を十分に理解した作業員が行うこと。

① グローブとハーフスーツ（図1下段）の適切な使用方法。
② アイソレータシステム内部の除染。
③ アイソレータシステムの完全性試験。
④ 資材の搬入及び製品あるいは半製品等の搬出。
⑤ アイソレータシステムの運転，モニタリング，維持管理。
⑥ 「化学物質等安全データシート」に基づいた除染剤の安全管理とアイソレータシステムとの適合性。
⑦ プロセスに特異的な標準作業手順。

(3) 日常管理

アイソレータシステムの日常管理には，少なくとも以下のことを含むこと。

① バリデーション成績をベースに，アイソレータシステムを運転する作業手順書を作成すること。
② 物理的なグローブリーク試験及びスワブ等による微生物学的なモニタリングは定期的に行うことが望ましい（グローブやハーフスーツは使用毎に目視にて破れ等がないことを確認すること）。
③ 予防保全計画を作成し，消耗資材の交換時期を明らかにしておくこと（特にグローブやハーフスーツの破損は微生物汚染に直結するため適切な計画が必要である）。
④ 除染サイクル実施時には，温度，湿度，ガス濃度など，除染に影響を及ぼすと考えられる項目について，予め定めた測定ポイントで測定し，記録すること。
⑤ アイソレータ内部の微粒子数は，予め定めた箇所で，一定間隔でモニタリングすること。
⑥ 微生物モニタリングは，バリデーションから得られた成績に基づき，予め定めた箇所で，一定間隔で実施すること。アイソレータシステム内表面，グローブ表面，アイソレータシステムに搬入した資材及びそれらの接触箇所等がモニタリングの対象となる。

注1：環境モニタリングの結果微生物汚染が検知された場合，アイソレータでは試験上のエラーではなくシステムが不備であるという前提に立ってその結果を解釈すべきである。
注2：培地，シャーレ，スワブなど，滅菌済み製品を購入して使用する場合は，製品自体が汚染していないことを受入れ検査や成績書，ベンダーオーディットなどで変更管理がされ

第6章　培養機器

ているかなどを確認する必要がある。

注3：環境の標準作業手順書には，菌のサンプリング方法や装置，使用する培地および培地性能試験など環境モニタリングに関する全ての手順を詳細に記載する。

3.6　おわりに

　以上，細胞培養に利用されるアイソレータについて示したが，ハードとしてのアイソレータは物理的に汚染源から細胞が隔離されるためそれだけで安心感があるが，無菌性の保証となると，なぜこのポイントをこの頻度でモニタリングするのかなど，設定した背景や根拠（ソフト）が関心事の一つとなる。単にレギュレーションやガイドラインの基準に合せるのではなく，当該環境に合わせた基準を設定し管理すべきである。また，どんなに優れた設備でも，それを取り扱うのはヒトである。アイソレータは無菌環境を容易に得ることができるが，管理手順を定めて手順どおり実行することも大切である。

文　　献

1) 無菌操作法による無菌医薬品の製造に関する指針，厚生労働省医薬品食品局 監視指導・麻薬対策課 品質指導係 事務連絡，p. 9，平成18年7月4日
2) Y. Kanemura *et al.*, "Development of a Human Cell Culture and Quality Control System Called the Advanced Isolator System for Tissue Engineering (AIST), for Clinical Applications" *PDA Journal of GMP and Validation in Japan*, Vol. 7, No. 2, pp. 135-145 (2005)
3) 無菌操作法による無菌医薬品の製造に関する指針，p. 57 (2006)
4) 無菌操作法による無菌医薬品の製造に関する指針，厚生労働省医薬品食品局 監視指導・麻薬対策課 品質指導係 事務連絡，p. 5，平成18年7月4日
5) オゾンと応用，富士電機株式会社，p. 11 (1989)
6) 無菌操作法による無菌医薬品の製造に関する指針，厚生労働省医薬品食品局 監視指導・麻薬対策課 品質指導係 事務連絡，pp. 56-59，平成18年7月4日
7) K. Inai *et al.*, "A New Approach to Vapor Hydrogen Peroxide Decontamination of Isolators and Cleanrooms" PHARMACEUTICAL ENGINEERING MAY/JUNE, pp. 96-104 (2006)
8) 川村邦夫，医薬品開発・製造におけるバリデーションの実際，p. 152，薬業時報社 (1997)
9) 第十五改正日本薬局方，pp. 1658-1659
10) PIC/S, RECOMMENDATION on ISOLATORS USED FOR AEPTICS PROCESSING AND STERILITY TESTING, pp. 7-20 (2002)

4 汎用ロボットを用いた自動培養装置

中嶋勝己*

4.1 自動培養装置へのロボット応用

　iPS細胞の自動培養装置の開発を考えた場合，iPS細胞の樹立や増殖，分化を行うことが自動培養装置に求められる。しかし，iPS細胞ではまだ標準のプロトコルが確立していないことから，現在，存在する培養プロトコルが実現できるだけでなく，今後，開発される別のプロトコルにも対応可能な自動培養装置が望ましい。そのためには，手培養の手法をできるだけ近い形で自動化することが1つの有力な選択肢である。ここでは，汎用ロボットを使った自動培養装置を紹介する。

　一般に，産業界における自動化は，効率のいい専用機械を作ることで行われてきた。例えば，人は移動するのに2本の足を使って歩行する。その移動という行為を自動化するのは，人間型ロボット—ヒューマノイドという選択肢もあるが，車輪を使った方法が一般的であり，効率もいいことは誰も異論のないところだろう。しかし，移動する場所が平坦地やゆるい勾配だけでなく，階段や荒地も含まれるとなると，必ずしも車輪を使った移動は最適な解ではなくなる。人間は2足歩行で，平坦地やゆるい勾配だけでなく階段や荒地も移動することができるが，車輪を使った自動車では階段を上ることはできない。人を真似た二足歩行機構は，平坦地の移動では効率が落ちるかもしれないが，どんな場所にでも，少なくとも人が移動できる場所のすべてに対応しようとするには，すぐれた選択肢と言える。

　ロボットは汎用の自動化機器を目指し，特定の目的のみに対応した機構ではなく，人の腕を模し，人の作業のやり方をそのまま置き換える目的で開発された自動化機構である。当初は，溶接，塗装，電気品の組立といった用途で使われたが，ロボットが発生する塵埃を外部に出さないクリーンロボットが開発され，半導体製造分野にも使われるようになった。医療ではクリーンであることを要求するが，正確には，クリーンよりも無菌である。一般的にクリーンの度合いはクリーン度で比較され，医療において無菌操作を行う環境に要求されるクリーン度は100である。これは，1辺が1ftの立方体，$1\,ft^3$の体積中に$0.5\,\mu m$以上の粒子（パーティクル）が100個以下であることを要求している。半導体分野では，ロボットをクリーン度10，あるいは，それ以上のクリーンな環境で使用しており，半導体用に開発されたクリーンロボットを使えば，クリーン度100の無菌空間を塵埃で汚染することなく作業を行わせることができる。

　図1はJSTの委託開発制度で試作した自動培養装置であり，信州大学附属病院のCPC内で，

＊　Katsumi Nakashima　川崎重工業㈱　システム技術開発センター　メカトロ開発部
　　MDプロジェクト課　課長

第6章　培養機器

図1　信州大で評価試験中の再生医療を目指した細胞自動培養装置

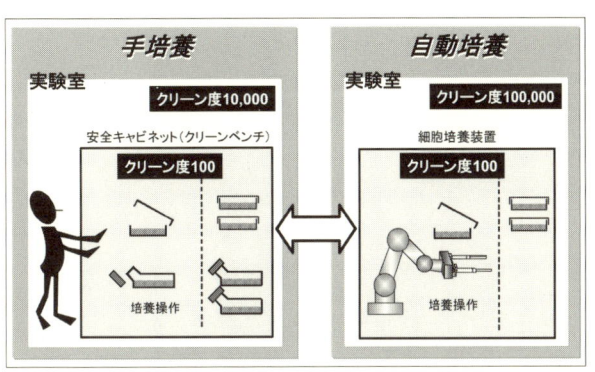

図2　手培養と自動培養の培養環境の比較

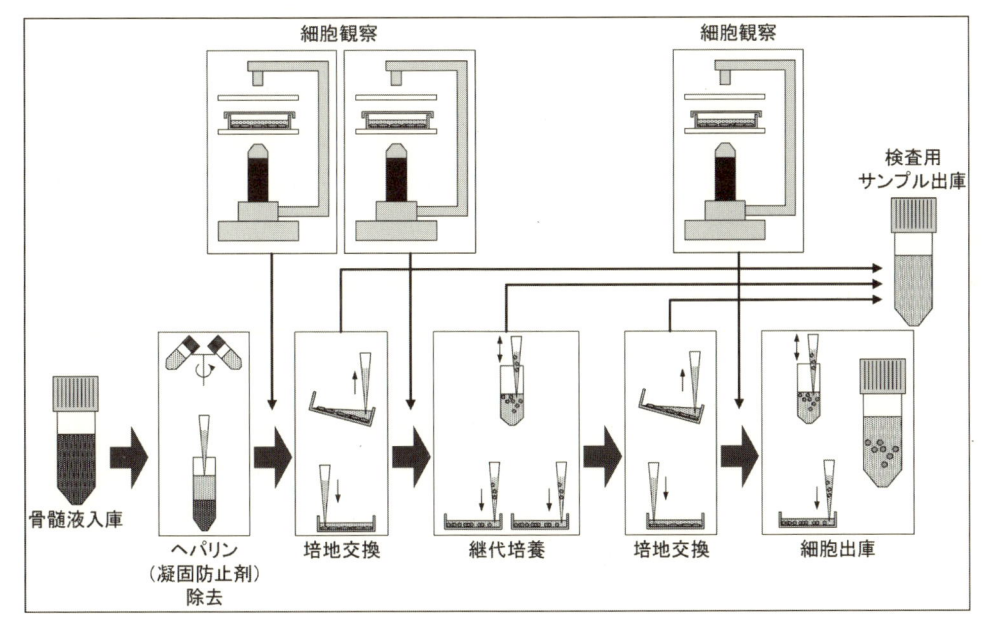

図3　培養操作の流れ

再生医療を目指した培養評価試験に使用されている。

　図1の装置の考え方は以下の通りである。図2に示すように，用手法ではクリーン度10,000の部屋内に置かれた安全キャビネット（内部はクリーン度100）内に人は手だけを入れ培養操作を行うが，ロボットはクリーン度100,000の部屋内に置かれたクリーン度100以内に維持された筐体内で培養操作を行う。再生医療用の培養装置のガイドラインである「ヒト細胞培養加工装置の設計ガイドライン」で分類された筐体閉鎖型培養装置の形式を採用しているが，現時点では全ての項目は満足していない。

　培養操作は，図3に示すように，ドナーの骨髄液から凝固防止用のヘパリンを除去し，培養容

器に播種する初代培養および継代培養を経て，必要量の細胞が培養された後，細胞を容器から剥がし，細胞懸濁液として出庫する細胞出庫までを自動化の対象とした。培地交換，継代時には，培地上清を検査用サンプルとして採取し，検査用に使用可能とした。また，任意のタイミングで，装置外に出すことなく，細胞観察が行える。

4.2 画像処理技術を使った細胞観察

細胞は所定の屈折率を持つ位相物体であるが無色透明であるため，通常の光学顕微鏡での観察は困難である。そこで一般的に位相差顕微鏡を使用して観察することが多い。

しかし，本装置では装置内に位相差顕微鏡を持ち込むことなく，産業用のCCDカメラと高倍率のレンズを組合せたシンプルかつ装置外に設置できる構成（光学顕微鏡と同じ構成）とし，画像処理によって，位相差顕微鏡相当の画像（位相情報画像）を提供する方式を採用した。

図4に，本方式で得られた位相情報画像を示す。合焦点位置から前後にずらした位置で撮像した2枚の画像は，一部のみに焦点が合った画像となるが，その輝度差画像を作成することで，近似的に位相のラプラシアンを表す位相情報画像が得られる。

この原理は，1984年にStreiblらによって提唱されたTIE（Transport of Intensity Equation）法に基づいている。

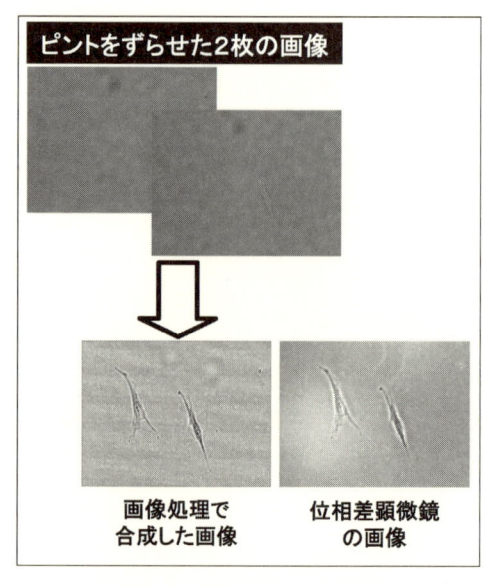

図4 位相情報画像の作成

第6章　培養機器

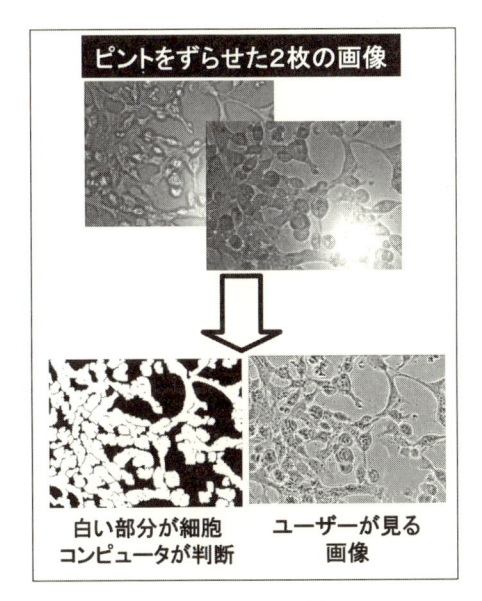

図5　細胞形状の検出

TIE法：

$$\frac{2\pi}{\lambda}\frac{\partial}{\partial Z}I(xyz) = -\nabla_{xy}\cdot(I(xyz)\nabla_{xy}\phi_{xyz})$$

　　λ：波長　　　I：光の強度　　　ϕ：光の位相

細胞は位相物体のため光の減衰がないと仮定すると，合焦点位置においては一定となる。つまり，

$$\frac{\partial}{\partial z_0}I(xyz_0) \propto \nabla^2_{xy}\phi(xyz_0)$$

　　∇^2_{xy}：2次元のラプラシアン

　左辺は合焦点位置における，光強度の光伝播方向の微分を表しており，合焦点位置前後で撮像した2枚の画像の輝度差に相当する。これが右辺の表す位相のラプラシアンとなる。
　また同様にピント位置をずらした2枚の画像を処理し，細胞形状を検出した画像を図5に示す。細胞が存在する場所を白，存在しない場所を黒と二値化することで，コントローラが細胞量データを自動取得することを可能とした。今後，継代時期の自動調整や出庫時期調整，さらには細胞分化を含めた細胞の非侵襲的品質検査に使用したい。

4.3 自動培養装置の実用化

　国内の再生医療は再生皮膚が認可されたのみであり，自動培養装置を必要とする段階までには時間がかかると思われる。そこで，今回開発した技術を一般の細胞培養用としても実用化することにした。

　製薬における薬品開発のプロセスである創薬においては，多数の化合物ライブラリから対象とする疾病に適した化合物を選択する何段階かのスクリーニングのプロセスがあり，化合物を選別するための道具として細胞を使用する。スクリーニングは1次，2次，高次と行われるが，1次は化合物選別にタンパク質を主体に使用し，2次，高次では細胞を主体に使用する。特に高次においては，多種類の細胞を必要とする。

　図6に示す創薬用に開発した自動培養装置は，用手法をそのまま自動化したので，自動化への移行作業が容易であるという特徴を持つ。培養操作を決めるパラメータがユーザーに公開されており，自由に決めることができる。用手法に近い形で自動化が行われているため，パラメータは用手法，ほぼそのままで決めることができ，高次スクリーニングで必要とされる多種類の細胞の培養自動化が容易に実現可能である。

　自動培養装置を産業技術総合研究所に設置し，創薬用に使用される各種細胞を培養する実証試験を実施している。継代培養した細胞のデータと画像（図7）に示されるように，極めて安定した培養が実現できた。この培養時には，画像処理装置で得られた画像を見て，継代のタイミングを判断した。

4.4　iPS細胞の自動培養装置実現への展望

　iPS細胞の培養技術は標準化されたものが確立されていないので，理化学研究所発生・再生科学総合研究センターヒト幹細胞研究支援室が，ヒト多能性幹細胞の維持培養法としてレクチャー

図6　創薬用に開発した自動培養装置

第6章　培養機器

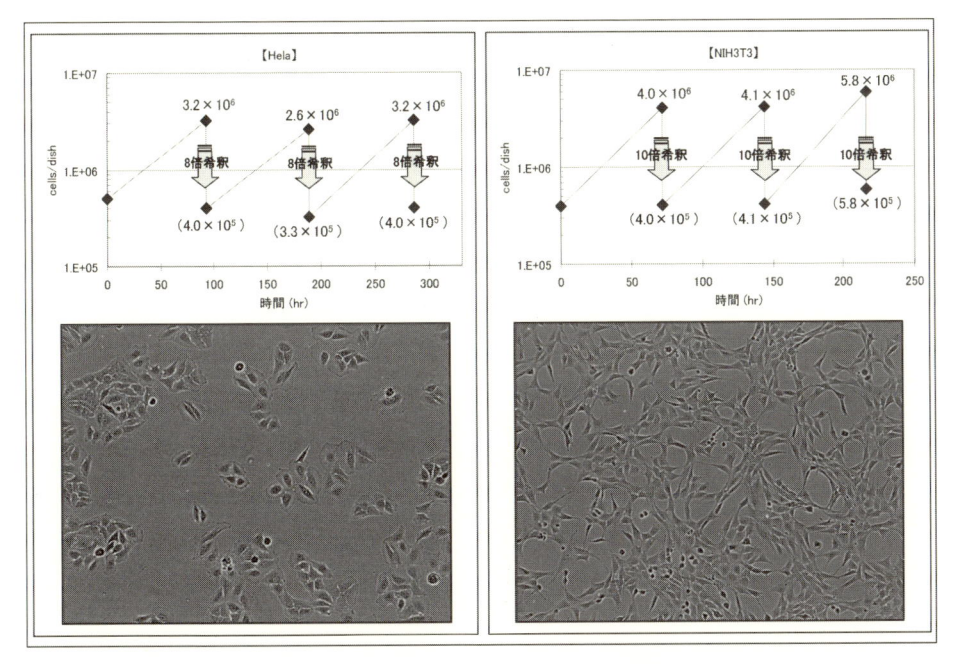

図7　継代培養した細胞のデータと画像

している方法を基準に考える。このレクチャーによると，培養操作上の自動化のキーポイントは以下の3点と考える。

① 継代において，トリプシン添加後，コロニーの端がめくれてきているのを顕微鏡で確認し，培地を添加し，ディッシュ全体をピペッティングし，コロニーをはがす。

② 細胞凍結時に細胞ペレットに凍結保存液を加え，ごく軽くピペッティングした後，バイアルのフタを閉め，素早く液体窒素中に浸すまでを目標15秒で行う。

③ フィーダー細胞の培養とiPS細胞の継代時期を合わせる。

このうち，①，③はこれまで開発してきた自動培養装置の延長線上で可能であるが，画像処理機能を高度化する必要がある。②は実行時間の制約が厳しく，汎用ロボットではなく，専用の機構を開発するのが望ましいと考えている。iPS細胞の自動培養装置は近い将来に実現可能であり，均質なiPS細胞を安定供給するのに不可欠な手段になると確信している。

第7章　iPS細胞の各々の拠点の紹介

1　京都大学iPS細胞研究統合推進拠点

戸口田淳也[*1]，加藤友久[*2]

1.1　はじめに

　2007年11月のヒトiPS細胞の作製の報告をうけて，文部科学省及び科学技術振興財団の支援により，世界拠点の一つである京都大学物質―細胞統合システム拠点（Institute for Integrated Cell-Material Sciences；iCeMS）内にiPS細胞の創成者である山中伸弥教授をセンター長とするiPS細胞研究センター（Center for iPS Research and Application；CiRA）が設立された。現時点ではヴァーチャルな存在であるが，2010年2月には京都大学再生医科学研究所に隣接して，地上5階，地下1階，総面積12,000平米の新棟が完成し，最終的には20名のPIのもと，約200名の研究者が，iPS細胞に特化した研究を展開する予定である。本研究拠点は，このCiRAを中心として，京都大学及び大阪大学の研究機関と強固な連携体制を構築し，研究人材の積極活用，および情報の共有化により，萌芽期にあるヒトiPS細胞研究を正しくかつ迅速に成熟させ，わが国におけるiPS細胞研究を強力に推進するフラッグシップとなる拠点を形成し，その成果を広く世に成果還元していく事を目的とする。

1.2　研究体制

　図1に研究体制を示す。CiRA（山中，中畑，戸口田，前川，高橋，山下），iCeMS（上杉），京都大学再生医科学研究所（山中，戸口田，高橋，山下，瀬原），京都大学大学院医学研究科（中畑，前川，中尾，伊藤，寺西），京都大学人文科学研究所（加藤）及び大阪大学医学研究科（澤）により構成される。

1.3　研究開発項目

　開発項目として，iPS細胞の作製から臨床応用までの工程に関する次の7項目を掲げている（図2）。

---

　*1　Junya Toguchida　京都大学　再生医科学研究所　組織再生応用分野　教授
　*2　Tomohisa Kato　京都大学　再生医科学研究所　組織再生応用分野　研究員

第7章 iPS細胞の各々の拠点の紹介

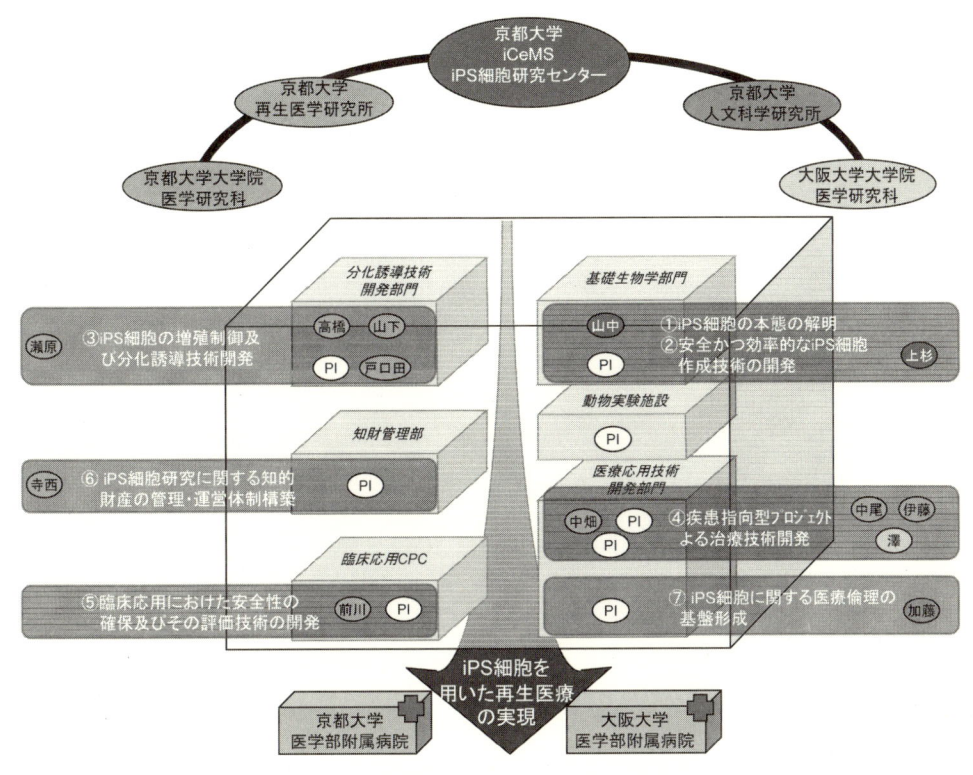

図1 iPS細胞研究センターと拠点事業体制

① iPS細胞の本態の解明
② 安全かつ効率的なiPS細胞作製技術の開発
③ iPS細胞の増殖制御及び分化誘導技術開発
④ 疾患指向型プロジェクトによる分化細胞を用いた治療技術開発
⑤ 臨床応用における安全性の確保及びその評価技術の開発
⑥ iPS細胞研究に関する知的財産の管理・運営体制の構築
⑦ iPS細胞に特化した医療倫理の基盤形成

① iPS細胞の本態の解明

　2006年7月にTakahashiとYamanakaにより，4種類の転写因子の一過性強発現によって，分化細胞に多能性を賦与できることが示されて以来[1]，世界中の幹細胞生物学者が，リプログラミングの分子機構の解明を目指して研究を進めている。これまでの研究により，①4つの外来遺伝子の発現が，10日から20日程度維持される必要があること[2]，②Oct 3/4とSox 2の複合体により，Oct 3/4とSox 2自身を含むOct-Soxエンハンサー依存遺伝子群の発現が誘導され，その後は，ポジティブフィードバックにより誘導された内在性遺伝子の発現が多能性を維持すること，

iPS 細胞の産業的応用技術

図2

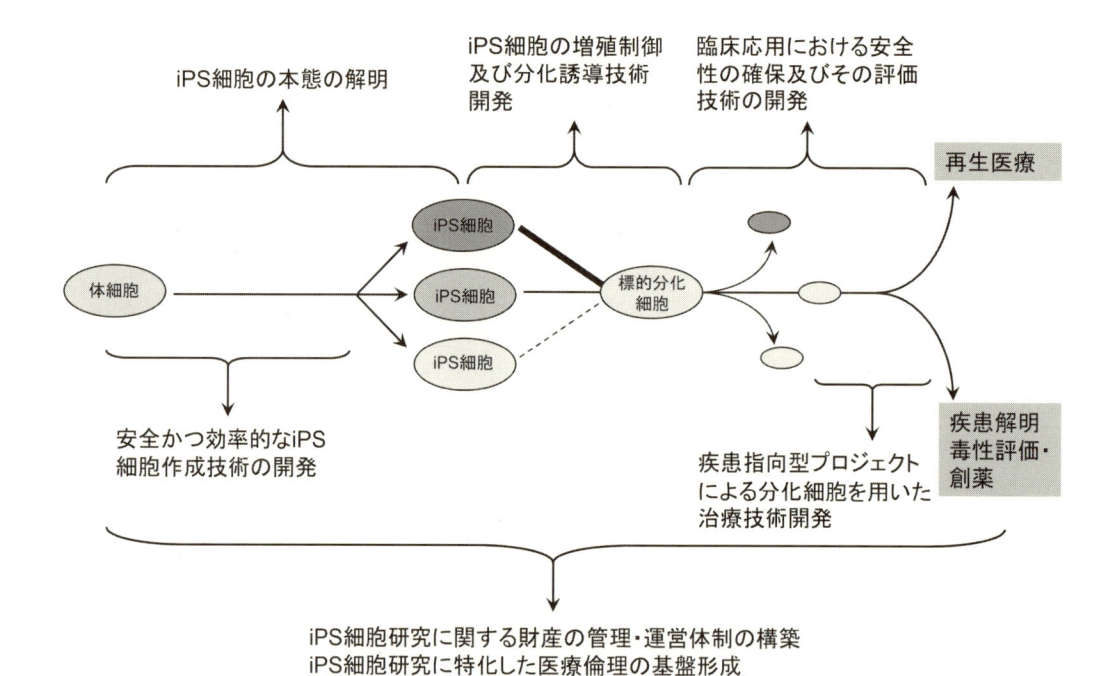

③多能性幹細胞の遺伝子発現プロファイルにリプログラミングされた後に，外来遺伝子は多能性幹細胞の特徴である外来遺伝子のサイレンシング機構により，発現が消失する必要があること，④サイレンシングが不充分であると，ES細胞様のコロニーは形成されるが，分化能は不完全であり，特にc-mycの発現が残存すると，造腫瘍性が残ることなどが判明している[3]。iPS細胞から樹立した個体から作製した細胞で，再び外来遺伝子を活性化する方法でも，やはり3%程度であることから[4]，遺伝子発現以外の因子が多能性獲得に関与していることは間違いない。後に述べる癌化の点からは，c-mycを除く方法は好ましいが，それにより樹立効率は10倍以上低下することより[3,5]，c-mycの作用として考えられるグローバルな転写促進，翻訳促進，DNA複製開始促進等の作用が重要であると考えられる。p53遺伝子の発現を抑制することで効率が促進される事実は，アポトーシスの関与も窺わせる[6]。

またヒトES細胞株間には分化能に著明な違いがあり，細胞株によって分化しやすい組織や臓器が異なるという分化指向性の違いが判明しているが[7]，iPS細胞においても同様な多様性が存在することが明らかになりつつある。この課題は，iPS細胞の定義にも関連するものである。iPS細胞の機能的定義として，ES細胞と同様に，①*in vitro*での三胚葉への分化能，②免疫不全動物への移植によるテラトーマ形成，③キメラマウス形成能，④生殖細胞系列への分化および個体形成，そして⑤四倍体補完能が挙げられているが[8]，ヒトiPS細胞では④及び⑤を評価する

第 7 章　iPS 細胞の各々の拠点の紹介

ことが不可能であるから，③が最も厳しい評価法となる。しかし一口にテラトーマと言っても，その組織像は極めて多様であり，果たして評価基準として至適なものであるのかについては，未だ議論のあるところである[9,10]。更に臨床応用の立場から見ると，テラトーマ形成能はかならずしも必要ではなく，それどころか形成しない iPS 細胞の方が安全であるとの意見もある[9,10]。本開発項目では，CiRA の山中研究室を中心として，遺伝子導入から iPS 細胞樹立に至る過程の変化をトランスクリプトーム，メチローム，プロテオーム，メタボロームの多面的な解析により，網羅的に解析し，体細胞の幹細胞化のメカニズムを解明することを目標とする。そして多能性の本態の評価として至適な指標を同定することを目指す。

② **安全かつ効率的な iPS 細胞作製技術の開発**

　iPS 細胞作製効率には，導入する遺伝子の種類，導入方法，そして被導入細胞の種類という三つの要素が関与している。まず遺伝子の種類であるが，当初の 4 種類の遺伝子の中のいくつかは，他の遺伝子で代替できることが判明しており Sox 2 が Sox 1 あるいは Sox 3 で，Klf 4 が Klf 2 で，更には c-myc が L-myc あるいは N-myc で置換可能であると報告されている[3,11]。また Klf 4 と c-myc は Nanog と LIN 28 により代替できる[12]。化合物による導入効率の向上あるいは遺伝子機能の代替も報告されており，ヒストン脱アセチル化阻害剤[13]，メチル化阻害剤[14]，カルシウムチャンネルアゴニス[15]，ヒストンメチルトランスフェラーゼ阻害剤[16]などが報告されている。シグナル分子としても Wnt 3 シグナルによる効率上昇が報告されている[17]。以上のこれまでの研究の成果からは，Oct 3/4 以外は化合物でその役割を代替できる可能性がある。ただし，これらで代替した場合は，オリジナルの方法と比較して樹立効率はかなり低下すること，そして特に化合物を用いた場合の分化能への影響，他の遺伝子発現への影響等に関しては不明である。

　導入方法に関しては，オリジナルのレトロウィルスベクターによる方法に続いて，レンチウィスルベクター[2,11,12]，更に非挿入型ウィルスベクターとしてアデノウィルスベクター[18]による樹立が報告されている。本拠点では 2 A 配列を用いたポリシストロニックなプラスミドベクターによるマウス iPS 細胞の作製に成功している[19]。類似のプラスミドベクターによるヒト iPS 細胞の樹立も報告されている[20]。

　被導入細胞の種類も重要な要因である。細胞種が異なれば，発現している遺伝子の構成も異なり，4 因子についてその発現が内在的に既にみられる場合がある。そのような場合にその因子を欠いても iPS 化が可能であるケースが報告されている。例えば，線維芽細胞は c-myc と Klf 4 を発現しており，c-myc を欠く 3 因子（Oct 3/4, Sox 2 と Klf 4）で iPS 化が可能である[3,5]。もちろん，この場合も iPS 化の効率が 1 オーダー以上低下する。一方，神経幹細胞は Sox 2 と c-myc を（むしろ ES 細胞より高いレベルで）発現しており，Oct 3/4 と Klf 4 あるいは Oct 3/4 と c-Myc という 2 因子のみで[22]，更に効率は低下するが Oct 3/4 のみでも iPS 化することが報告され

ている[23]。樹立に必要な時間も細胞種によって異なり，胃粘膜細胞，肝細胞では短く[24]，角化細胞では導入効率もよく，樹立必要期間も短い[25,26]。

本拠点ではこの課題に対して，これまで報告されている種々の作製法により樹立された iPS 細胞のプロファイル及び分化能を比較検討することで至適な誘導法を確立する。更に遺伝子導入を用いない方法として，低分子化合物ライブリーを用いたハイスループットスクリーニングにより遺伝子機能を代替する化合物の同定，及び各遺伝子産物の組み換え蛋白の直接導入による作製法を開発する。

③ iPS 細胞の増殖制御及び分化誘導技術開発

ヒト iPS 細胞は増殖能力に乏しく，研究の迅速な展開の支障の一つとなっている。ヒト ES 細胞では ROCK 阻害剤を用いることで，増殖が促進できることが報告されており[27]，ヒト iPS 細胞でも類似の作用が確認されているが，その効果は満足できるものではない。培地成分の改変，各種増殖因子あるいは各種増殖シグナルのアゴニストあるいはアンタゴニストを用いることによる増殖促進作用を検討する。

iPS 細胞から各胚葉の分化細胞を誘導する技術の開発は，臨床応用において最も重要な技術である。本拠点では，骨・軟骨（戸口田），骨格筋（中畑・瀬原），脂肪（中尾），造血系細胞（中畑），心血管系細胞（山下），心筋（澤），神経（高橋）への分化誘導技術を，それぞれの担当者が開発する。ヒト ES 細胞株では目標とする臓器への分化指向性のある細胞株を用いると，それらを効率よく作製できることが報告されている。iPS 細胞においても同様な多様性が存在する可能性があり，CiRA において樹立された複数の iPS 細胞から分化誘導を行い，開発項目①において得られた様々な物性情報（トランスクリプトーム，メチローム，プロテオーム及びメタボローム）と照らし合わせることで，分化指向性の指標となる因子の同定も目指す。既に山下のグループは世界に先駆けて心血管系の系統的誘導法を樹立し[28]，更に誘導効率を向上させる薬剤の同定にも成功している[29]。中尾もヒト iPS 細胞からの脂肪細胞誘導に成功している[30]。更に誘導効率を高めることで，最終的な出口となる再生医療における細胞治療の際の未分化細胞の混在の課題にも関連する。

④ 疾患指向型プロジェクトによる分化細胞を用いた治療技術開発

iPS 細胞の臨床応用の一つとして，病態が不明であったり，有効な治療法のない疾患に対する応用が想定されている。病態の理解のためには，原因と思われる組織由来の細胞を単離して解析する必要があるが，中枢神経等，罹患者由来の細胞を解析することが困難な場合がある。そのような場合，罹患者の皮膚線維芽細胞等の体細胞より，iPS 細胞を作製し，そこから標的となる細胞を誘導することで，病態を反映した細胞を解析することができる。また筋ジストロフィー等の筋原性疾患，脊髄萎縮性側索硬化症等の神経原性疾患のように，*in vivo* では数年に渡り，徐々

第7章　iPS 細胞の各々の拠点の紹介

に進行する病態に対して，標的細胞を単離し，*in vitro* で変性を促進する系を確立し，病態の細胞レベルでの解明，そして進行を阻害する薬剤のスクリーニング等により，有効な治療法を開発できる可能性がある。この課題のために，京都大学医学部附属病院の臨床各科と連携して，適切なインフォームドコンセントに基づいて疾患特異的 iPS 細胞を樹立するプロジェクトを立ち上げ，京都大学医学部医の倫理委員会の承認を取得している。試験切除あるいは手術等に際して採取した体細胞（皮膚線維芽細胞，粘膜細胞，骨髄間質細胞等）から，CiRA における山中研，中畑研及び戸口田研において iPS 細胞を樹立し，それぞれの標的細胞を分化誘導，解析を行う。具体的な病態としては，後縦靱帯骨化症，骨形成不全症，多発性内軟骨腫症等の骨軟骨関連疾患（戸口田），パーキンソン病等の中枢神経疾患（高橋），肥大型心筋症等の心疾患（澤），内耳神経障害（伊藤），脂肪萎縮症（中尾）等を進める。

⑤　臨床応用における安全性の確保及びその評価技術の開発

　iPS 細胞を用いた再生医療における安全性に関しては，二つの要点がある。一つは，作製工程におけるゲノム及びエピゲノム改変に伴う造腫瘍性の獲得である。オリジナルのレトロウィルスベクターによる 4 種類の遺伝子導入法では，特に c-myc 遺伝子の挿入コピー数及びサイレンシングの可否が造腫瘍性と関連していることが判明している[2]。この問題は，樹立効率は下がるが，c-myc 遺伝子を含まない方法による作製法を用いることで解決された。しかし他の遺伝子であっても，挿入部位によれば，近傍の遺伝子に対する LTR の影響も考慮しなければならない。inverse PCR 法による挿入部位の同定，あるいは次世代高速シークエンサーを用いた全ゲノムを対象とした変異解析等により，安全性を評価する方法が想定されるが，どのような部位に挿入されれば安全なのかという問いに対して回答を出すことは，癌化の機構が解明されていない現段階では困難であり，免疫不全マウスへの移植実験等と併用することで，評価する必要がある。iPS 細胞の癌化機構も本拠点の研究項目の一つである。安全性に関するもう一つの要点は，分化誘導後の未分化細胞の残存混入である。iPS 細胞そのものが混入しなくとも，神経幹細胞にも造腫瘍性が存在することが示されており，分化細胞を選択あるいは，未分化細胞を排除する至適な方法の確立が必要である。この課題には分化誘導効率を向上させる技術も必要であり，開発項目④とも連携して臨む。また新設される CiRA には，細胞移植を前提とした GMP 基準対応の細胞プロセッシングセンターが設置される。そこではまず京都大学医学部附属病院で現在進行中の体性幹細胞を用いた臨床試験における細胞調整を遂行する予定であり，その工程において，細胞の安全性を確認するプロトコールを確立し，iPS 細胞由来の分化細胞を用いた再生医療の実践の基盤を形成する。

⑥　iPS 細胞研究に関する知的財産の管理・運営体制の構築

　iPS 細胞及び iPS 細胞から誘導された分化細胞に関しては，様々な知的財産が創出される可能

性がある。iPS細胞作製に関する基本的な特許は，既に京都大学より申請し，国内特許は成立しているが，国際特許に関しては，それぞれの国の特許体制に依存することもあり，未だ不確定である。公開された国際特許としてもWisconsin大学，MIT，Harvard大学からの申請があり，企業からもBayer社及びiZumi社からの申請が公開されている。様々な作製法の新規性，分化細胞を用いた技術における基本特許の及ぶ範囲等，複数の知財が関連した極めて複雑な案件が発生する可能性がある。これらに対応すべく，京都大学産官学連携機構と連携して，CiRA内にiPS細胞に特化した知的財産管理チームを設立し，国内外のiPS細胞関連特許の掌握，拠点から創生される新たな特許の申請・管理に努める。ライセンス化の窓口を一本化し，より円滑に社会に還元できる体制を構築し，わが国の国際的な競争力の強化に貢献するために，京都大学は中間法人iPSホールディングスを設立し，その資金をもとにiPSアカデミアジャパンを設立した。iPSアカデミアジャパンは各企業とのサブライセンス契約を結び，産業化を促進する。

⑦ **iPS細胞に特化した医療倫理の基盤形成**

　iPS細胞は，生命の萌芽である受精卵を滅することなく得られた多能性細胞であるという点で，ES細胞における倫理面での障壁が解消されたかのように見える。しかし，マウスにおいてはES細胞同様に個体を形成できる能力をもつことが示されており，生物学的には生命の萌芽となりうることは同様である。つまり既存の生命倫理学の枠では推し量れない，新たな生命体であり，社会がiPS細胞を正しく理解し，適切なコンセンサスが形成されるためには，iPS細胞に特化した生命倫理学の樹立が必要である。ヒトiPS細胞の医療への応用のためには，研究と臨床応用に伴う倫理的・社会的課題への対応は必須である。また，ヒトiPS細胞研究の現状や課題について，市民・患者・医療関係者など広く社会の構成員と情報共有と対話を行うことも重要である。本研究では，①研究現場および国際的議論の状況を調査した上で，ヒトiPS細胞の研究と臨床応用に伴う倫理的・社会的課題を抽出し，②社会全般を対象とした情報発信と対話活動を行う。具体的には市民向けのWebサイトのコンテンツ作成や，市民との対話のための催し（サイエンスカフェなど）を企画・実践する。

1.4　先端医療開発特区について

　本拠点の構成員の大部分は，他の3拠点の主要構成員及び企業3社からの研究員とともに先端医療開発特区「iPS細胞医療応用加速化プロジェクト」を形成している（図3）。特区内では，上記の研究開発項目の推進と併行して，①標準iPS細胞クローンの共有，②iPS細胞の誘導法の講習会や教習場の提供，③機関間での研究人材の円滑な流通，④各機関での既獲得公的資金の弾力的運用，⑤研究段階からの医療規制当局への相談，⑥iPSアカデミアジャパン社による知財の一元管理，⑦特区参画企業への条件付優先実施権付与，といった研究人材・試料・資金・規制に関

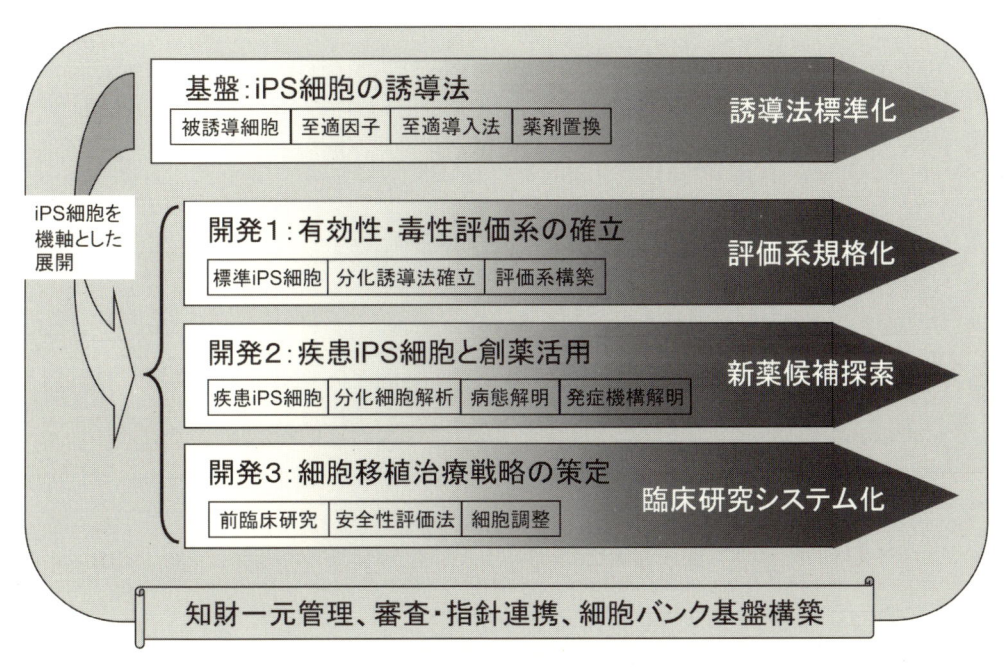

第 7 章　iPS 細胞の各々の拠点の紹介

図 3　iPS 細胞医療応用加速化プロジェクト

する至適研究開発環境を形成する。

1.5　おわりに

　本拠点の活動として，次世代，次々世代の iPS 細胞研究者を育成することも重要な使命である。この点に関しても文科省，科学技術振興財団の支援を受け，iPS 細胞研究国際拠点人材養成事業が遂行されている。幅広い背景からの情熱をもった人材を募集しており，国内外からの優秀な人材の応募を期待している。

文　　献

1) Takahashi K & Yamanaka S, *Cell*, **126**, 663-676（2006）
2) Brambrink T, *et al.*, *Cell stem cell*, **2**, 151-159（2008）
3) Nakagawa M, *et al.*, *Nat. Bitotechnol.*, **26**, 101-106（2008）
4) Maherali N, *et al.*, *Cell Stem Cell*, **1**, 55-70（2007）
5) Wernig M, *et al.*, *Cell Stem Cell*, **2**, 10-12（2008）
6) Zhao Y, *et al.*, *Cell Stem Cell*, **3**, 475-479（2008）

7) Osafune K, et al., *Nat. Biotechnol.*, **26**, 313-315 (2008)
8) Maherali N & Hochedlinger K., *Cell Stem Cell*, **3**, 595-605 (2008)
9) Ellis J, et al., *Cell Stem Cell*, **4**, 198-199 (2009)
10) Daley GQ, et al., *Cell Stem Cell*, **4**, 200-201 (2009)
11) Blelloch R, et al., *Cell Stem Cell*, **1**, 245-247 (2007)
12) Yu J, et al., *Science*, **318**, 1917-1920 (2007)
13) Huangfu D, et al., *Nat. Biotechnol.*, **26**, 795-797 (2008)
14) Mikkelsen TS, et al., *Nature*, **454**, 49-55 (2008)
15) Shi Y, et al., *Cell Stem Cell*, **2**, 525-528 (2008)
16) Shi Y, et al., *Cell Stem Cell*, **3**, 568-574 (2008)
17) Marson A, et al., *Cell Stem Cell*, **2**, 132-135 (2008)
18) Stadtfeld M, et al., *Science*, **322**, 945-949 (2008)
19) Okita K, et al., *Science*, **322**, 949-953 (2008)
20) Kaji K, et al., *Nature*, in press. (2009)
21) Wernig M, et al., *Cell Stem Cell*, **2**, 10-12 (2008)
22) Kim J. B., et al., *Nature*, **454**, 646-650 (2008)
23) Kim J. B., et al., *Cell*, **454**, 646-650 (2009)
24) Aoi T, et al., *Science*, **321**, 699-702 (2008)
25) Aasen T, et al., *Nat. Biotechnol.*, **26**, 1276-1284 (2008)
26) Maherali et al., *Cell Stem Cell*, **3**, 340-345 (2008)
27) Watanabe K, et al., *Nat. Biotechnol.*, **25**, 681-686 (2007)
28) Narazaki G, et al., *Circulation*, **118**, 498-506 (2008)
29) Yan P, et al., *Biochem. Biophys. Res. Commun.*, **379**, 115-120 (2009)
30) Taura D, et al., *FEBS lett.*, **583**, 1029-33 (2009)

2 中枢神経系,造血系,心血管系,感覚器系の疾患を標的とした霊長類モデルを含めた再生医療研究(多くのHLA(組織適合抗原)タイプのヒトiPS細胞の樹立)と基盤技術の確立—慶大iPS細胞拠点紹介に代えて—

岡野栄之*

2.1 要旨

慶應義塾大学iPS細胞拠点では,中枢神経系,造血系,心血管系,感覚器系の疾患を標的として,霊長類モデルを含めた再生医療の世界トップレベルの前臨床研究の推進を行い,その安全性と有効性を確認し,再生医療実現化を目指す。また,多くのHLAタイプのヒトiPS細胞の樹立とセルプロセシングを行い,ヒトiPS細胞に関する研究基盤を強固なものとしたい。本節では,中枢神経系,造血系,心血管系,感覚器系の疾患を標的とした霊長類モデルを含めた再生医療研究を中心にiPS細胞拠点の活動について紹介したい。

2.2 はじめに

慶大iPS細胞研究拠点においては,我々がこれまで第I期再生医療の実現化プロジェクトにおける研究等を通じて培ってきた幹細胞研究に関する基本技術(分離,培養,$in\ vivo$ 実験),ノウハウ,インフラ(GMP対応のセルプロセシングセンター,フローサイトメトリーコアファリティー,動物用MRI,マーモセット飼育施設および前臨床研究施設等)を最大限に活用し,ヒトiPS細胞やヒトES細胞,ヒト体性幹細胞に関する自己複製,分化,エピジェネティックな制御機構や培養技術に関する基本的な理解を深め,これらの細胞を用いて,中枢神経系,造血系,心血管系,感覚器系の疾患を標的として,霊長類モデルを含めた再生医療の前臨床研究の開発と推進を行い,これらの細胞を用いた再生医療に関する安全性と有効性を定性的のみならず定量的に確認し,臨床研究を遂行するのに必要な最大限の情報と方法論を確立し,再生医療実現化を目指す。また,多くのHLAタイプのヒトiPS細胞の樹立とセルプロセシングを行い,同細胞を用いた基礎研究および前臨床研究の推進に努める。更には,本拠点は開かれた拠点として,学外研究者にも共同利用研究施設として開放し,ヒトiPS細胞や体性幹細胞に関する技術を拠点内外の研究者へ講習会などにより普及に努める。また,社会還元として,市民公開講座の開催を最低年一回行い,国民の再生医療の理解の増進に寄与したい。

このため,慶應義塾大学,国立病院機構大阪医療センター及び実験動物中央研究所と共同で業務を行う。慶應義塾では,脊髄損傷に対する幹細胞治療の開発,ヒトiPS由来造血幹細胞を制御する技術基盤の開発,ヒトiPS細胞を用いた心筋細胞の再生と臨床応用へ向けた基盤の開発,感

---

* Hideyuki Okano 慶應義塾大学 医学部 生理学教室 教授

iPS 細胞の産業的応用技術

覚器系のヒト幹細胞技術開発および幹細胞治療の開発，フローサイトメトリーを用いたヒト体性幹細胞の分離と iPS 細胞樹立と基礎的研究および GMP 基準での細胞プロセシング及びプロジェクトの総合的推進を実施する。またヒト iPS 細胞等研究拠点において，技術プラットフォームの稼働に備え，専門的実務者らによる連絡会の設置に向けた準備会合を開催し，これら技術開発戦略等について，4拠点統一の総合目標を設定し，その総合目標達成のため，①細胞の標準化，②細胞誘導の技術講習会・培養トレーニングプログラムの実施，③疾患特異的 iPS 細胞の樹立・提供に関する業務を遂行したいと考える。

2.3 慶大拠点の研究体制

慶大 iPS 細胞研究拠点においては，上記の目的を遂行するために，

研究代表者：岡野栄之（慶應義塾大学医学部・生理学教室・教授），分担研究者：須田年生（同・発生分化学教室・教授），福田恵一（同・再生医学教室・教授），坪田一男（同・眼科学教室・教授），松崎有未（同・総合医科学研究センター准教授），金村米博（国立病院機構・大阪医療センター）：新規ヒト iPS 細胞株の樹立とセルプロセンシング，伊藤豊志雄（実験動物中央研究所），協力者：羽鳥賢一（慶應義塾大学知的資産センター所長）

という体制（表1，図1）で研究を行っている。

2.4 慶大拠点の研究の課題と mission

次に，慶大拠点メンバーの各々の mission と研究課題について紹介したい[1]。

表1　慶應義塾大学 iPS 細胞拠点メンバーと役割

研究代表者
岡野栄之（慶應義塾大学医学部・生理学教室・教授）：
研究代表者として全体の研究の統括，外部機関との連携のコーディネート，成果の社会還元，中枢神経系のヒト幹細胞技術開発（基礎研究）および幹細胞治療開発研究を中心的に推進，iPS 細胞研究プラットフォームの構築

分担研究者
須田年生：造血系のヒト幹細胞技術開発および幹細胞治療開発
福田恵一：心血管系のヒト幹細胞技術開発および幹細胞治療開発研究
坪田一男：感覚器系のヒト幹細胞技術開発および幹細胞治療開発研究
松崎未有：新規ヒト iPS 細胞株の樹立と基礎研究用ヒト iPS 細胞の供給・ヒト体性幹細胞の分離と解析
金村米博：新規ヒト iPS 細胞株の樹立とセルプロセンシング
伊藤豊志雄：モデル動物系を用いた前臨床研究システムの構築と推進

協力者
羽鳥賢一：iPS 細胞，ES 細胞の範疇の知財の管理と情報収集

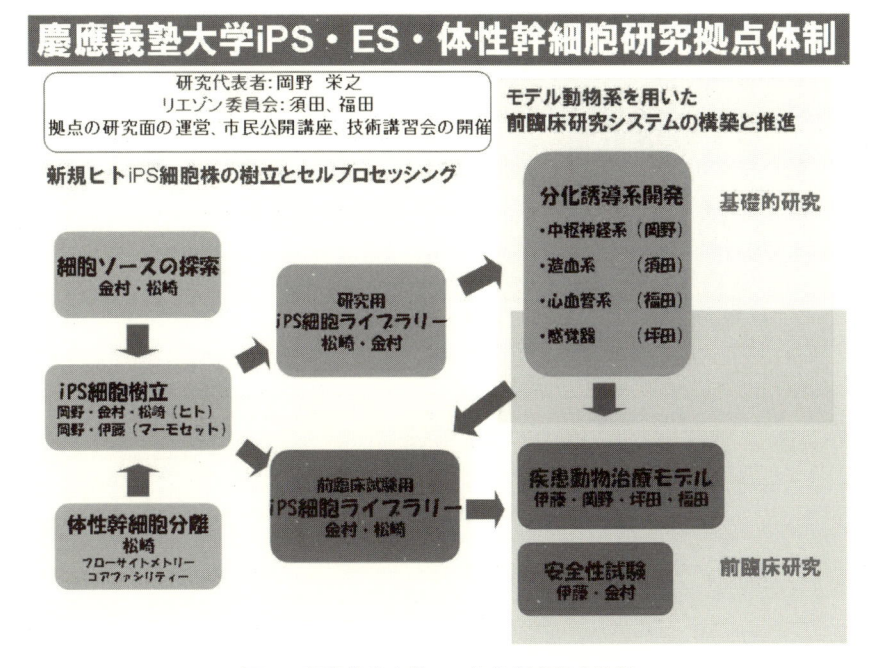

第 7 章　iPS 細胞の各々の拠点の紹介

図 1　慶應義塾大学 iPS 細胞研究拠点体制

2.4.1　脊髄損傷に対する幹細胞治療の開発

岡野らは，慶應義塾大学医学部の整形外科学教室との共同で，これまで，ラット及びサル脊髄損傷に対する胎児由来神経幹細胞移植の有効性を報告してきた[2,3]が，倫理的問題のために臨床応用はこれまで実現しなかった。そこで，本研究の目的は，iPS 細胞，ES 細胞，体性幹細胞由来の神経前駆細胞を用いた脊髄損傷に対する細胞治療を確立することである。岡野は，これまでに確立した霊長類脊髄損傷モデル[4]や幹細胞培養・分化技術[5,6]を駆使し，脊髄再生研究を進めてきた。特に，平成 20 年度は，下記の研究計画に基づき研究を進めた（図 2）。

(1)　ヒト多能性幹細胞の培養法と神経分化方法の検討（安全性を含めて）

ヒト多能性幹細胞の神経幹・前駆細胞への分化誘導法を確立し，正常 NOD-SCID マウス脳・脊髄に誘導した神経幹・前駆細胞を移植し，腫瘍形成の有無を確認する。

(2)　マウス脊髄損傷に対するヒト多能性幹細胞由来神経前駆細胞移植

マウス胸髄圧挫損傷モデルを作製し，損傷後 9 日にヒト iPS 細胞由来神経前駆細胞移植を行い，その有効性を明らかにする。

2.4.2　ヒト iPS 由来造血幹細胞を制御する技術基盤の確立

人工多能性幹細胞（iPS 細胞）が樹立されたことにより，臓器再生・細胞補充療法などの再生医療実現に向けた期待が非常に高まっている。骨髄移植（造血幹細胞移植）は血液疾患や免疫不全疾患の治療法として行われており，ヒト iPS 細胞から，自己複製能ももつ造血幹細胞を分化誘

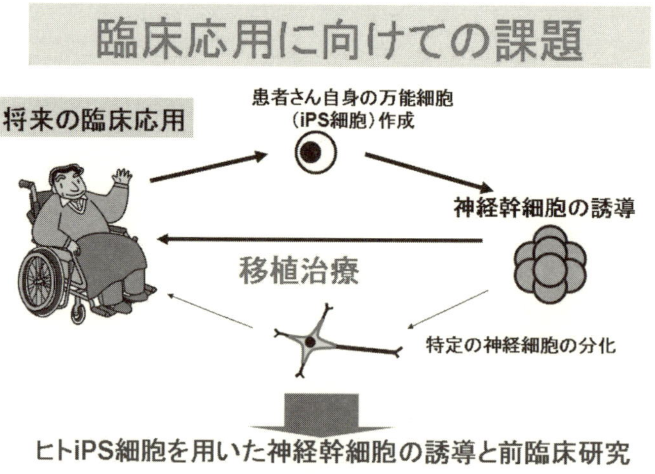

図2 脊髄損傷に対する幹細胞治療の開発

導することが可能となれば，HLA適合等のドナー確保の問題が解消される。実際にマウスでは，iPS細胞から胚葉体を形成させ，*HoxB4*遺伝子を導入し，OP9ストローマ細胞上で培養を行うことにより，長期に骨髄を再構築しうる造血幹細胞を誘導することが可能となっている。そこで本研究では，ヒトiPS細胞から造血幹細胞を分化誘導する系を確立し，さらに，生体内の環境を再現した，Biomimeticなニッチ（人工幹細胞ニッチ）を構築することで，造血幹細胞の培養条件を最適化し，iPS由来造血幹細胞の挙動を制御する技術基盤の確立を目指す。

須田の研究グループは，これまでに造血幹細胞のニッチ制御について研究をすすめており[7]，ヒト臍帯血を用いたニッチ分子の機能解析についても研究を行ってきた。ヒト造血幹細胞の免疫不全マウスへの骨髄移植の実験系も確立している。そこで，これまでに行ってきたニッチ研究の成果をヒトiPS細胞からの長期骨髄再建可能かつ安全な造血幹細胞の誘導とその増幅に応用する（図3）。

2.4.3 ヒトiPS細胞を用いた心筋細胞の再生と臨床応用へ向けた基盤研究

これまで福田らは，マウス，マーモセットおよびヒトの『ES細胞から心筋細胞を効率的に分化誘導する技術』，『分化した心筋細胞と混在する未分化細胞と分離する技術』，『分化誘導した心筋細胞を壊死させることなく心臓に細胞移植する技術』を開発してきた[8,9]。また，京都大学山中伸弥教授らとの共同研究でマウスiPS細胞を効率的に心筋細胞に分化誘導する技術を開発し，成功を収めてきた。本研究は，これらの技術を融合しヒト皮膚細胞由来の誘導性多能性幹細胞iPS細胞を用いて再生心筋細胞を作出することを目指すものであり，最終的には患者本人由来のiPS細胞を用いて心筋細胞を作り，臨床応用開始のために必要とされる前臨床試験のすべてを開発することを計画している（図4）。

第 7 章　iPS 細胞の各々の拠点の紹介

図 3　ヒト iPS 由来造血幹細胞を制御する技術基盤の確立

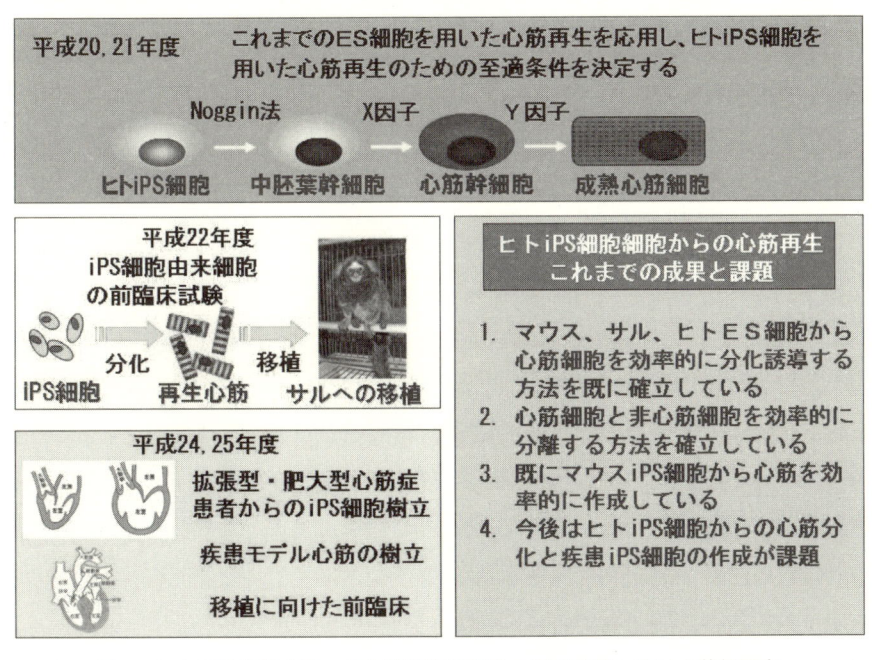

図 4　ヒト iPS 細胞を用いた心筋細胞の再生と臨床応用へ向けた基盤研究

2.4.4 感覚器系のヒト幹細胞技術開発および幹細胞治療開発研究

坪田らは，これまでの成果として，マウス角膜上皮幹細胞，角膜実質幹細胞の分離，さらにはヒト角膜上皮前駆細胞の低酸素培養技術を確立し，Stem Cells誌などの国際的学術誌および専門誌に発表した[10]。さらに，ヒト骨髄幹細胞フィーダーも用いて移植可能な培養上皮シート作製技術を確立し，現在はヒト幹細胞を用いた臨床研究として厚生労働省に承認されている。臨床試験まで計画を進めたことを評価され，本研究を分担するに至った。本プロジェクトでは，分離が困難である角膜実質幹細胞，角膜内皮細胞および涙腺上皮細胞をヒトiPS細胞から分化誘導する技術を確立し，前臨床研究を遂行する（図5）。

2.4.5 フローサイトメトリーを用いたヒト体性幹細胞の分離とiPS細胞樹立

現時点でのマウスおよびヒト線維芽細胞からのiPS細胞の誘導率は約0.05%という低頻度であり，材料となる皮膚線維芽細胞集団中にごく少量含まれる未分化幹細胞のみが遺伝子導入の刺激を受けて全能性を獲得した可能性が指摘されている。したがって高純度な体性幹細胞を材料とすればiPS細胞の誘導率を大幅に向上する可能性があると考えられる。松崎らはフローサイトメトリー（FCM）を用い，ヒトまたはマウス体性幹細胞の中でも低侵襲かつ簡便な操作で手にすることのできる多能性幹細胞の一つである間葉系幹細胞に特異的な細胞表面抗原を特定し，培養を経ることなく分離する方法を開発した[11]。この分離方法によればわずか数時間で多能性を持つ

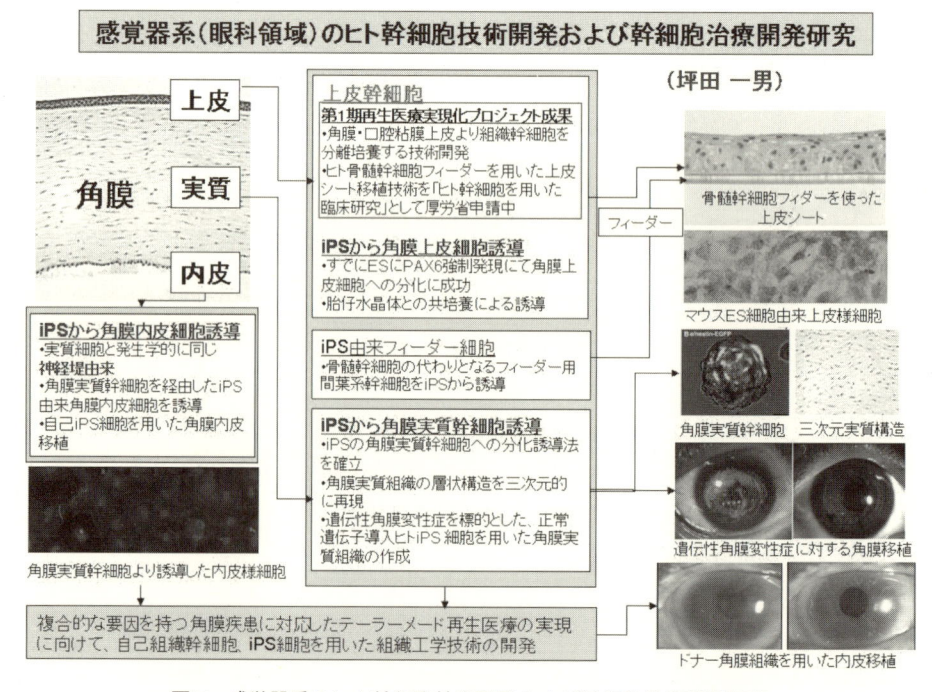

図5 感覚器系のヒト幹細胞技術開発および幹細胞治療開発研究

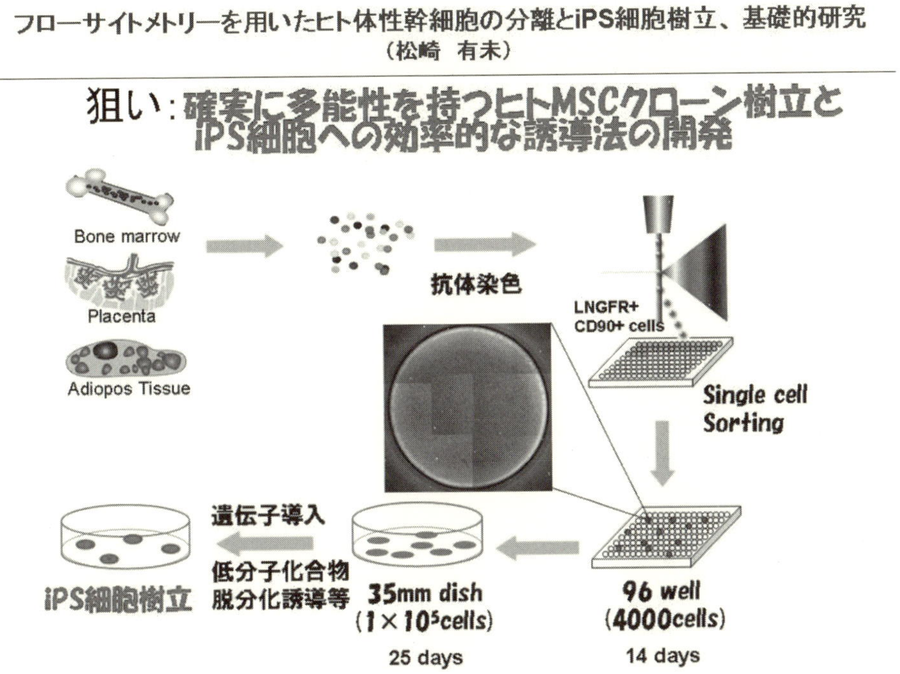

第 7 章　iPS 細胞の各々の拠点の紹介

フローサイトメトリーを用いたヒト体性幹細胞の分離とiPS細胞樹立、基礎的研究
（松崎　有未）

狙い：確実に多能性を持つヒトMSCクローン樹立とiPS細胞への効率的な誘導法の開発

図 6　フローサイトメトリーを用いたヒト体性幹細胞の分離と iPS 細胞樹立

純度の高い間葉系幹細胞を得ることが可能である。また当該施設はフローサイトメトリーコアファシリティーを有しており，これまで FCM を用い，間葉系幹細胞のみならず様々な組織に存在する体性幹細胞の分離に関する研究を行ってきており，それらのノウハウを生かすことによって，iPS 細胞樹立に適した体性幹細胞の探索，培養条件の検討，あるいは多くの HLA ハプロタイプを持った iPS 細胞の樹立を目指す（図 6）。

2.4.6　GMP レベルのヒト iPS 細胞プロセシング技術開発と HLA バリエーションを有する同種他家ヒト iPS 細胞マスターセル・ライブラリーの構築

ヒト iPS 細胞を用いた再生医療を実現するため，自家および同種他家臨床用ヒト iPS 細胞の樹立に最適なヒト細胞ソースを探索し，それらを用いた GMP レベルのヒト iPS 細胞プロセシング技術，並びにヒト iPS 細胞からの各種ヒト体性幹細胞プロセシング技術の開発を行い，樹立細胞の安全性を検証する。さらに，ヒト iPS 細胞を用いた安全性の高い急性期治療を実現するため，HLA バリエーションを有する同種他家ヒト iPS 細胞マスターセル・ライブラリーを構築し，その有用性を検証する。

業務分担者・金村は，再生医療実現化プロジェクト第 1 期にて，セルプロセシングセンターを用いた GMP レベルでのヒト体性幹細胞（神経幹細胞）プロセッシング技術開発を実施し，同時にヒト胎盤組織由来間葉系幹細胞，ヒト臍帯血由来幹細胞等，各種ヒト体性幹細胞に関する十分

図7 GMPレベルのヒトiPS細胞プロセシング技術開発とHLAバリエーションを有する
同種他家ヒトiPS細胞マスターセル・ライブラリーの構築
（独国立病院機構機関紙NHOだより，No. 053：8-9，2008より改変引用）

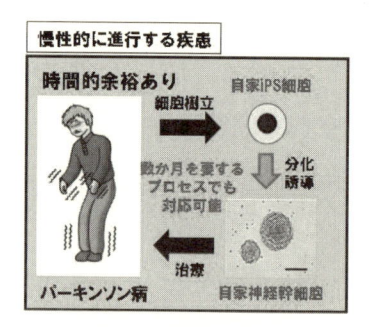

な知識と研究実績を有する。更にマウスES細胞，霊長類ES細胞（コモン・マーモセット）の培養ならびに特性解析を実施すると同時に，既にヒトiPS細胞の樹立にも着手している。よって当該研究計画を実施する十分な実績と経験，準備を有するものと考える（図7）。

2.4.7 疾患モデル動物を用いた幹細胞治療の安全性と有効性の検討

ヒト幹細胞，とりわけ新規性の高いヒトiPS細胞を用いた細胞治療開発を進めるに当たり，実験動物中央研究所がこれまで構築した豊富なリソースとノウハウを駆使し，重症度免疫不全マウスさらにはマーモセットを用いて安全性と有効性を確認する。

2.4.8 「iPS細胞技術プラットフォーム」の構築

iPS細胞研究4拠点は，iPS細胞技術の普及を目指して「iPS細胞技術プラットフォーム」の構築に取り組む。特に①iPS細胞に関する標準化，②細胞誘導の技術講習会，培養トレーニングプログラムの実施，③疾患特異的iPS細胞の樹立提供を行う。

(1) iPS細胞に関する標準化

iPS細胞の将来的な臨床応用を目指し，①樹立方法の標準化として，様々な組織由来細胞および体性幹細胞を用い，樹立効率および細胞品質向上を目的としたiPS細胞樹立方法の最適化に関

第7章 iPS 細胞の各々の拠点の紹介

する試験的研究を行う。②品質評価の標準化を目指し，iPS 細胞の品質を評価するための方法および基準の検討を行う。得られた成果については他拠点（特に京都大学）と密接に連繋し，国内基準の制定を目指す。③目的細胞への分化誘導法の検討等に取り組み，再現性があり，かつ効率の良い細胞誘導法の開発を行う。また，細胞移植に関する安全性の標準化を目指し，分化誘導して得た目的細胞の特性・品質や純度を確認する技術の開発研究を行う。

(2) 細胞誘導の技術講習会，培養トレーニングプログラムの実施

理化学研究所・京都大学が開催する培養トレーニングに対する協力の一環として，iPS 細胞の樹立方法，品質の検討方法などについての慶大拠点で行われるスタンダードな方法を積極的に提供する。

(3) 疾患特異的 iPS 細胞の樹立提供

患者から提供される体細胞から，最適誘導技術により iPS 細胞を樹立・活用し，疾患発症機構

表2　慶應義塾大学医学部で iPS 細胞を樹立予定の神経疾患

1. Prader-Willi 症候群
2. Angelman 症候群
3. 結節性硬化症
4. レット症候群
5. 先天性ミエリン形成不全症（中枢神経白質形成異常症）
6. ミトコンドリア脳筋症
7. 小児遺伝性難治性てんかん
8. 家族性筋萎縮性側索硬化症
9. 家族性アルツハイマー病
10. 孤発性アルツハイマー病
11. 前頭側頭型認知症
12. 多系統萎縮症
13. 筋萎縮性側索硬化症
14. 進行性核上性麻痺
15. 皮質黒質変性症
16. 脊椎小脳変性症
17. Huntington 病および類似疾患
18. 遺伝性末梢神経障害
19. 進行性筋ジストロフィー（Duchenne 型，Becker 型，福山型）
20. 副腎白質ジストロフィー
21. オルニチントランスカルバミラーゼ欠損症
22. 家族性パーキンソン病
23. 網膜変性症
24. 視神経症
25. 黄斑変性症
26. 疾患特異的ゲノム構造異常の明らかな先天異常症
27. 脊髄性筋萎縮症
28. 球脊髄性筋萎縮症
29. 孤発性パーキンソン病
30. 統合失調症

iPS 細胞の産業的応用技術

の解明，薬剤候補物質の探索，薬理試験系としての開発を実施し，iPS 細胞研究の成果を速やかに人々へ還元する。また，拠点外の研究者とも積極的に共同研究を行い，疾患モデル細胞の作製，解析，提供のための方法論の確立とインフラ整備を行う。特に神経疾患については，慶應義塾大学医学部倫理委員会で承認が得られた 30 の疾患（表 2）について，iPS 細胞樹立と疾患感受性細胞への分化誘導による疾患モデル細胞の作製と，解析を行う。

文　献

1) 岡野栄之，慶大 iPS 細胞拠点紹介，最新医学（2009）
2) Ogawa Y, Sawamoto K, Miyata T, Miyao S, Watanabe M, Nakamura M, Bregman BS, Koike M, Uchiyama Y, Toyama Y, Okano H., Transplantation of in vitro-expanded fetal neural progenitor cells results in neurogenesis and functional recovery after spinal cord contusion injury in adult rats, *J. Neurosci. Res.*, **69**, 925-933（2002）
3) Iwanami, A., Kakneko, S., Nakamura, M., Kanemura, Y., Mori, H., Kobayashi, S., Yamasaki, M., Momoshima, S., Ishii, H., Ando, K., Tanioka, Y., Tamaoki, N., Nomura, T., Toyama, Y. and Okano, H., Transplantation of human neural stem/progenitor cells promotes functional recovery after spinal cord injury in common marmoset, *J. Neurosci. Res.*, **80**, 182-190（2005）
4) Iwanami A, Yamane J, Katoh H, Nakamura M, Momomoshima S, Ishii H, Tanioka Y, Tamaoki N, Nomura T, Toyama Y, Okano H, Establishment of Graded Spinal Cord Injury Model in a Non-human Primate : the Common Marmoset, *J. Neurosci. Res.*, **80**, 172-181（2005）
5) Naka H, Nakamura S, Shimazaki T, Okano H, Requirement for COUP-TFI and II in the temporal specification of neural stem cells in central nervous system development, *Nature Neurosci*, **11**(9), 1014-1023（2008）
6) Okada Y, Matsumoto A, Shimazaki T, Enoki R, Koizumi A, Ishii S, Itoyama Y, Sobue G, Okano H., Spatio-temporal recapitulation of central nervous system development by ES cell-derived neural stem/progenitor cells, *Stem Cells*, **26**, 3086-3098（2008）
7) Suda T, Arai F, Hirao A., Hematopoietic stem cells and their niche, *Trends Immunol.*, **26**, 426-433（2005）
8) Yuasa S, Itabashi Y, Koshimizu U, Tanaka T, Sugimura K, Fukami S, Itabashi Y, Hattori F, Shinazaki T, Ogawa S, Okano H and Fukuda K., Transient inhibition of BMP signaling by Noggin induces cardiomyocyte differentiation of mouse embryonic stem cells, *Nature Biotech.*, **23**, 607-611（2005）
9) Chen H, Hattori F, Murata M, Li W, Yuasa S, Onizuka T, Shimoji K, Ohno Y, Sasaki E,

第7章 iPS 細胞の各々の拠点の紹介

Kimura K, Hakuno D, Sano M, Makino S, Ogawa S, Fukuda K., *Biochem. Biophys. Res. Commun.* **369**, 801-806 (2008)

10) Yoshida S, Shimmura S, Nagoshi N, Matzuzaki Y, Fukuda K, Okano H, Tsubota K, Isolation of multipotent neural crest-derived stem cells from the adult cornea, *Stem. Cells*, **24**, 2714-2722 (2006)

11) Morikawa S, Mabuchi Y, Niibe K, Suzuki S, Nagoshi N, Sunabori T, Shimmura S, Nagai Y, Nakagawa T, Okano H, Matsuzaki Y., Development of mesenchymal stem cells partially originate from the neural crest, *Biochemi. Biophysic. Res. Comm.*, **379**, 1114-1119 (2009)

3 東京大学 iPS 細胞拠点事業『ヒト iPS 細胞等を用いた次世代遺伝子・細胞治療法の開発』

江藤浩之[*1]，中内啓光[*2]

3.1 要旨

　再生医療の実現には幹細胞に関する基礎的な研究に加えて，その成果を円滑にトランスレートできる体制が必須である。東京大学では，医科学研究所，医学部付属病院，分子細胞生物学研究所ならびに駒場地区の総合文化研究科の4キャンパスにおける幹細胞研究，発生学，分子生物学，工学等の先駆的な研究を展開する研究者がお互いに協力する体制のもとに，iPS 細胞を用いた次世代遺伝子・細胞治療法を開発することを最終目標として，iPS 細胞の樹立法，安全性に関する研究および各種血液，膵臓 β 細胞，血管，骨・軟骨をヒト iPS 細胞から誘導すること，さらには iPS 細胞等拠点とは別個に iPS 細胞から固形臓器（腎臓，膵臓など）を再構築する研究も展開している。

3.2 はじめに

　再生医療の実現には幹細胞に関する基礎的な研究に加えて，その成果を円滑にトランスレートできる体制が必須である。東京大学は本郷地区に医学部付属病院，白金台地区には医科学研究所付属病院と二つの性格の異なる病院を持ち，それぞれにおいて先駆的な前臨床および臨床研究が進められている。また，分子細胞生物学研究所ならびに駒場地区の総合文化研究科では幹細胞や発生に関する独創的な研究が行われてきた。さらに医科学研究所においては血液系を中心に，造血幹細胞やヒト ES 細胞に関する基礎研究から遺伝子治療や臍帯血移植等の難病治療に至るまで幅広く先駆的な研究活動を遂行してきた。LP 第一期において医科学研究所には研究用幹細胞バンク，FACS コアラボが整備されたが，これに加えて平成20年4月より幹細胞治療研究センターが設置された。幹細胞治療研究センター内には細胞プロセシング室を設け，研究者からの要請に応じて iPS 細胞を始めとする各種幹細胞の分離培養，臨床応用に向けた細胞プロセシング法の開発，安全性の検討，遺伝子導入ベクターの調整等を行うことを考えており，幹細胞の基礎研究から臨床応用まで一貫した研究協力体制が構築されつつある。

　このような環境を最大限に利用し，本プロジェクトでは医科研幹細胞治療センター（中内啓光），医学研究科・医学部付属病院チーム（牛田多加志），細胞生物学研究チーム（宮島篤），総合文化研究科チーム（大沼清）の4つのチーム（チームリーダー）が協力して以下の研究課題を

[*1] Koji Eto　東京大学　医科学研究所　幹細胞治療研究センター　特任准教授
[*2] Hiromitsu Nakauchi　東京大学　医科学研究所　幹細胞治療研究センター　センター長，教授

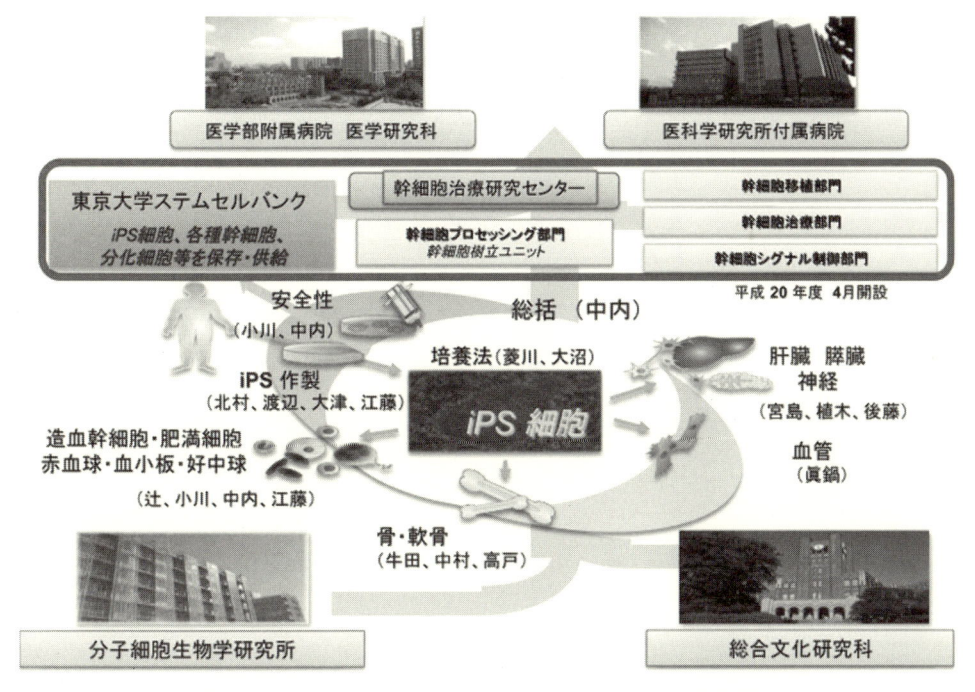

第7章　iPS細胞の各々の拠点の紹介

図1　東京大学　iPS細胞等研究拠点整備事業　研究実施体制

推進している（図1）。

3.2.1　iPS細胞樹立のための新しい基盤技術とiPS細胞の安全性強化技術の開発

これまでに報告されたヒトiPS細胞の培養方法，アッセイ法，樹立法の再現性・安定性などをヒトES細胞と対比しながら確認し，ヒト細胞を扱うための基本技術の習得と問題点の選別によるその後の研究発展のための基盤を構築する目的で現在までに以下の成果が得られつつある。

臨床応用に適した，かつ高効率でヒトiPS細胞が樹立可能となるシステムを開発する目的で，中内らは高力価レトロウイルスベクター産生システム構築開発を行い，ウイルス産生安定株の樹立に成功している。本システムの開発によりウイルスの凍結保存が可能となり，iPS細胞樹立工程の効率化が図られることとなった。一方，中内，渡辺すみ子（医科学研究所）らはウイルスによる山中4因子導入の代用としてProtein transduction domain（PTD）との融合タンパク質のかたちで導入することにより，iPS細胞の樹立を試みている。タンパク質導入法はHIV-1が発現するtrans-activator of transcription protein（TATタンパク質）の11個のアミノ酸から構成されるPTDが膜透過性を有していることを利用している[1]。すでに一部の山中因子に関してはPTDに結合させたリコンビナント蛋白による代用に成功しているが，ごく最近，米国のグループからすべての初期化因子を蛋白で置き換える方法が発表されたこともあり[2]，導入方法以外に焦点を当てた安全性を高める戦略に方向を変えつつある。例えば，大沼，菱川慶一（医学部付属

病院）らを中心に，Xeno-free による培養技術の開発を目的として，無血清，無フィーダー，合成ハイドロゲル等を代用したヒト ES 細胞の未分化維持培養技術を開発しており，ヒト iPS 細胞にも適用できることが明らかになった。その他にも，樹立する細胞ソースを変えることでの安全性や，分化細胞能力検証が現在進行している。

3.2.2 iPS 細胞を臨床応用するための各種細胞への分化誘導システムの確立

本拠点では，各種血液疾患，血友病，骨・軟骨形成不全症，免疫不全症候群，慢性肉芽腫症，変形性関節症，糖尿病，神経変性疾患等に対する治療を想定して，iPS 細胞を用いた遺伝子・細胞治療を目指している。これまでにマウスやヒト ES 細胞で培った知見をもとに iPS 細胞から造血系細胞，膵臓細胞，骨・軟骨系細胞，平滑筋細胞等の誘導法の開発，神経系分化におけるニューロンの機能維持機構解明を試みてきた。

医科学研究所を中心に現在までにヒト iPS 細胞から各種血液細胞へ分化誘導することに成功している。江藤らはヒト ES 細胞から造血前駆細胞が濃縮される嚢様の構造物（ES-Sac）を介した血小板への分化誘導プロトコールおよびその機能を維持する方法を確立した[3,4]。この成果を基にヒト iPS 細胞からも機能性血小板が産生できることを明らかにした[5]。この中で同一ソースから樹立した複数のヒト iPS 細胞株は，株間での血小板産生効率が大きく異なることが明らかになっている。以上の結果は，iPS 細胞は可能な限り複数樹立した方が望ましいこと，遺伝子・細胞療法に最も適した iPS 細胞を事前に選別する作業が必須なことを強く示唆していると考えられる。加えて辻浩一郎（医科学研究所）がヒト ES 細胞から脱核赤血球を誘導する方法を確立しており[6]，ヒト iPS 細胞からの産生に応用している。

宮島，植木浩二郎（医学部付属病院）らは，iPS 細胞から膵島（β細胞）への分化誘導法の確立を推進している。研究では iPS 細胞からより成熟型の膵臓β細胞への分化に必須の因子を同定しており，そのインディケーターマウスの作成によって iPS 細胞からの選択的な成熟型β細胞への誘導法開発が期待される。同様の手法により，真鍋一郎（医学部付属病院）は iPS 細胞から血管平滑筋への高効率での分化誘導法を確立しつつある。本研究は血管平滑筋において観察される形質転換機構の解明に有用である[7]。

牛田チームリーダーらは，骨・軟骨分化をモデルとした大量培養・分化誘導系の開発を行っており[8]，物理的刺激，特に静水圧により軟骨細胞の分化が促進されることを ES 細胞および iPS 細胞を用いて検証している。後藤由季子（分子生物学研究所）は，神経変性疾患の病態解明，治療モデル開発を念頭として iPS 細胞由来神経幹細胞からの高効率なニューロン分化プロジェクトを進行中で，現在までにニューロンへの分化能喪失を阻害することでニューロン分化を誘導促進する因子およびその分子機構を明らかにしている。

第7章 iPS 細胞の各々の拠点の紹介

3.2.3 患者由来 iPS 細胞等の保存・供給システム

　患者から樹立できる iPS 細胞は再生医療のみならず病態の解明，毒性試験，創薬など広範囲での利用が可能であり，研究材料としても極めて重要であることから iPS 細胞等を保存する"ステムセルバンク"を医科学研究所に設置・運営することを決定し，平成20年度内にその設置を開始した。医科学研究所においては長年の臨床用ならびに研究用臍帯血バンクの運用実績があり，バイオアーカイブ等の設備も整っている。本部門は，各種 iPS 細胞の樹立および評価を行い，理研バイオリソースセンター（理研拠点，中村幸夫副拠点リーダー）と連携して広く研究者に供給できる体制を目指している。

3.2.4 iPS 細胞に関する標準化

　上述したように，今後数多く樹立される iPS 細胞株ごとに性質が大きく異なることが想定されている。"標準 iPS 細胞"の定義として，どのような特性を解析することが最適であるのかを決定する必要がある。本拠点では発現分子，分化能力，ゲノム安定性に関する特異性を明らかにしようと研究を推進している。

　北村俊雄（医科学研究所）は標準化に有用と想定される iPS 細胞表面分子のカタログ化に向け，すでに確立されている Signal sequence trap 法[9]に基づくパイロットスクリーニングを行い，複数の候補分子を同定している。これらの候補分子をマーカーに用いるための抗体作製にも着手している。

　iPS 細胞のゲノム安定性の評価は標準化に極めて重要な指標である。小川誠司（医学部付属病院）は代表的 iPS 細胞を用いて高密度 SNP アレイによるゲノムの安定性の網羅的評価を実施し[10]，一部の細胞株での染色体異常を見いだしている。小川の解析結果は今後より多くの iPS 細胞株について経時的に評価が必須であることを明らかにした。

3.3 その他の iPS 細胞関連研究

　研究拠点代表である中内は，別個に JST ERATO 中内幹細胞制御プロジェクトを立ち上げ，マウスモデルを用いた研究の中で，iPS 細胞を用いて，固形臓器を生体内部で再構築することに成功している（小林俊寛，中内）。

3.4 本拠点の特徴と今後の展望

　東京大学では4つの異なったキャンパスに分散する16チームが結集して拠点を形成している。このように多様性のある研究体制ではあるが，緊密な連携のもと研究を推進している。また，これらのグループは，iPS 細胞研究の基盤技術プラットフォーム構築に関する基礎研究から得られる新規の技術が常に応用できる体制により運用されている。こうした体制によって獲得できる技

iPS 細胞の産業的応用技術

術や学術的情報は，他の拠点間でのネットワークを通じて共有できることが現在計画されており，東京大学は一層の iPS 細胞研究の進展に貢献したいと考えている。

文　　献

1) Elliott G, et al., Intracellular trafficking and protein delivery by a herpesvirus structural protein. *Cell*, **88**, 223-233 (1997)
2) Zhou H, et al., Generation of induced pluripotent stem cells using recombinant proteins. *Cell Stem Cell*, **4**, 381-384 (2009)
3) Takayama N, et al., Generation of functional platelets from human embryonic stem cells *in vitro* via ES-sacs, VEGF-promoted structures that concentrate hematopoietic progenitors. *Blood*, **111**, 5298-5306 (2008)
4) Nishikii H, et al., Metalloproteinase regulation improves *in vitro* generation of efficacious platelets from mouse embryonic stem cells. *J. Exp. Med.*, **205**, 1917-1927 (2008)
5) Takayama N, et al., Generation of blood cells from human iPS cells *in vitro* through the hematopoietic progenitors concentrated within the unique structures, iPS-sac. *Blood*, **112** (11), 695 a (50th ASH abstract) (2008)
6) Ma F, et al., Generation of functional erythrocytes from human embryonic stem cell-derived definitive hematopoiesis. *Proc. Natl. Acad. Sci. USA*, **105**, 13087-13092 (2008)
7) Nishimura G, et al., δEF 1 mediates TGF-β signaling in vascular smooth muscle cell differentiation. *Dev. Cell*, **11**, 93-104 (2006)
8) Kawanishi M, et al., Redifferentiation of dedifferentiated bovine articular chondrocytes enhanced by cyclic hydrostatic pressure under a gas-controlled system. *Tissue. Eng*, **13** (5), 957-964 (2007)
9) Kojima T, et al., A signal sequence trap based on a constitutively active cytokine receptor. *Nature Biotech.*, **17**, 487-490 (1999)
10) Yamamoto G, et al., Highly sensitive method for genomewide detection of allelic composition in nonpaired, primary tumor specimens by use of affymetrix single-nucleotide-polymorphism genotyping microarrays. *Am. J. Hum. Genet*, **81**, 114-126 (2007)

4 ヒトES細胞・iPS細胞の分化誘導技術の開発―眼疾患への治療応用の可能性―

小坂田文隆[*1], 高橋政代[*2]

4.1 網膜変性疾患における細胞移植

網膜は中枢神経系の一部であり（図1A，B），一度傷害を受けると，修復が極めて難しい組織である。日本では約3万人の患者がいるといわれる網膜色素変性は，光を感知する視細胞の生存・維持に必要な遺伝子の異常が原因で視細胞が変性・脱落し，やがて失明に至る。欧米において高齢者の失明原因の一位を占める加齢黄斑変性では，脈絡膜からの血管新生などによって網膜色素上皮細胞（RPE）が変性し，2次的に視細胞が細胞死を引き起こす。現在までにこれら網膜変性に対する有効な治療法はほとんど確立されていない。

網膜色素変性や加齢黄斑変性はともに1次ニューロンである視細胞が変性・脱落する疾患であり，早期であれば2次ニューロン以降のシナプス伝達については保存されている。そこで新たな治療戦略として，視細胞の再生および視細胞と2次ニューロンである双極細胞との神経回路の再構築を目標とした網膜の再生が期待されている[1,2,3]。また，視細胞の再生において，視細胞の機能維持に必要不可欠な網膜色素上皮細胞の再生も非常に重要な位置を占める。網膜色素上皮細胞

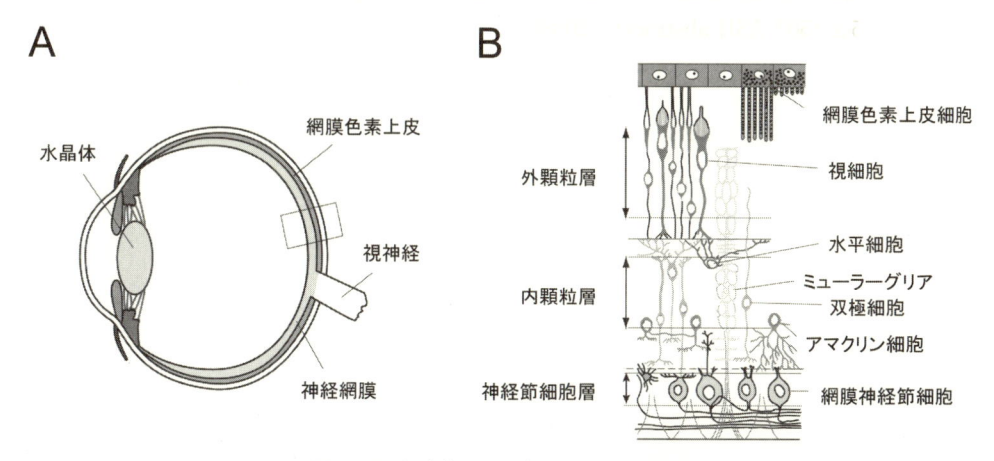

図1 眼球（A）および網膜（B）の構造
角膜や水晶体を透過した光は，神経網膜に到達し，視細胞で感知される。その後，視覚情報は双極細胞，神経節細胞へと伝達され，視神経を通じて視覚野へと伝えられる。

[*1] Fumitaka Osakada　ソーク研究所　システムズニューロバイオロジー研究グループ　研究員
[*2] Masayo Takahashi　㈳理化学研究所　発生・再生科学総合研究センター　網膜再生医療研究チーム　チームリーダー

は視細胞の外節の処理，視物質の代謝と補充，網膜血液関門としての機能などを有しており，その機能障害は2次的な視細胞の変性を引き起こす。網膜再生としばしば混同されるのが，視神経の再生である。視神経の再生とは，3次ニューロンである網膜神経節細胞の再生のことを指す。すなわち，網膜神経節細胞の細胞体の再生および軸索の脳（外側膝状体や上丘）までの伸長，視覚伝達経路を構成する神経細胞とのシナプス再形成のことを意味し，その対象疾患には緑内障などが挙げられる。それに対し，網膜再生とは，1次ニューロンである視細胞が隣接する双極細胞や水平細胞とシナプスを作り，網膜内神経回路を再構築することである。

　これまでに，視細胞が変性する網膜変性モデルマウスに，生後5日目のマウス網膜由来の杆体視細胞を移植することにより，ドナーの視細胞とホストの双極細胞とがシナプスを形成し，視機能を回復することが明らかになっている[4]。さらに近年ヒト embryonic stem cell（ES細胞）由来の網膜細胞を視細胞変性マウスに移植すると，網膜内で杆体視細胞と双極細胞とがシナプスを形成し，視機能が改善することが報告された[5]。また，RPEが変性するRCSラットに対して，サルES細胞由来のRPEあるいはヒトES細胞由来のRPEを移植することにより，視細胞の変性が抑制され，視機能が保存されることが明らかになっている[6,7]。

　本節では，視細胞およびRPEの再生におけるES細胞とiPS細胞の現状および課題について紹介する。

4.2 ES細胞から網膜細胞への分化誘導方法の確立

　網膜や脳などの神経系の発生は，三胚葉が形成され，外胚葉が神経誘導を受けることにより始まる。外胚葉から神経板を経て神経管が形成され，脳の領域化が起こり，成熟した様々なタイプの神経細胞へと分化する。*in vivo* の発生において受精卵が個体を形成するまでの間，様々な前駆細胞を経て，最終的に成熟した細胞へ分化するのと同様に，ES細胞も培養皿中でまず神経前駆細胞へ分化した後に，成熟した神経細胞へ分化する（図2）。ES細胞の分化誘導は，*in vivo* の発生過程を *in vitro* で再現するのである[8,9]。

　まずマウスES細胞を用いて網膜前駆細胞への分化誘導を試みた[10]。分化を評価するために，マウスの10.5日目の胚を用いて網膜前駆細胞が存在する眼杯に特異的に発現するマーカーを検討したところ，眼杯の内層にRxが，外層にMitfが，両方の層にPax 6が発現していた（図3A）。そこで，神経網膜前駆細胞をRx＋/Pax 6＋細胞，網膜色素上皮前駆細胞をMitf＋/Pax 6＋細胞と定義し，マウスES細胞からこれらの陽性細胞を効率良く誘導できる培養条件を探索した。マウスES細胞を無血清の培地で浮遊培養し，細胞塊を形成させるSFEB法に加え，Wntシグナルの阻害タンパク質であるDkk-1とNodalシグナルの阻害タンパク質であるLefty-Aを分化開始0日目から添加し，3日目にFBSを，4日目にActivin-Aを添加したところ，分化8日目に

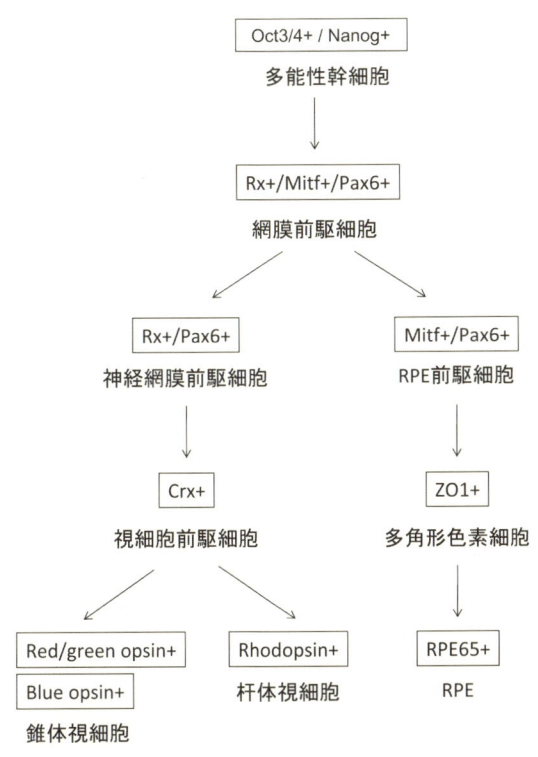

第7章 iPS細胞の各々の拠点の紹介

```
            Oct3/4+ / Nanog+
             多能性幹細胞
                  ↓
          Rx+/Mitf+/Pax6+
             網膜前駆細胞
          ↙              ↘
   Rx+/Pax6+          Mitf+/Pax6+
  神経網膜前駆細胞       RPE前駆細胞
      ↓                   ↓
    Crx+                 ZO1+
  視細胞前駆細胞        多角形色素細胞
   ↙      ↘                ↓
Red/green opsin+  Rhodopsin+   RPE65+
Blue opsin+        杆体視細胞    RPE
  錐体視細胞
```

図2 多能性幹細胞から網膜細胞への段階的分化
　　枠の中にはそれぞれの分化段階の細胞に
　　発現しているマーカーを記した。

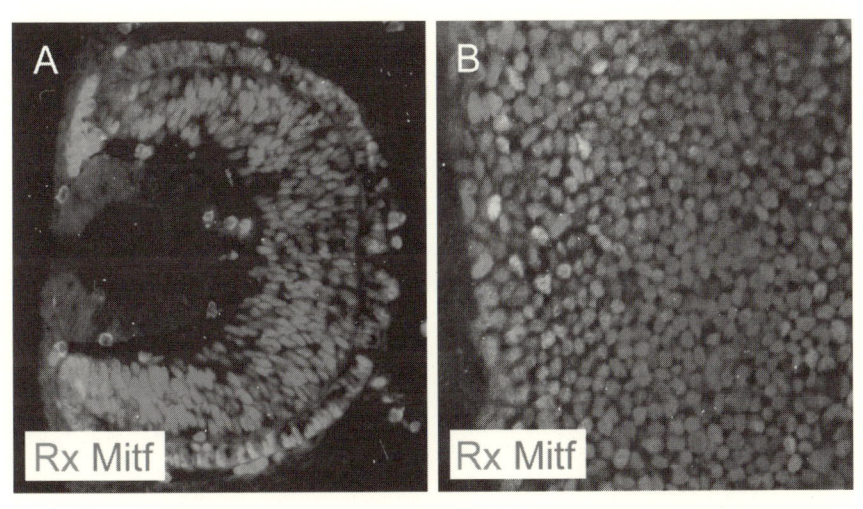

図3 マウスの10.5日胚（A）およびマウスES細胞由来の網膜前駆細胞（B）
　A：Rxは眼杯の内層に，Mitfは外層に発現する。
　B：マウスES細胞はRxおよびMitfを発現する網膜前駆細胞に分化する。

iPS 細胞の産業的応用技術

約 30％のコロニーが Rx と Pax 6 を共発現していること，Mitf＋/Pax 6＋細胞も同一条件で観察されることを見出した（図 3 B）。この Rx＋/Pax 6＋細胞は，視細胞への分化に重要な転写因子である Crx の強制発現により recoverin および rhodopsin を発現する杆体視細胞へ分化し，また発生期の神経網膜との共培養により，網膜内に視細胞に特徴的な形態を有する分化細胞が観察されるなど，神経網膜前駆細胞としての分化能を有していた。

しかしながら，上記の分化方法を移植治療に応用するには，視細胞へ誘導する際に Crx の遺伝子導入あるいは胎仔網膜との共培養を行わず，かつ成分が明らかな培養皿中で視細胞を得る必要がある。そこで，胎仔網膜中に存在する視細胞への分化誘導シグナルに着目した[11, 12]。発生期の網膜で Notch 1 の発現を抑制すると網膜前駆細胞の分裂が抑制され，発生初期に抑制すると網膜前駆細胞の錐体視細胞への分化が，発生後期に抑制すると杆体視細胞への分化が促進される。そこで分化 9 日目に FACS で ES 細胞由来の網膜前駆細胞のみを単離し，分化 10 日目に Notch シグナルを抑制する γ-secretase 阻害薬の DAPT で処置すると，Crx 陽性の視細胞前駆細胞への分化が促進された。次いで，視細胞前駆細胞から成熟した視細胞へ分化させるために，視細胞の発生に重要な FGF-1，FGF-2，shh，retinoic acid および taurine を添加したところ，分化 28 日目には red/green opsin 陽性あるいは blue opsin 陽性の錐体視細胞および rhodopsin 陽性の杆体視細胞が認められた。以上のように，遺伝子導入や共培養を行わずとも，発生に関わる因子を ES 細胞に段階的に処置することにより，網膜前駆細胞を経て，RPE や視細胞へと段階的に誘導できることが分かった。

次に，成分の明らかでない血清を用いずに網膜細胞を分化する方法を開発した[11]。サル ES 細

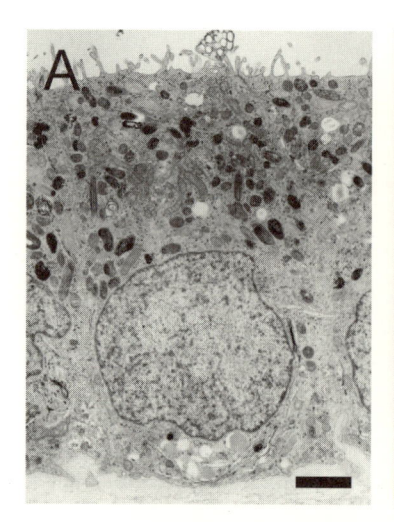

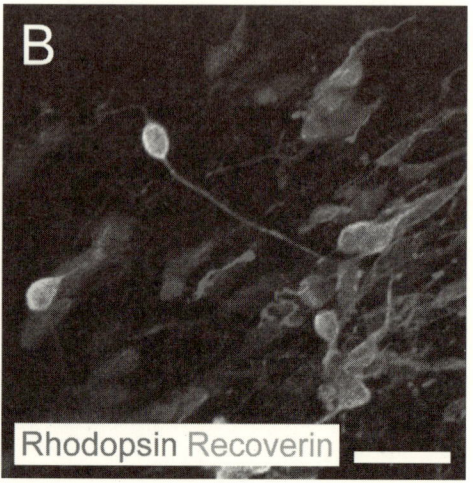

図 4　ヒト ES 細胞由来 RPE（A）および視細胞（B）
A：ヒト ES 細胞由来 RPE の電子顕微鏡写真。
B：ヒト ES 細胞由来視細胞は rhodopsin および recoverin を発現する。

第7章　iPS細胞の各々の拠点の紹介

胞をWntシグナル阻害薬Dkk-1およびNodalシグナル阻害薬Lefty-Aを添加して18日間浮遊培養した（SFEB/DL法）後，poly-D-Lysine/laminin/fibronectinコートしたディッシュ上で接着培養を行った。分化30日目にはRX，MITF，PAX 6を発現する網膜前駆細胞が誘導され，また分化40日目には色素を有する細胞が出現し，さらなる長期間培養により成熟したRPEへと分化した。さらに培養90日目からretinoic acidおよびtaurineを処置することにより，red/green opsin陽性あるいはblue opsin陽性の錐体視細胞およびrhodopsin陽性の杆体視細胞へ分化した。

　ヒトES細胞においてもこの分化方法を用いて網膜細胞への誘導を試みた結果，サルES細胞に比べ分化に時間がかかるものの，同様に網膜細胞へ分化した[11,12]。SFEB/DL法により分化したRPEは，電子顕微鏡観察によりtight junctionやadherence junction，微絨毛，基底膜，Apical側に多数の色素顆粒が観察され，さらにビーズの貪食能を有していたことから，RPEに特有の構造と機能を有していることが示された（図4A）。また，retinoic acidおよびtaurineを処置することにより，光応答に必要な遺伝子を発現する錐体視細胞および杆体視細胞への分化が認められた（図4B）。

4.3　iPS細胞からの網膜細胞への分化と分化方法の改良

　我々は，ES細胞で確立した方法を用いて，induced pluripotent stem cell（iPS細胞）の網膜細胞への分化誘導を行った[13〜15]。まず，マウスの線維芽細胞にレトロウイルスによりOct 3/4，Sox 2，Klf-4，c-Mycを導入し，Fbx 15の発現を指標に作製したマウスiPS細胞を用いた。この細胞は第一世代のiPS細胞で，テラトーマは形成するが生殖細胞系列に分化するキメラマウスを産むことはできず，初期化が不完全であると考えられた。実際にFbx 15-iPS細胞を*in vitro*において網膜細胞へ分化誘導を行ったところ，神経細胞のマーカーを発現する細胞には分化したが，網膜神経細胞への分化は認められなかった。そこで次に，マウスの線維芽細胞にレトロウイルスによりOct 3/4，Sox 2，Klf-4，c-Mycを導入し，Nanogの発現を指標に樹立した第二世代のマウスiPS細胞を用いた。このNanog-iPS細胞は生殖細胞系列に分化するキメラマウスを産むことができ，完全に初期化されていると考えられる。Nanog-iPS細胞をDkk-1およびLefy-A存在下で浮遊培養した（SFEB/DL法）後に，poly-D-Lysine/laminin/fibronectinコートしたディッシュに播種したところ，分化15日目にはRx，Mitf，Pax 6を発現する網膜前駆細胞が観察された。分化30日目にはタイトジャンクションを形成する多角形の細胞が観察され，その後分化45日目にはRPE 65を発現する成熟RPEへ分化した。分化24日目から視細胞の分化に必要なretinoic acidおよびtaurineを添加したところ，視細胞前駆細胞マーカーであるCrx，視細胞のマーカーであるrecoverinやrhodopsinの発現が認められた。

iPS 細胞の産業的応用技術

　次に，ヒト iPS 細胞の分化能についても検討した。ヒトの線維芽細胞にレトロウイルスにより 4 因子（Oct 3/4, Sox 2, Klf 4, c-Myc）あるいは 3 因子（Oct 3/4, Sox 2, Klf 4）を導入した iPS 細胞を用いた。ヒト ES 細胞の分化誘導方法と同じように，SFEB/DL 法で分化誘導を行ったところ，分化 35 日目に Rx+/Pax 6+，Mitf+/Pax 6+ の網膜前駆細胞が観察された。40 日目には色素細胞が観察され，90 日目には多角形状にタイトジャンクションを形成していた。retinoic acid および taurine の処置により視細胞への分化を確認した。加えて，4 因子（Oct 3/4, Sox 2, Klf 4, c-Myc）あるいは 3 因子（Oct 3/4, Sox 2, Klf 4）を用いて作製した複数の iPS 細胞株の分化能を比較した結果，検討した全ての細胞株において Nestin や βⅢ-tubulin を発現する神経細胞への分化は認められたが，RPE には分化しない細胞株が 1 株存在した。iPS 細胞から網膜細胞への誘導には，初期化因子の組み合わせよりも，iPS 細胞の樹立過程におけるコロニーの選択および多能性の検証が重要であると考えられた。

　加えて，安全な網膜細胞を得るために，さらなる分化誘導方法の改良を行った。これまでの分

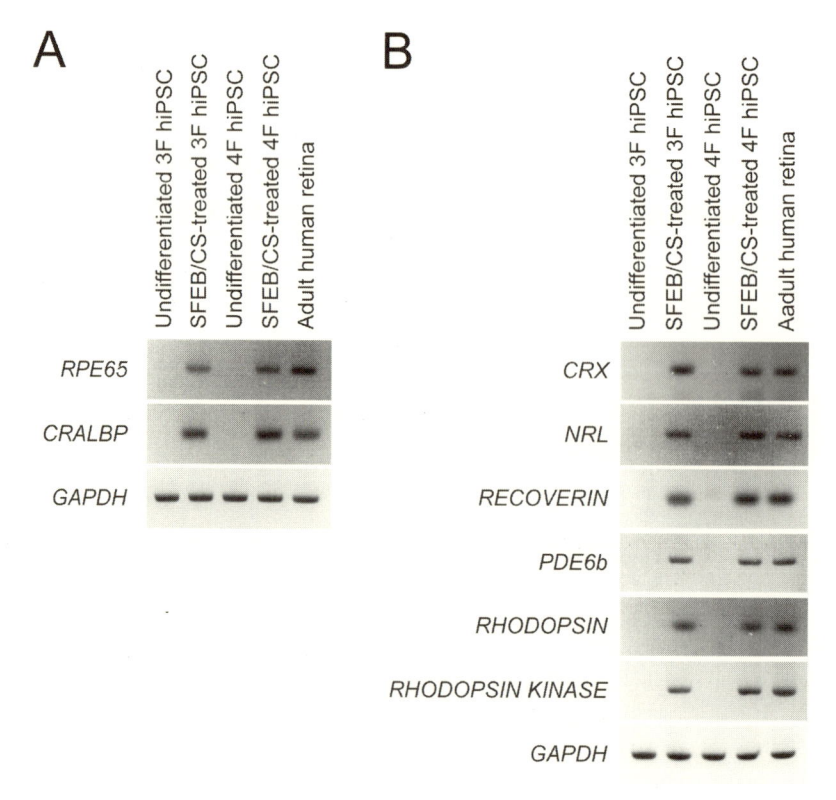

図 5　ヒト iPS 細胞由来 RPE（A）および視細胞（B）の遺伝子発現
A，B：4 因子（OCT 3/4, SOX 2, KLF 4, c-MYC）により作製したヒト iPS 細胞（4 F hiPSC）および 3 因子（OCT 3/4, SOX 2, KLF 4）により作製したヒト iPS 細胞（3 F hiPSC）は，RPE の機能に重要な RPE 65 および CRALBP を発現する RPE（A）および光応答に必要な遺伝子を発現する視細胞（B）へ分化する。

第7章 iPS細胞の各々の拠点の紹介

化方法では，大腸菌や動物細胞により産生された組み換えタンパク質を精製したものを用いていた。組み換えタンパク質では免疫応答を惹起するようなものが混入する可能性があること，lot差が大きいこと，高価であることなどの理由から，これらの課題をクリアした低分子化合物を探索した。これまでの成果を参考に，Wntシグナルを抑制するCKI-7，Nodalシグナルを抑制するSB-431542，Rhoキナーゼを阻害するY-271632に着目した。これら3つの低分子化合物の存在下で浮遊培養を行い，poly-D-Lysine/laminin/fibronectinコートしたディッシュに播種したところ，網膜前駆細胞のマーカーであるRx，Mitf，Pax 6，Chx 10の発現が確認された。この方法においても同様に，ヒトiPS細胞から成熟RPEマーカーであるRPE 65陽性の貪食能を有するRPEおよび光応答に必要な遺伝子を有する視細胞を誘導することが可能であった（図5 A, B）。

4.4 臨床応用に向けたiPS細胞の樹立方法の改良

2006年にマウスiPS細胞が樹立され[13]，2007年にヒトES細胞が樹立され[14,16]，それ以降恐ろしいほどのスピードで樹立方法の改良が行われている。主に治療応用を念頭に置き，より安全なiPS細胞を目指しての改良である。最初の報告ではレトロウイルスベクターを用いられていたが，レトロウイルスベクターは導入遺伝子が染色体に組込まれるという特徴があり，初期化と同時に導入遺伝子の発現はサイレンシングされるものの，染色体DNAにランダムに挿入されるため，挿入部位によっては染色体遺伝子を不活化したり，活性化したりする可能性がある。そこで，染色体に取り込まれないアデノウイルスベクターやプラスミドを用いてOct 3/4, Sox 2, Klf 4, c-Mycの初期化因子を発現させることにより，マウスiPS細胞を作製する方法が報告された[17,18]。しかしいずれの方法も確率は非常に低いが染色体に導入遺伝子が挿入されうることから，遺伝子導入を行なわずに，タンパク質や化合物を用いて作製する方法が理想と考えられる。既にOct 3/4, Sox 2, Klf 4, c-Mycの膜透過性を有する組み換えタンパク質を用いたマウスiPS細胞およびヒトiPS細胞の作製に成功している[19]。同様に，初期化を誘導する低分子化合物のスクリーニングは世界中で精力的に行われているが，これまでに低分子化合物のみでの樹立方法はまだ報告されていない。現在は，遺伝子導入あるいはタンパク質導入と低分子化合物とを組み合わせることによって，樹立効率を促進させる，あるいは導入する初期化因子の数を減らすことができる，という段階である。近い将来，化合物だけによるiPS細胞の樹立が可能になるだろう。我々の低分子化合物による分化誘導方法と組み合わせることにより，より安全な網膜細胞を得ることができると期待したい。

腫瘍化についても検証されつつある。まず最初に癌関連遺伝子であるc-Mycを用いずにiPS細胞が樹立可能であることが報告され，c-Mycは樹立効率を上げるが，初期化に必須な因子ではないことが明らかになった[20]。iPS細胞が樹立されて間もないために長期にわたる発癌率のデ

ータはまだ存在しないが，Oct 3/4，Sox 2，Klf 4，c-Myc を用いて樹立したマウス iPS 細胞から作製したマウスは，1 年後には約 6 割が癌化することが分かっている。今後初期化における c-Myc の役割が調べられると同時に，癌化のリスクの少ない iPS 細胞を効率良く樹立する方法が開発されるだろう。

　また，ヒト iPS 細胞を作製する際にどこから細胞を取ってくるのが良いのかも考慮しなけばならない。これまでに多くの細胞種が世界中で試されている。報告があるのは，皮膚の線維芽細胞，肝細胞，胃上皮細胞，B リンパ球，膵臓 beta 細胞，脳の神経幹細胞，包皮のケラチノサイト，髪のケラチノサイト，血液の造血前駆細胞である。最初にどの細胞を用いるかにより，必要な初期化因子の数や樹立効率が違うことが分かった。例えば，神経幹細胞は内在性に Sox 2 を発現していることから，Oct 3/4 と Klf 4 の 2 因子のみで iPS 細胞の樹立が可能である。ケラチノサイトと線維芽細胞とで樹立効率を比較すると，ケラチノサイトを用いた方が 100 倍以上効率が良い。実際に臨床応用を考えた場合には，採血により造血前駆細胞を単離するのが最も現実的と考えられる。

4.5　多能性幹細胞を用いた in vitro モデルの可能性

　多能性幹細胞の培養系は，移植治療を目指したドナー細胞源としての可能性だけではなく，in vitro の発生モデルや病態モデルとしても有用である。これまでアフリカツメガエルなどを中心とした分子発生学により初期神経発生分子機構が明らかになり，そのメカニズムはショウジョウバエからアフリツメガエルに至るまで広く保存されていることが示されてきた。しかし，哺乳類における初期神経発生機構の分子機構についてはほとんど分っていない。その原因として，胎生であること，胚が小さいこと，さらにアフリカツメガエルの animal cap assay のような in vitro の実験系がマウスなどの哺乳類で存在しなかったことが挙げられる。ES 細胞および iPS 細胞は個体を形成する全ての細胞に分化しうる能力を有することから，哺乳類の in vitro 発生モデルとして有用と考えられる。さらにはヒトの発生学を理解するために，ヒト胚の代わりとして，ヒト ES 細胞とヒト iPS 細胞での研究が極めて重要になるであろう。

　さらに，ヒト iPS 細胞は患者自身から簡単に作製できることから，機能が分っていない遺伝子変異を有する患者由来の iPS 細胞を用いれば，変異による変性機序の解明や病態の理解にもつながる。また薬物に対する応答の個体差についても，薬物投与の前に患者自身の iPS 細胞を用いることで，事前に薬物の毒性，有効性，至適投与濃度などを予測できるようになりえる。新薬開発においても，種差が大きな問題になる薬物スクリーニングでヒト ES 細胞あるいはヒト iPS 細胞由来の分化細胞は非常に有用なツールとなると期待される。

第7章　iPS細胞の各々の拠点の紹介

4.6　iPS細胞の出現による多能性幹細胞研究の進展

　iPS細胞の出現により多能性に関する研究が盛んになってきている。これまでマウスES細胞の未分化維持には血清およびLIFを含んだ培地が用いられていたが，血清や成長因子の非存在下でFGF受容体チロシンキナーゼの阻害薬であるSU 5402，MEK阻害薬であるPD 184352，GSK 3阻害薬であるCHIR 99021の3つの低分子阻害薬で同時に処置する（3i法）と，マウスES細胞を未分化状態で維持できることが明らかになった[21]。これにより真の未分化基底状態を維持する方法が確立された。これを基に初期化因子の遺伝子導入に加えてPD 0325901とCHIR 99021を用いた2i法でマウスiPS細胞の樹立が改善され，type 1 TGFβ receptor（ALK 5）阻害薬であるA-83-01と2i法を適用することによりラットiPS細胞の樹立が可能になり[22]，さらには3i法を用いてキメラ形成が可能なラットES細胞の樹立が初めて可能になった[23,24]。これにより，ノックアウトラット，ノックインラット作製への応用が期待される。

　また，マウスES細胞とヒトES細胞は性質が異なることが以前から知られている。まず，マウスES細胞はドーム状の盛り上がったコロニーを形成するのに対して，ヒトES細胞は扁平な単層のコロニーを形成する。マウスES細胞の未分化性維持にはLIFおよびBMP 4シグナリングが重要であるのに対して，ヒトES細胞ではbFGFおよびActivin Aシグナリングが重要である。加えて，マウスES細胞はトリプシンなどを用いて細胞塊を一つの細胞にまで解離しても生存・維持が可能なのに対して，ヒトES細胞では細胞塊を完全に単一な細胞にまでばらすと生存できない。近年，マウスおよびラットの着床後胚の後期エピブラストから樹立された細胞株（Epiblast stem cell，EpiS細胞）は，ヒトES細胞との共通点が多く見られることが報告された[25,26]。マウス胚とラット胚から取り出したエピブラストは，bFGF，Activin A存在下で培養すると，Oct 4，Nanog，SSEA 1を発現する扁平なコロニーを形成する細胞株として樹立でき，これらEpiS細胞はトリプシンなどで単一細胞まで解離すると細胞死を起こし，LIF，BMP 4存在下では樹立できない。また，テラトーマを形成し，三胚葉への分化能を有するが，キメラには寄与できず，完全な多能性を持たない。ヒトES細胞は真のES細胞ではなく，EpiS細胞であるという指摘もある。興味深いことに，このマウスEpiS細胞にKlf 4を導入し，2i法で培養することでiPS細胞（Epi-iPS細胞）を作製することができ，この細胞はキメラ形成に寄与しジャームライントランスミッションすることが確認された[27]。iPS細胞の出現以来，我々は真の多能性の理解に迫りつつある。

4.7　おわりに

　これまでにiPS細胞の樹立は，マウス，ラット，ブタ，サル，ヒトで報告されている。移植治療に応用するためには，ヒトES細胞やヒトiPS細胞を使って病態モデルでの有効性を証明する

177

必要がある。移植する網膜細胞の分化の程度が生着に重要であることは明らかにされている[4]が,今後は網膜変性のタイプ毎に,移植治療が最も有効なタイムウインドウを明らかにする必要があるであろう。それに加えて,安全性試験として,サル iPS 細胞から誘導した分化細胞を自家移植することにより,拒絶反応の有無など免疫応答を詳細に検討する必要がある。また,これまでの ES 細胞を用いた移植実験では,他家移植の際に腫瘍を形成する場合も報告されており,自家移植の際は拒絶反応がないためにさらに腫瘍ができやすい可能性も考えられることから,iPS 細胞を用いて自家移植の際の腫瘍形成についても検討しなければならない。また,移植細胞が網膜組織内で正しく機能させるためには,視細胞や RPE を正しく配置し,正常な機能を発現する環境を再構築しなければならない。そのためには幹細胞の運命決定だけではなく,層やシナプスの形成,神経回路,細胞死や炎症,病態についての理解も必須である。これまでに視細胞の核の位置,極性の形成,外節の形成,繊毛内輸送,双極細胞とのシナプス形成,細胞の配列の仕方,網膜内神経回路の情報処理機構,視細胞の変性メカニズムなどに関する知見が提出されてきており,これらを人工的に制御することができれば,失われた機能を回復させることも不可能ではないであろう。

文　　献

1) 小坂田文隆,高橋政代,蛋白質核酸酵素,**52**,470-477（2007）
2) 小坂田文隆,高橋政代,医学のあゆみ,**224**,511-517（2008）
3) Osakada F, Takahashi M, *J. Pharmacol. Sci.*, **109**, 168-173（2009）
4) MacLaren RE, Pearson RA, MacNeil A, Douglas RH, Salt TE, Akimoto M, Swaroop A, Sowden JC, Ali RR, *Nature*, **444**, 203-207（2006）
5) Lamba DA, Gust J, Reh TA, *Cell Stem Cell*, **4**, 73-79（2009）
6) Haruta M, Sasai Y, Kawasaki H, Amemiya K, Ooto S, Kitada M, Suemori H, Nakatsuji N, Ide C, Honda Y, Takahashi M, *Invest. Ophthalmol. Vis. Sci*, **45**, 1020-1025（2004）
7) Lund RD, Wang S, Klimanskaya I, Holmes T, Ramos-Kelsey R, Lu B, Girman S, Bischoff N, Sauvé Y, Lanza R, *Cloning Stem. Cells*, **8**, 189-199（2006）
8) Mizuseki K, Sakamoto T, Watanabe K, Muguruma K, Ikeya M, Nishiyama A, Arakawa A, Suemori H, Nakatsuji N, Kawasaki H, Murakami F, Sasai Y, *Proc. Natl. Acad. Sci. U S A*, **100**, 5828-5833（2003）
9) Osakada F, Sasai Y, Takahashi M, *Inflamm. Regen.*, **28**, 166-173（2008）
10) Ikeda H, Osakada F, Watanabe K, Mizuseki K, Haraguchi T, Miyoshi H, Kamiya D, Honda Y, Sasai N, Yoshimura N, Takahashi M, Sasai Y, *Proc. Natl. Acad. Sci. U S A*, **102**,

第 7 章　iPS 細胞の各々の拠点の紹介

11331-11336（2005）
11) Osakada F, Ikeda H, Mandai M, Wataya T, Watanabe K, Yoshimura, N, Akaike A, Sasai Y, Takahashi M, *Nat. Biotechnol.*, **26**, 215-224（2008）
12) Osakada F, Ikeda H, Sasai Y, Takahashi M, *Nat. Protoc.*, **4**, 811-824（2009）
13) Takahashi K, Yamanaka S, *Cell*, **126**, 663-676（2006）
14) Takahashi K, Tanabe K, Ohnuki M, Narita M, Ichisaka T, Tomoda K, Yamanaka S, *Cell*, **131**, 861-872（2007）
15) Hirami Y, Osakada F, Takahashi K, Okita K, Yamanaka S, Ikeda H, Yoshimura N, Takahashi M, *Neurosci. Lett.*, **458**, 126-131（2009）
16) Yu J, Vodyanik MA, Smuga-Otto K, Antosiewicz-Bourget J, Frane JL, Tian S, Nie J, Jonsdottir GA, Ruotti V, Stewart R, Slukvin, II, Thomson JA, *Science*, **318**, 1917-1920（2007）
17) Stadtfeld M, Nagaya M, Utikal J, Weir G, Hochedlinger K, *Science*, **322**, 945-949（2008）
18) Okita K, Nakagawa M, Hyenjong H, Ichisaka T, Yamanaka S, *Science*, **322**, 949-953（2008）
19) Zhou H, Wu S, Joo JY, Zhu S, Han DW, Lin T, Trauger S, Bien G, Yao S, Zhu Y, Siuzdak G, Schöler HR, Duan L, Ding S, *Cell Stem. Cell*, **4**, 381-384（2009）
20) Nakagawa M, Koyanagi M, Tanabe K, Takahashi K, Ichisaka T, Aoi T, Okita K, Mochiduki Y, Takizawa N, Yamanaka S, *Nat. Biotechnol.*, **26**, 101-106（2008）
21) Ying QL, Wray J, Nichols J, Batlle-Morera L, Doble B, Woodgett J, Cohen P, Smith A, *Nature*, **453**, 519-523（2008）
22) Li W, Wei W, Zhu S, Zhu J, Shi Y, Lin T, Hao E, Hayek A, Deng H, Ding S, *Cell Stem. Cell*, **4**, 16-19（2009）
23) Buehr M, Meek S, Blair K, Yang J, Ure J, Silva J, McLay R, Hall J, Ying QL, Smith A, *Cell*, **135**, 1287-1298（2008）
24) Li P, Tong C, Mehrian-Shai R, Jia L, Wu N, Yan Y, Maxson RE, Schulze EN, Song H, Hsieh CL, Pera MF, Ying QL, *Cell*, **135**, 1299-1310（2008）
25) Brons IG, Smithers LE, Trotter MW, Rugg-Gunn P, Sun B, Chuva de Sousa Lopes SM, Howlett SK, Clarkson A, Ahrlund-Richter L, Pedersen RA, Vallier L, *Nature*, **448**, 191-195（2007）
26) Tesar PJ, Chenoweth JG, Brook FA, Davies TJ, Evans EP, Mack DL, Gardner RL, McKay RD, *Nature*, **448**, 196-199（2007）
27) Guo G, Yang J, Nichols J, Hall JS, Eyres I, Mansfield W, Smith A, *Development*, **136**, 1063-1069（2009）

5 幹細胞バンク事業及び幹細胞技術支援体制の整備

中村幸夫*

5.1 はじめに

　文部科学省「再生医療の実現化プロジェクト」では，再生医療を早期に実現することを目的として，「研究体制」のみでなく，必要不可欠な基盤（インフラストラクチャー）であり，国家レベルで取り組むべき喫緊の課題である「幹細胞バンク体制」「幹細胞の標準化を図るための体制」「幹細胞関連技術の支援及び普及体制」等の整備を実施している。㈵理化学研究所バイオリソースセンター（理研BRC）では，「幹細胞バンク体制」「幹細胞の標準化を図るための体制」「幹細胞関連技術の支援及び普及体制」の整備を主たるミッションとして，プロジェクトの推進に参画している。

5.2 幹細胞バンク体制の整備

　理研BRC細胞材料開発室（理研細胞バンク）において整備し，提供している幹細胞を紹介する（表1）。理研細胞バンクホームページも参照して頂きたい（http://www.brc.riken.jp/lab/cell/）。

5.2.1 ヒト体性幹細胞

　研究に実験動物（マウス等）の体性幹細胞が必要な場合，研究者は該当する実験動物を購入して目的の体性幹細胞を入手することができる。一方，ヒト体性幹細胞はすべての研究者にとって入手が容易でない材料であり，特に医学系以外の研究機関の研究者にとってはきわめて入手が難しい材料である。そこで，理研細胞バンクではヒト体性幹細胞のバンク事業を整備した。

表1　理研細胞バンクで整備している幹細胞材料

(1) ヒト体性幹細胞
　　ヒト臍帯血幹細胞
　　ヒト間葉系幹細胞
(2) 胚性幹細胞（ES細胞）
　　ヒトES細胞
　　非ヒト霊長類ES細胞
　　マウスES細胞（従来法で樹立）
　　マウス核移植ES細胞
(3) 人工多能性幹細胞（iPS細胞）
　　ヒトiPS細胞（正常細胞由来）
　　マウスiPS細胞
　　ヒト疾患特異的iPS細胞

ヒト疾患特異的iPS細胞（提供予定）以外は既に提供している。

＊　Yukio Nakamura　㈵理化学研究所　バイオリソースセンター　細胞材料開発室　室長

第7章　iPS細胞の各々の拠点の紹介

(1) ヒト臍帯血

　文部科学省「再生医療の実現化プロジェクト」の一環として，研究用ヒト臍帯血の提供を行っている。日本には「臍帯血バンクネットワーク」が存在し，移植用の臍帯血を保存・提供している。臍帯血バンクネットワークに属するバンク機関の中で5機関が研究用臍帯血バンク事業に協力している（宮城さい帯血バンク，東京臍帯血バンク，東海大学研究資源バンク，東海臍帯血バンク，NPO法人兵庫臍帯血バンク）。関連するすべての機関において，研究用臍帯血バンク事業への参画に関して倫理審査委員会での審査と承認を経て実施している。また，試料はすべて連結不可能匿名化した状態で提供している。

　提供細胞としては，HES試料（赤血球を除いた有核細胞），Ficoll試料（単核細胞），CD 34陽性細胞（磁気ビーズ法で分離回収したCD 34陽性細胞。ヒト血液幹細胞を豊富に含む細胞集団）などを提供している。

　提供に当たっては，第一期「再生医療の実現化プロジェクト」では使用機関における倫理審査委員会での審査と承認を使用条件としていたが，第二期「再生医療の実現化プロジェクト」においてはプロジェクト内にこれを代替する審査システムを構築し，使用者の利便性向上に努めている。

(2) ヒト間葉系幹細胞

　間葉系幹細胞は，骨・軟骨・筋・腱・脂肪組織などに分化する能力を有する多能性幹細胞である。また，最近では，心筋細胞への分化能も確認され，心筋梗塞等の心疾患治療への応用も期待されている。加えて，骨髄移植や臍帯血移植に際して，間葉系幹細胞を同時に移植することにより，移植成績の向上が得られることが知られており，既に臨床に応用されている。

　国立大学法人広島大学及び国立成育医療センターの協力を得て，研究用ヒト間葉系幹細胞の提供を実施している。広島大学からは初代培養細胞を，国立成育医療センターからは不死化した間葉系幹細胞を譲り受け，広く一般の研究者に提供している。

5.2.2　胚性幹細胞（Embryonic Stem Cell：ES細胞）

　マウスES細胞株の樹立が発表されたのは1981年のことである。その後，遺伝子欠損マウス作成技術に応用され，20世紀終盤の遺伝子機能解析を中心とした生命科学研究に大きな貢献をしたことは周知のことであり，貢献者に対して2007年にノーベル賞が授与された。ヒトES細胞株の樹立は1998年に発表され，日本でも京都大学においてヒトES細胞株樹立研究が行われ，3株が樹立されている。

　ヒトES細胞は，正常な細胞でありながら継代培養のみで不死化するという点においてヒト体細胞とは大きく異なる特性を有している。また，癌細胞株などはそのほとんどが核型異常を有しているが，マウスであれヒトであれ，ES細胞株の核型は比較的安定しており，かなりの期間正

常な核型を維持したまま培養が可能である。こういったES細胞株の特性もその多能性分化能に加えて，応用研究への期待を集める要因となっている。

(1) ヒトES細胞

「ヒトES細胞の樹立及び使用に関する指針（文部科学省）」が改訂され，ヒトES細胞の分配機関の設置が可能となった。理研細胞バンクは，2008年4月，ヒトES細胞分配機関として文部科学大臣の確認を受けた。これを受け，国立大学法人京都大学から中辻憲夫博士のグループが樹立したヒトES細胞株3株（KhES-1，KhES-2，KhES-3）の寄託を受け，現在提供準備中である。

(2) 非ヒト霊長類ES細胞

ヒトES細胞研究が進展して，ヒトES細胞に由来する細胞を臨床応用するような際には，場合によっては，その前段階として非ヒト霊長類ES細胞を用いて，そこから分化誘導した細胞を実験霊長類動物に移植するような前臨床研究が必要になるものと考えられる。理研細胞バンクでは，㈶実験動物中央研究所から非ヒト霊長類（コモン・マーモセット）由来のES細胞の寄託を受け，提供を実施している。

(3) マウスES細胞

マウスES細胞を使用した基礎研究がまだまだ重要であることは言うまでもない。理研細胞バンクでは，C57BL/6系統マウスに由来し，キメラ個体作成能及び生殖細胞への分化能を確認したES細胞も提供している。また，マウス核移植ES細胞等，多種類のマウスES細胞を提供している。

5.2.3 人工多能性幹細胞（induced Pluripotent Stem Cell：iPS細胞）

京都大学山中伸弥博士のグループによって確立された人工多能性幹細胞（iPS細胞）樹立技術は，世界中が注目している最先端技術である。そして，その技術を様々な生命科学分野で応用する研究が盛んになっている。

(1) ヒトiPS細胞

理研細胞バンクは，京都大学から山中博士のグループが樹立したヒトiPS細胞の寄託を受け，提供を開始した。提供中の細胞株は，Oct 3/4，Sox 2，Klf 4，c-Mycの4因子を使用して樹立した細胞株と[1]，Oct 3/4，Sox 2，Klf 4の3因子を使用して樹立した細胞株とである[2]。

今後は，様々な遺伝子変異を有する細胞から樹立されたヒトiPS細胞も増加するものと予想している（「疾患特異的iPS細胞」と呼ばれている）（表1）。例えば，先天性遺伝性疾患者の細胞に由来するiPS細胞，あるいは，後天的な遺伝子変異を有することが多い癌細胞などに由来するiPS細胞などが増えるものと思われる。

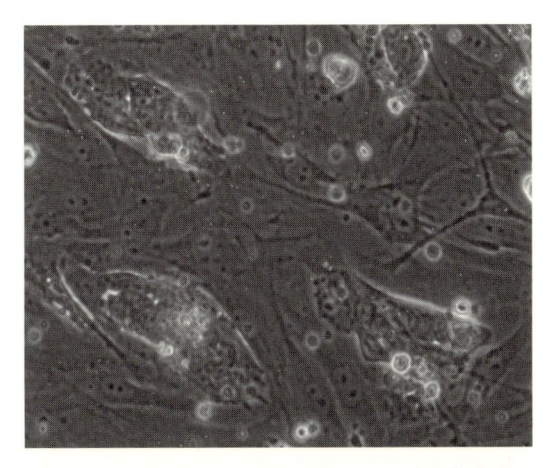

第 7 章　iPS 細胞の各々の拠点の紹介

図 1　マウス induced Pluripotent Stem (iPS) 細胞
京都大学山中伸弥博士のグループが樹立した細胞株
(iPS-MEF-Ng-20 D-17)。理研細胞バンクより提供中。

(2)　マウス iPS 細胞

　理研細胞バンクは，京都大学から山中博士のグループが樹立したマウス iPS 細胞[3]の寄託を受け，既に提供を開始している（図 1）。また，Oct 3/4，Sox 2，Klf 4 の 3 因子を使用して樹立したマウス iPS 細胞株[2]，及びウイルスベクターを使用することなく樹立し，樹立された細胞内に外来性遺伝子を保有していないマウス iPS 細胞株[4]の寄託も受け，現在提供準備中である。

5.2.4　その他の幹細胞

　理研細胞バンクに寄託されているいわゆる「線維芽細胞」を対象に，分化誘導実験を行ったところ，そのほとんどが何らかの分化能（骨芽細胞への分化能，軟骨細胞への分化能，脂肪細胞への分化能等）を有していることが判明した[5]。Hayflick 博士がヒト細胞の培養寿命の解析に使用したことで有名な WI-38 細胞も骨への分化能を有していた。したがって，いわゆる「線維芽細胞」の多くは，分化能を有していながら，分化能を解析されていないに過ぎない細胞集団であることが多いと言える。「線維芽細胞」として提供している細胞の中には，間葉系幹細胞も含まれていた[5]。

5.3　幹細胞の標準化を図るための体制の整備

5.3.1　細胞の基本的な品質管理

(1)　マイコプラズマ感染

　マイコプラズマは細菌や真菌と同様に常在微生物であり，常に感染を引き起こす可能性があるという認識を持つことが重要である。マイコプラズマ感染が最も深刻な理由は，細菌や真菌の汚染と異なり，実験者がその感染に気付かない点にある。即ち，培養細胞のほとんどは，マイコプ

iPS 細胞の産業的応用技術

ラズマが感染してもマイコプラズマに凌駕されることはなく，言わば共生し続ける。このことが，細胞バンクが寄託を受けた細胞の実に 30% 近くにおいてマイコプラズマ感染が検出されるという事実へとつながる。理研細胞バンクではもちろんマイコプラズマ感染のないことを確認した細胞のみを提供している。

(2) 細胞間のコンタミネーション（クロスコンタミネーション）

培養細胞の多くは付着性細胞であり，形態的には紡錘形とか方形といった単純な区分しかない。したがって，細胞間のクロスコンタミネーションはマイコプラズマ感染と同様に不顕性であり，実験結果の解釈に影響する程度の大きさからすれば最も深刻な問題であると言える[6〜9]。クロスコンタミネーションの原因としては，同じボトルの培地を用いて異なる細胞を培養したために他の細胞が混入して起こることが最も多いと考えられている。混入した細胞の方の増殖活性が高いと混入した細胞が主体となる。また，複数の細胞を同時期に培養して，培養容器への記名を間違

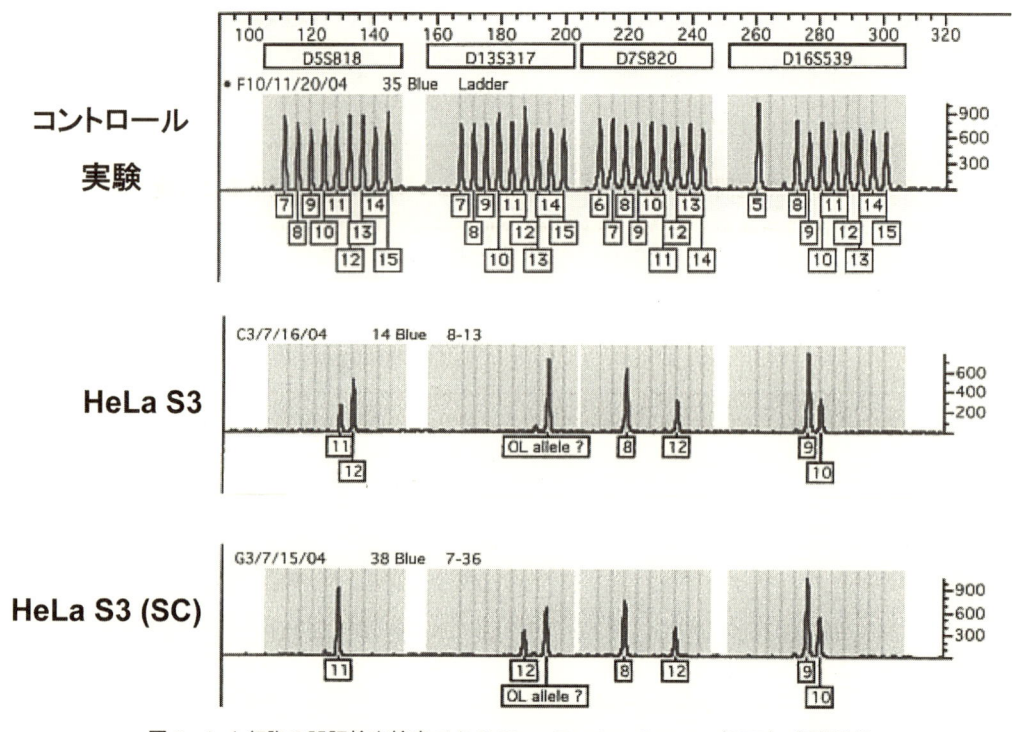

図2　ヒト細胞の誤認検出検査である Short Tandem Repeat（STR）多型解析
ゲノム上のあちこちに STR が存在するが，その繰り返し数には多型が存在する。この多型をいくつか組み合わせて解析することで，個人を識別することが可能であり，犯罪捜査にも応用されている。細胞の識別検査にも有効な解析方法である。実際には9種類のプライマーセットで9箇所の解析をするが，図には4種類のプライマーセットによる解析（4箇所の多型解析）の概要を示す。最上段はコントロール実験であり，検出され得るすべての繰り返し数のピークが出ている。実際には，各プライマーセットで父親由来のピーク1本，母親由来のピーク1本が検出され，両親が同じ繰り返し数ならば1本のみ検出される。下2段は HeLa 細胞亜株の解析例であるが，詳細な説明は省略する。

第7章 iPS細胞の各々の拠点の紹介

えてしまったというような取り違え等の可能性もある。このような事象は想像以上の頻度で起こっており，細胞バンクが寄託を受けた細胞の実に10%近くに他の細胞のコンタミネーションが検出される。

　細胞のクロスコンタミネーションの検出は，細胞の識別を遺伝子レベルで実施するShort Tandem Repeat（STR）多型解析法の開発によって根本的な改善をみた（図2)[10,11]。STR多型解析法は，遺伝子多型を利用した個体識別法であり，理論上ほぼすべてのヒト個体を識別できる。それ故，最近では，樹立したヒトiPS細胞が元になった体細胞に由来することの確認にもこのSTR多型解析が用いられている[1]。当然のことながら，特定のヒトiPS細胞が他のヒトiPS細胞との取り違えではないか否かの検証にも使用できる検査である。理研細胞バンクではもちろんクロスコンタミネーションのないことを確認した細胞のみを提供している。

5.3.2　基本的な品質管理に係る研究者の対応

　研究者は細胞バンクから細胞を入手して使用すれば，マイコプラズマ感染や細胞間のクロスコンタミネーションのないことが保証された細胞を用いて研究を開始できる。しかし，なおかつ研究者が常に自覚すべきは，「自分が培養している細胞にはいつでもマイコプラズマが感染し得る。培養期間中に細胞間のクロスコンタミネーションを起こす可能性がある。」という事実である。マイコプラズマ感染や細胞間のクロスコンタミネーションの疑いを払拭するには検査以外に方法はない。長期にわたって使用している培養細胞に関しては，自らが定期的に検査を実施するか，定期的に細胞バンクから新しい細胞を入手することを強くお奨めする。

5.3.3　総体としての細胞培養研究の標準化

　細胞培養研究が標準化されたもの，即ち，再現性を確保されたものとなるためには，「細胞の標準化」と「細胞培養技術の標準化」との両者が必要である。

(1)　細胞の標準化

　細胞株は「生き物」であり，長期培養によってその特性が変化する。したがって，同じ名前の細胞株でありながら，各研究室が保有している細胞株は同一の研究材料とは言えないことが多々ある。それ故に，細胞を用いた研究が科学となるためには，「細胞の標準化」が必要となる。

　今話題の人工多能性幹細胞（iPS細胞）及び胚性幹細胞（ES細胞）の標準化もよく話題になる。しかし，ここで注意しておかなければならないのは，次元のことなる「標準化」が混在して議論されることである。細胞バンクに登録され管理されている細胞株は個々に異なり，個々の特性が重視され，個々の細胞ごとの「標準化」が問題視される。例えば，「K562」という血球系細胞には赤血球系に分化してヘモグロビンを合成するという特性があるが，「K562」細胞を使った成果を公表する際には，使用細胞がこの特性を有した細胞であるという「標準化」が求められる。それは決して，「血液系細胞全般に関する特性の標準化」という総論的なものではない。

iPS 細胞や ES 細胞の標準化の議論は，主に「iPS 細胞や ES 細胞全般に関する特性の標準化」を目指していると思うが，「A」という iPS 細胞，「B」という iPS 細胞，「C」という iPS 細胞，個々の iPS 細胞株に関する「特性の標準化」も必須である。即ち，「A」という iPS 細胞を使用したら，世界中のどこの研究室でも「X という特性」「Y という特性」「Z という特性」が観察できます，という意味での個々の細胞株の「特性の標準化」である。

我々は，近交系マウス由来の ES 細胞株であってもその特性は株毎に異なるという事実を知っており，ヒト iPS 細胞やヒト ES 細胞が株間で特性を異にするであろうことは容易に想像できる。したがって，総論としての「iPS 細胞や ES 細胞全般に関する特性の標準化」は多能性幹細胞に係るコンセンサス形成には重要ではあるが，基礎研究での使用であれ，臨床応用であれ，最終使用段階では「個々の細胞株の特性の標準化」なくして再現性のある科学的な細胞材料とはなり得ない。

将来的には，遺伝子多型に起因する細胞特性の相違（これを見極めるための研究にもかなりの時間を要すると思われるが）以外に関しては，株間で何ら特性の違いがないという「究極の iPS 細胞や ES 細胞」を定義し樹立する技術が開発される可能性はある。しかし，それまでの間は「個々の細胞株の特性の標準化」が重要であり，総論的な定義に合致しているというのみで，細胞特性の再現性がないような不安定な細胞材料を使用することは厳に慎むべきである。

(2) 細胞バンクにおける細胞培養技術の標準化

理研細胞バンクでは，品質マネジメントシステム（Quality Management System：QMS）を構築し，ISO 9001：2000 による審査・認証を受けている。QMS の中で，培養に従事する者の教育訓練やその力量判定などの方法を定めており，必要となる力量を有する者のみが細胞バンク事業に従事している。

5.4 幹細胞関連技術の支援及び普及体制の整備

5.4.1 幹細胞材料の移管先としての幹細胞バンク

細胞バンクでは不死化細胞株の「譲渡」ももちろん受け入れるが，「寄託制度」も導入しており，ほとんどの不死化細胞株は寄託を受けたものである。寄託とは，不死化細胞株の知的財産権（所有権等）は寄託者に帰属したまま，「細胞を増やして他の研究者に提供するという作業」を細胞バンクが引き受けるものであり，寄託者も細胞バンクも双方が無償の行為として実施している。寄託に当たっては，寄託者は使用許可条件を付加することもできるようにしており，この寄託制度の導入によって，研究成果物である細胞株を広く多くの研究者がより迅速に使用できる体制が整備されたとも言える。

理研細胞バンクでは知的財産権の取扱い等を明確にすることを目的として，細胞寄託や細胞提

供に当たっては，同意書（MTA：Material Transfer Agreement）を締結している。同意書は機関長間の契約であり，こうした正式な契約手続きに基づいているが故に，寄託者は安心して細胞バンクに細胞を寄託できるようになったとも言える。

5.4.2 ユーザーサイドにおける細胞及び細胞培養技術の標準化

　使用研究者のレベルで標準化された細胞を維持する上で最も重要なことは，研究を始める際に多数の均一な細胞凍結アンプルを準備し，定期的にそれを起こして使用することである。長期間培養された細胞に遺伝子変異が蓄積することは不可避なことであるため，細胞バンクでは継代数（パッセージ数）を極力増やさない工夫と努力をしている。提供後の細胞も20〜30パッセージ以内で使用を完了し，それを超えた場合には新たに細胞バンクから入手し直すことを推奨したい。研究者コミュニティーにそうしたコンセンサスが形成されない限り，「個々の細胞株の特性の標準化」ということは達成し得ないように思える。

　総体としての細胞培養研究の標準化を実現するためには，既述のとおり，「個々の細胞株の特性の標準化」と「細胞培養技術の標準化」との両者が必須である。「細胞培養技術の標準化」に係る幹細胞バンクでの取り組みを紹介したが，ユーザーサイドにおける細胞培養技術の標準化なくして総体としての細胞培養研究の標準化は実現できない。ユーザーは，日本組織培養学会や理研等が実施している細胞培養技術に関する講習会などを利用することを強く推奨する。

　一般細胞を含めた細胞培養に係る基本技術の習得は日本組織培養学会の講習会案内を，多能性幹細胞（ES細胞及びiPS細胞）に係る技術の習得は理化学研究所神戸研究所または筑波研究所の講習会案内を参照して頂きたい。各ホームページは以下のとおり。

　日本組織培養学会：http://jtca.dokkyomed.ac.jp/JTCA/
　理化学研究所神戸研究所：http://www.cdb.riken.jp/hsct/
　理化学研究所筑波研究所：http://www.brc.riken.jp/lab/cell/

文　　献

1) Takahashi, K., Tanabe, K., Ohnuki, M., Narita, M., Ichisaka, T., Tomoda, K., Yamanaka, S., Induction of pluripotent stem cells from adult human fibroblasts by defined factors, *Cell*, **131**, 861-872（2007）
2) Nakagawa, M., Koyanagi, M., Tanabe, K., Takahashi, K., Ichisaka, T., Aoi, T., Okita, K., Mochiduki, Y., Takizawa, N., Yamanaka, S., Generation of induced pluripotent stem cells without Myc from mouse and human fibroblasts, *Nature Biotechnology*, **26**, 101-106

(2008)
3) Okita, K., Ichisaka, T., Yamanaka, S., Generation of germline-competent induced pluripotent stem cells, *Nature*, **448**, 313-317 (2007)
4) Okita, K., Nakagawa, M., Hyenjong, H., Ichisaka, T., Yamanaka, S., Generation of mouse induced pluripotent stem cells without viral vectors, *Science*, **322**, 949-953 (2008)
5) Sudo, K., Kanno, M., Miharada, K., Ogawa, S., Hiroyama, T., Saijo, K., Nakamura, Y, Mesenchymal progenitors able to differentiate into osteogenic, chondrogenic, and/or adipogenic cells *in vitro* are present in most primary fibroblast-like cell populations, *Stem Cells*, **25**, 1610-1617 (2007)
6) Gartler, S. M., Apparent Hela cell contamination of human heteroploid cell lines, *Nature*, **217**, 750-751 (1968)
7) Lavappa, K. S., Macy, M. L., Shannon, J. E., Examination of ATCC stocks for HeLa marker chromosomes in human cell lines, *Nature*, **259**, 211-213 (1976)
8) Stacey, G. N., Cell contamination leads to inaccurate data : we must take action now, *Nature*, **403**, 356 (2000)
9) Chatterjee, R., Cell biology. Cases of mistaken identity, *Science*, **315**, 928-931 (2007)
10) Masters, J. R., Thomson, J. A., Daly-Burns, B., Reid, Y. A., Dirks, W. G., Packer, P., Toji, L. H., Ohno, T., Tanabe, H., Arlett, C. F., Kelland, L. R., Harrison, M., Virmani, A., Ward, T. H., Ayres, K. L., Debenham, P. G., Short tandem repeat profiling provides an international reference standard for human cell lines, *Proc. Natl. Acad. Sci. U. S. A.*, **98**, 8012-8017 (2001)
11) Yoshino, K., Iimura, E., Saijo, K., Iwase, S., Fukami, K., Ohno, T., Obata, Y., Nakamura, Y., Essential role for gene profiling analysis in the authentication of human cell lines, *Hum. Cell*, **19**, 43-48 (2006)

6 iPS細胞を用いた角膜再生治療法の開発

林　竜平[*1], 西田幸二[*2]

6.1　はじめに

　角膜は透明な無血管組織であるが，疾患や外傷などにより角膜の透明性が低下すると，視力が低下し，失明に至る場合もある。角膜疾患のために重篤な視覚障害に至った患者に対して，現在ドナー眼を用いた角膜移植が実施されているが，その国内における提供数は不足しており，多くの患者に対し直ちに移植手術を行うことは困難である。また，重篤な疾患では拒絶反応のため術後成績は良好ではない。これらのドナー不足および拒絶反応の問題を解決する手段として，筆者らは患者自身の細胞（自家細胞）を用いた角膜再生治療法の開発に取り組んでいる。

　近年，京都大学山中伸弥教授らのグループが成体マウスおよびヒト体細胞に複数の遺伝子を導入することにより誘導多能性幹細胞（iPS細胞）を樹立することに成功した[1,2]。iPS細胞は胚性幹細胞（ES細胞）と同等の多分化能を有すると考えられており，再生医療のための細胞源として注目されている。本節では，筆者らがこれまでに取り組んできた自家細胞による角膜再生治療法およびiPS細胞を利用した新規角膜再生治療法について述べる。

6.2　角膜上皮再生

　角膜上皮は角膜の最表層に存在する厚さ約50 μm の非角化扁平重層上皮である（図1a）。角膜上皮幹細胞は，角膜と結膜の境界に位置する輪部と呼ばれる組織の上皮基底部に存在すると考えられている（図1b）。重度の外傷や疾患により，輪部の角膜上皮幹細胞が機能不全に陥ると，角膜混濁など重篤な視力障害が起きると考えられる。これらの角膜上皮疾患に対して，ドナー眼を用いた角膜移植法が実施されてきたが，拒絶反応等のため術後成績は良好ではない。

　拒絶反応の問題を解決する方法として，1997年にPellegriniらにより患者自身（自家）の細胞を用いた培養角膜上皮移植法が初めて報告された[3]。彼女らは，片眼性の角膜上皮幹細胞疲弊症に対して，患者の健常眼の少量の輪部組織より角膜上皮幹細胞を採取し，培養により得た培養角膜上皮シートを疾患眼へ移植した。この報告以降，再生医学に基づいた角膜上皮疾患治療法の開発が進められ，拒絶反応の問題解決に寄与してきた[4]。しかし一方で，両眼性疾患には適応できないこと，および培養上皮細胞シートの回収方法に課題がある。つまり，ディスパーゼ等の酵素を用いて培養上皮細胞シートを回収する場合は，酵素処理によるシート自体の脆弱化や基底部の接着装置が破壊されるといった問題，また，羊膜やフィブリンゲルなどの基質を用いる場合は安

[*1]　Ryuhei Hayashi　東北大学　大学院医学系研究科　眼科・視覚科学分野　助教
[*2]　Koji Nishida　東北大学　大学院医学系研究科　眼科・視覚科学分野　教授

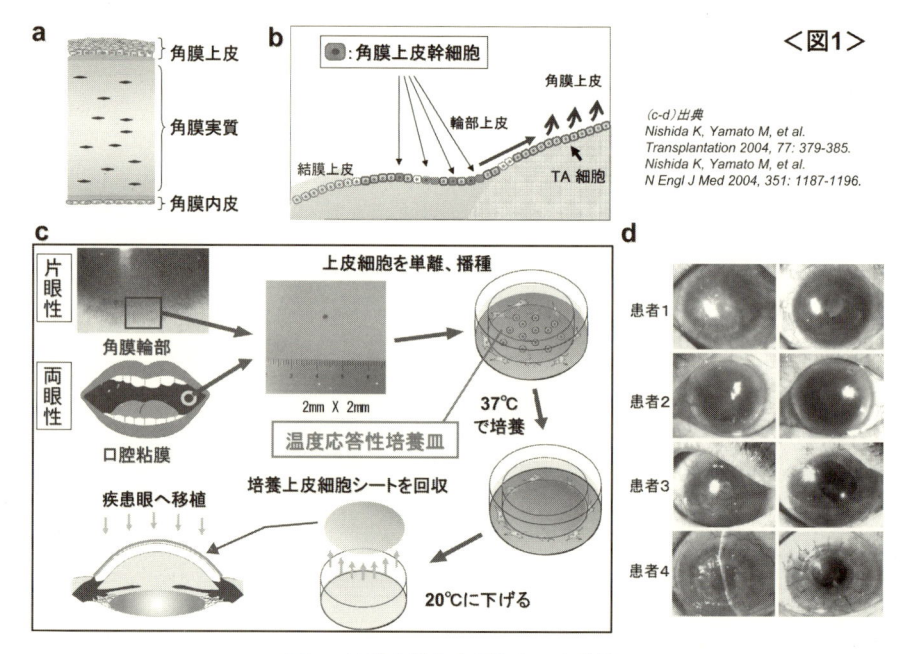

図1 培養角膜上皮細胞シート移植
a：角膜は上皮，実質，内皮の三層からなる。
b：角膜上皮幹細胞は結膜と角膜の間に存在する輪部の上皮基底部に局在している。
c：輪部組織（片眼性）あるいは口腔粘膜組織（両眼性）を患者自身から少量採取する。
　角膜上皮幹細胞・前駆細胞を含む上皮細胞を単離し，温度応答性培養皿上で培養する。
　温度を下げることで（20℃）培養上皮細胞シートを回収し，疾患眼へ移植する。
d：移植前後の眼表面観察像（左：術前，右：術後）。90％以上の症例で角膜透明性は改善し，臨床成績は極めて良好であった。

全性や生体適合性の問題が危惧されている。

　これらの問題を解決すべく筆者らは基質や酵素処理を必要としない，独自の自家培養上皮細胞シート移植法を世界に先駆けて開発した（図1c）[5]。片眼性疾患の場合には，健常眼の輪部，両眼性疾患の場合では口腔粘膜より少量の組織を採取し，上皮細胞を温度応答性培養皿上で培養する。この温度応答性培養皿は，37度では培養皿表面が疎水性となるため細胞が接着するが，32度以下では，相転移により表面が親水性となり細胞が接着できない。このため，この培養皿上で培養した細胞は酵素処理を必要とせず，温度を下げるという極めて非侵襲的な方法により，培養皿から培養上皮細胞シートのみを回収することが可能である。回収した培養上皮細胞シートは，細胞間接着分子や基底部の細胞外マトリックスなどの細胞接着装置が酵素処理で破壊されることなく保持されている。筆者らはStevens-Johnson症候群，眼類天疱瘡，熱傷，化学腐食などの角膜上皮幹細胞疲弊症患者に対して，温度応答性培養皿を用いた自家培養上皮細胞シート移植の臨床応用を既に開始している。これまでの実施症例におけるシート生着率は100％であり，良好な臨床成績が得られている（図1d）[6]。

第 7 章　iPS 細胞の各々の拠点の紹介

　今後，移植した角膜上皮幹細胞が長期間保持されるかなどについて，さらに観察を続けていく必要があるが，この温度応答性培養皿を用いた自家細胞による角膜上皮再生治療法は，これまで有効な治療法が存在しなかった難治性角膜上皮疾患に対して，根治的な治療法になりうると考えられる。

6.3　角膜内皮の再生

　角膜内皮は角膜の最内側に存在する単層の組織である（図1a）。角膜内皮は角膜実質側から前房内に水を能動輸送する機能（ポンプ機能）およびバリア機能により，角膜内の含水率を一定に維持することで，角膜の透明性維持に寄与している。ヒト角膜内皮細胞は *in vivo* では増殖せず，一度角膜内皮が障害を受けると，不可逆的に角膜内皮細胞数が減少し，最終的に実質浮腫により角膜が混濁する水疱性角膜症と呼ばれる病態となる。水疱性角膜症は失明に至る場合もある重篤な疾患であると同時に，角膜移植対象疾患の中で最も症例数の多い疾患でもあり，ドナー不足の問題が深刻である。

　この問題に対処するため，筆者らは培養細胞シート移植技術による角膜内皮再生治療法の開発を試みた。ヒト角膜内皮細胞は *in vivo* では増殖しないが，*in vitro* では増殖することが知られている。そこで筆者らは，研究用輸入アイバンク角膜より単離したヒト角膜内皮細胞を温度応答性培養皿上にて培養により増幅させて，培養角膜内皮細胞シートを作製した（図2a）。さらに，作製した培養角膜内皮細胞シートの家兎水疱性角膜症モデルへの移植技術を確立し，角膜厚や角膜透明性を改善することに成功した（図2b〜c）[7]。この方法を用いて角膜内皮細胞を増幅させ，1つのドナー角膜から多数の培養角膜内皮シートの作製が可能であれば，ドナー不足の解消という点において大きな意義があると考えられる。

　一方で，この方法はドナー角膜（他家角膜）を細胞源として利用する他家移植であるため，拒絶反応の問題を解決しない。そのため，自家細胞から角膜内皮を再生することが理想的であるが，患者自身の健常眼の角膜内皮を採取することは困難であり，角膜内皮細胞以外の細胞より培養角膜内皮細胞シートを作製しなくてはならない。そのため，自家の角膜内皮再生治療法の臨床応用のためには，細胞源が最大の課題となっている。

6.4　iPS 細胞を用いた角膜再生

　冒頭で述べたように，京都大学山中伸弥教授らはヒトおよびマウスの体細胞に Oct 3/4，Sox 2，Klf 4，c-Myc の4遺伝子を導入することにより，iPS 細胞を樹立することに成功した。作製した iPS 細胞は，ES 細胞と比較しても遜色のない多分化能および自己複製能を有していることが明らかとなっている。これまでに ES 細胞は再生医療の細胞源として注目されてきたが，ES 細胞

191

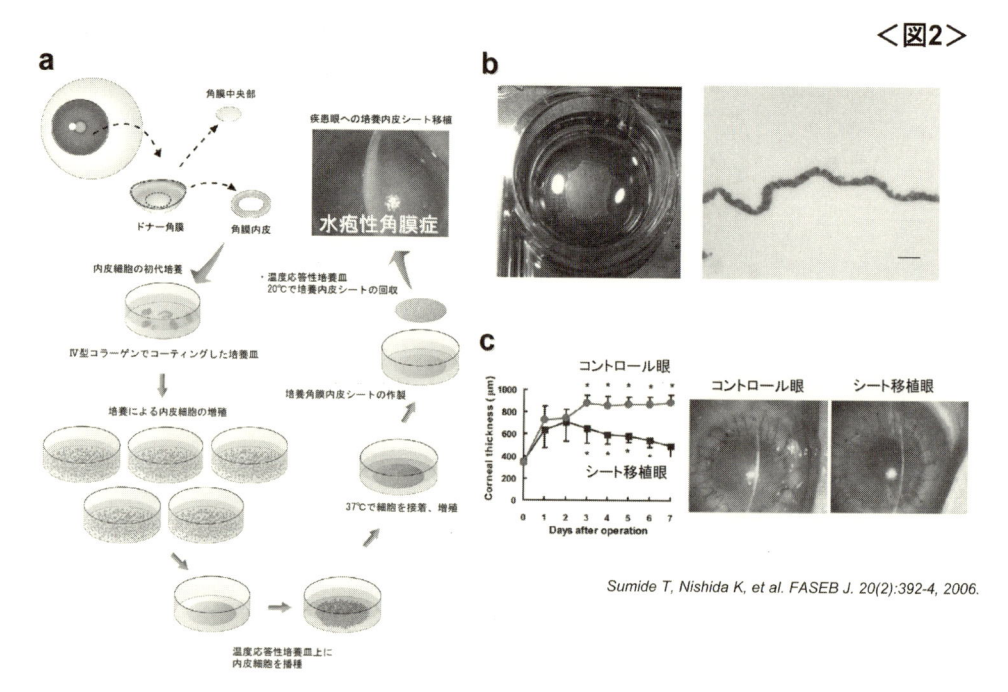

図2 培養角膜内皮細胞シート移植
a：アイバンク角膜の周辺部より角膜内皮を採取し，培養により細胞数を増幅する。生体と同密度で温度応答性培養皿に播種し培養角膜内皮細胞シートを作製する。シートを回収し疾患眼へ移植する。
b：温度応答性培養皿より回収した培養角膜内皮細胞シートおよびHE染色像。透明な単層シートとして回収可能であった（Bar：20μm）。
c：家兎水疱性角膜症モデルへの培養角膜内皮細胞シート移植後の眼表面像。非移植眼（コントロール眼）に比較して移植眼では有意な角膜厚および角膜透明性の改善が認められた（グラフ：角膜厚の経時変化，左：非移植眼，右：シート移植眼）。

の樹立には初期胚の破壊を伴うため倫理的問題があり，また，患者自身の細胞から樹立することはできないため，拒絶反応を根本的には解決しないといった問題を抱えている。一方，iPS細胞は患者自身より単離した体細胞を用いて作製することが可能であるため，倫理的問題および拒絶反応の問題を解決済みである。そのため，iPS細胞は再生医療のための細胞源として臨床応用が期待されている。

前述のように，筆者らはすでに患者自身の（幹）細胞を用いた培養上皮細胞シート移植法を開発し，良好な臨床成績を得ている。一方で，両眼性疾患で口腔粘膜上皮細胞シートを移植した場合においては，一部の症例で新生血管の侵入が生じること，また角膜バリア機能が不十分であるといった課題があり，やはり細胞源としては角膜上皮幹細胞を用いる方がより理想的であると考えられる。また，角膜内皮の再生については適切な細胞源が存在せず，臨床応用には至っていないのが現状である。iPS細胞はこれらの角膜再生領域における問題を解決する可能性を有している。つまり，患者自身から容易に採取可能な部位（皮膚など）より体細胞を単離し，iPS細胞を

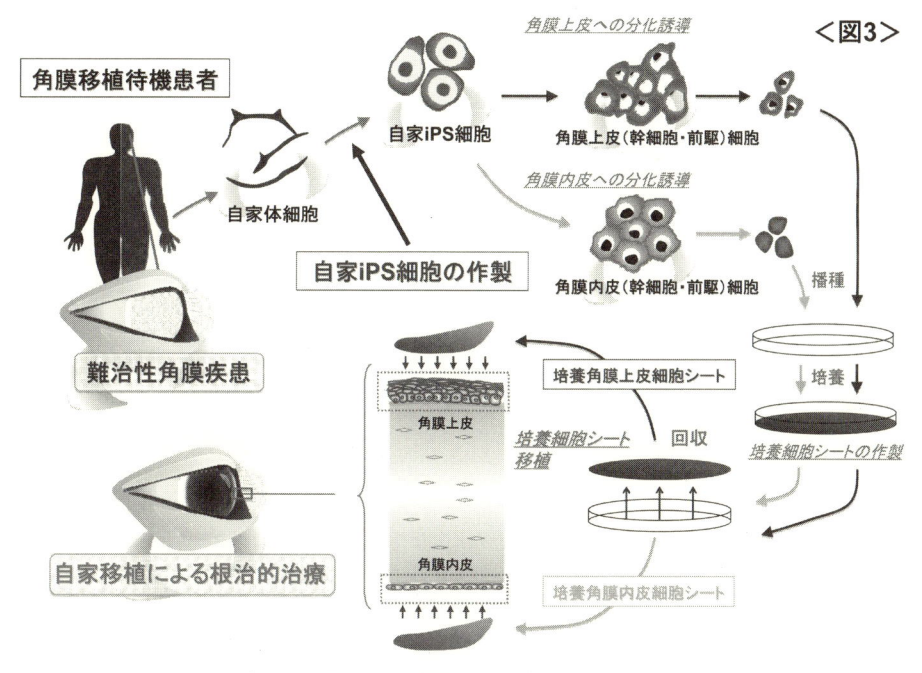

第7章 iPS細胞の各々の拠点の紹介

図3 iPS細胞による角膜再生
角膜疾患者自身の組織より体細胞を単離し，自家iPS細胞を作製する。iPS細胞を培養し，角膜上皮や角膜内皮への分化誘導を行う。得られた細胞を，筆者がこれまでに確立した培養細胞シート移植法を利用して疾患眼に移植する。

樹立した後，角膜上皮および角膜内皮（幹細胞）を分化誘導する。さらに，得られた誘導角膜上皮（幹）細胞および角膜内皮（幹）細胞は，筆者らが開発している培養細胞シート移植法に基づき疾患眼へ移植することで，ドナーを必要とせず，また拒絶反応のない自家角膜再生治療法を確立することが可能である（図3）。既に我々は，各培養細胞シートの作製法や移植法については確立しているため，現在，iPS細胞からの各細胞源（角膜上皮，内皮）を誘導する方法について，ES細胞等で報告されている手法に基づき検討を行っている。

6.5 おわりに

筆者らは世界に先駆けて温度応答性培養皿を用いた自家の培養上皮細胞シート移植を成功させ，拒絶反応とドナー不足の問題解決に大きく寄与した。一方で，現行の培養上皮細胞シート移植法にもなお課題があり，また角膜内皮や実質疾患に対しての再生医療は臨床応用に至っていないのが現状である。iPS細胞の臨床使用にあたっては，ガン化やウイルスベクターの使用の問題など検証，改善すべき点は残されているものの，iPS細胞は角膜再生領域における課題を根本的に解決しうる理想的な再生治療法を提供できる可能性を有している。実際既に，ガン遺伝子のc-Mycを使用しない方法やゲノムへのインテグレーションのないプラスミドベクターを用いたiPS

樹立法も報告されおり[8]，安全性については今後さらに改善され，臨床使用に耐えうる iPS 細胞が樹立されると期待される。これまでの角膜再生研究ではわが国が世界をリードしており，iPS 細胞を用いた角膜再生医療に関しても我が国発の技術として一刻も早く実現化するため，我々も日々研究に精進している。

文　　献

1) Takahashi K, Tanabe K, Ohnuki M, Narita M, Ichisaka T, Tomoda K, Yamanaka S. Induction of pluripotent stem cells from adult human fibroblasts by defined factors. *Cell.*, **131** (5), 861-72 Nov 30 (2007)
2) Takahashi K, Yamanaka S. Induction of pluripotent stem cells from mouse embryonic and adult fibroblast cultures by defined factors. *Cell*, **126** (4), 663-76 Aug 25 (2006) ; *Epub*, Aug 10 (2006)
3) Schermer A,Galvin S, Sun TT. Differentiation-related expression of a major 64K corneal keratin *in vivo* and in culture suggestslimbal location of corneal epithelial stem cells. *J. Cell Biol.*, **103**, 49-62 (1986)
4) Pellegrini G, Traverso CE, Franzi AT, *et al.*, Long-term restoration of damaged corneal surfaces with autologous cultivated corneal epithelium. *Lancet*, ,**349**, 990-993 (1997)
5) Nishida K, Yamato M, Hayashida Y, *et al.*, Functional bioengineered corneal epithelial sheet grafts from corneal stem cells expanded *ex vivo* on a temperature-responsive cell culture surface. *Transplantation*, **77**, 379-385 (2004)
6) Nishida K, Yamato M, Hayashida Y, *et al.* Corneal reconstruction using tissue-engineered cell sheets comprising autologous oral mucosal epithelium. *N. Engl. J. Med.*,, **351**, 1187-1196 (2004)
7) Sumide T, Nishida K, Yamato M, *et al.* Functional human corneal endothelial cell sheets harvested from temperature-responsive culture surfaces. *FASEB. J.*, **20** (2), 392-4 (2006)
8) Okita K, Nakagawa M, Hyenjong H, *et al.* Generation of mouse induced pluripotent stem cells without viral vectors. *Science*, **322** (5903), 949-53 Nov 7 (2008)

7 iPS細胞を用いた表皮水疱症など,皮膚の難病治療に向けた培養皮膚移植法

池田志孝*

7.1 表皮水疱症について

　正式名は「先天性表皮水疱症」というが,最近は「先天性」を省いて「表皮水疱症」と言われる。1990年の調査では,全国で800人程の表皮水疱症患者が存在すると推定されている(その多くは単純型という比較的軽症のもので,重症の栄養障害型と接合型は300人程)。

　表皮水疱症の患者は,皮膚の部分欠損や水疱が生じた状態で出生することが多い(図1)。最初は,臨床症状だけで病型を決定することは困難なため,水疱形成位置(深さ)を電子顕微鏡で調べる事により病型を大まかに診断する(図2)。その後抗体染色や遺伝子検索により確定診断を行う。水疱形成部位に発現している構造タンパクや接着タンパクをコードする種々の遺伝子の異常が報告されている(図3)。最も簡便な病型分類としては,①単純型(常染色体優性遺伝,表皮基底細胞の融解性水疱),②接合部型(常染色体劣性遺伝,表皮真皮接合部解離性水疱),③優性栄養障害型(常染色体優性遺伝,表皮基底膜直下の水疱形成,劣性型より軽症),④劣性栄養障害型(常染色体劣性遺伝,表皮基底膜直下の水疱形成,Ⅶ型コラーゲン遺伝子異常,後年扁

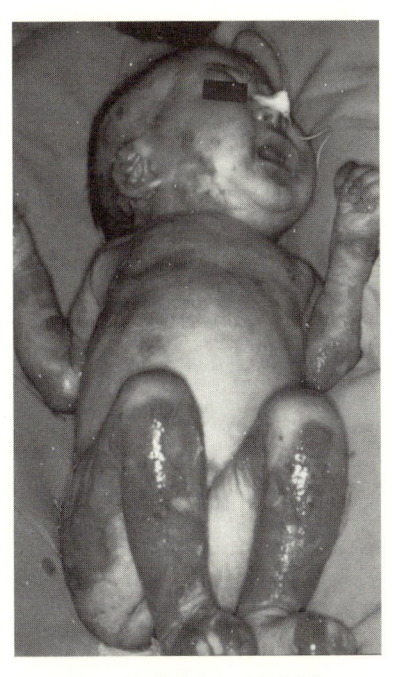

図1　表皮水疱症(新生児)

＊　Shigaku Ikeda　順天堂大学　医学部　皮膚科学教室　教授

iPS細胞の産業的応用技術

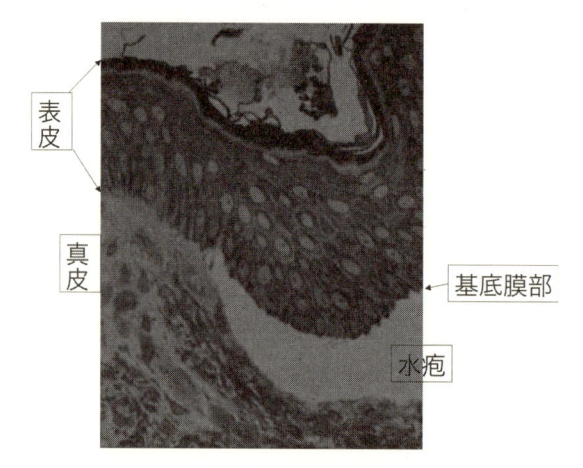

図2 水疱形成像

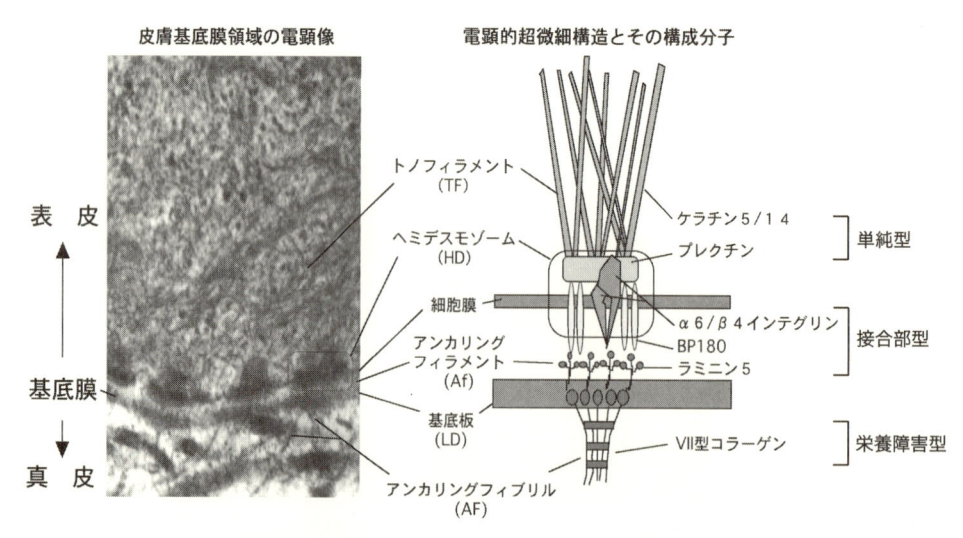

図3 表皮基底膜部構造とその構成タンパク，ならびに各表皮水疱症病型
（大阪大学遺伝子治療学，玉井克人先生より提供）

平上皮癌・全身性アミロイドーシス併発）がある。

7.2 近々行われるであろう表皮水疱症の治療法
7.2.1 骨髄移植による治療

　Chinoらは，Ⅶ型コラーゲン欠損劣性栄養障害型モデルマウス胎児の血液循環系にGFP遺伝子導入マウス由来骨髄細胞を移植することにより，出生後の水疱形成が著しく抑制されること，出生後直ちに死亡する同マウスの生存期間が著明に延長することを報告した[1]。また同マウスで

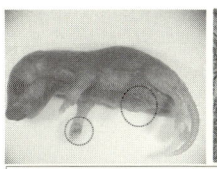

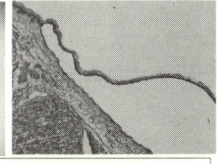

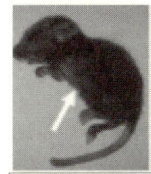

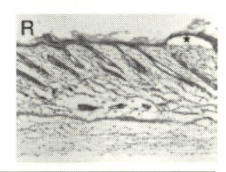

第 7 章　iPS 細胞の各々の拠点の紹介

図 4　劣性栄養障害型モデルマウスの
骨髄移植による治療
文献 1）より改変。

は GFP 陽性細胞は皮膚や毛髪にも発現していること，同マウス皮膚に Ⅶ 型コラーゲンが発現していること，同マウスに GFP 導入マウスの皮膚を移植しても拒絶反応が抑制されていることも報告した（図 4）。このことはヒト劣性栄養障害型症例においても，骨髄移植による治療法が可能であることを示すものと思われる。今後の成果が期待される。

7.2.2　骨髄中から単離培養した幹細胞による治療

　骨髄移植による治療とは別に，大阪大学遺伝子治療部門の玉井らは，劣性栄養障害型患者末梢血中に皮膚細胞に成り得る細胞が存在することを報告している（未公表データ）。この細胞はある種の間葉系幹細胞と考えられており，患者骨髄細胞を培養して Ⅶ 型コラーゲンの遺伝子を導入したものを再び患者に戻して治療するという方法が考えられている。

　また HLA が一致した正常人の骨髄細胞を培養してこれら細胞を増やし，患者皮膚に局注する方法も考えられている。この場合は，移植片に対する拒絶反応が乏しいと考えられている。

7.3　iPS 細胞を利用した表皮水疱症の治療

　iPS 細胞の teratoma 形成実験では，表皮様の上皮形成が観察される（図 5 矢印）。したがって iPS 細胞から培養皮膚を作製し，遺伝性皮膚疾患を治療する可能性が考えられる。iPS 細胞の現時点での問題として癌化の可能性があげられるが，作製法の改良により克服できるものと思われる。次の問題としては，①いかに患者由来 iPS 細胞に正常遺伝子（劣性栄養障害型であれば Ⅶ 型コラーゲン遺伝子）を導入するか，②いかなる方法で患者に適応するか（培養皮膚を作製し移植をするか，あるいは末梢血中に間葉系細胞を投与するか），③いかなる方法で新規発現タンパクに対する免疫反応を抑制するか，が考えられる。

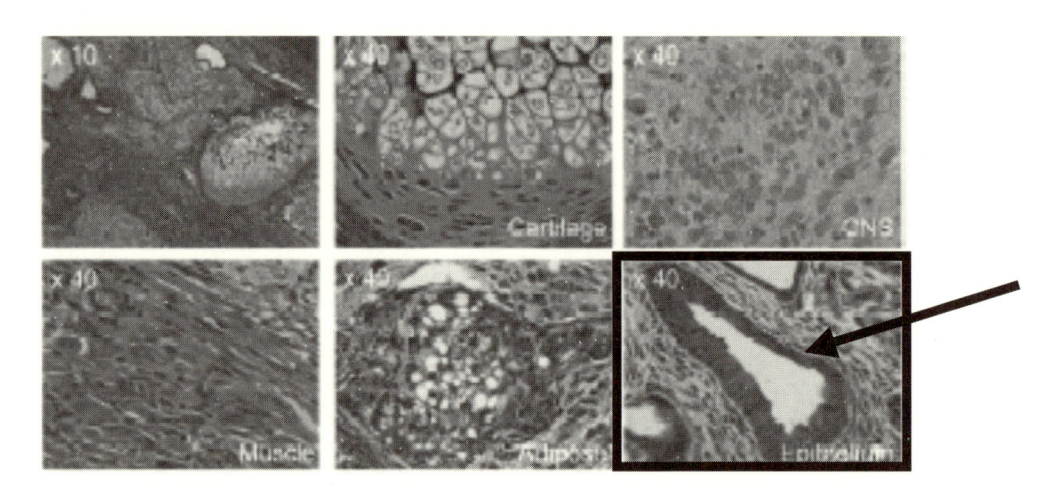

図5
Takahashi K, Yamanaka S. *Cell.* 126 (4), 663-76 (2006 Aug 25) より改変。

7.3.1 iPS細胞からの表皮角化細胞培養

皮膚は大まかに，表皮・真皮・皮下組織・付属器に分けられる。それらの内，最も皮膚表層に位置し，皮膚のバリア機能を担っている表皮が，皮膚の再生医療のターゲットとして，以前より（潰瘍やびらんの治療として）考えられてきた。

表皮細胞の分離と培養については1970年代前半から種々の方法を用いて試みられていた[2]。近年では種々の細胞成長因子を含む培養液が販売されており，また小児包皮由来表皮細胞も併せて購入可能である。

近年我々は表皮細胞に代わる細胞として，臍帯上皮細胞に注目して研究を行っている。臍帯上皮は臍帯基底膜上に単層から数層に重なっており，*in vivo* において単層上皮と表皮の双方に類似したタンパク発現プロフィールを持つ[3]。この細胞を用いて3次元培養上皮を作製，ヌードマウスに移植すると，形態学的，生化学的にもヒト表皮類似の重層扁平上皮が形成された（図6）[4]。臍帯上皮細胞は免疫学的に寛容と考えられており，今後本培養上皮を用いたアロジェニックな潰瘍治療が期待される。

一方，近年embryonic stem（ES）細胞からそのマーカーであるケラチン14を発現する表皮角化細胞様の細胞を誘導する方法が報告されており，これら方法を改良・適応することにより，表皮角化細胞の誘導を試みる[5,6]。表皮角化細胞が誘導されれば前述の方法で3次元培養上皮を試作できる。

7.3.2 iPS細胞からの3次元培養表皮作製

線維芽細胞をアテロコラーゲンスポンジに封埋培養することで，培養人工真皮（allogeneic cultured dermal substitute）を作製できる[7]。問題点としては，牛胎仔血清や豚コラーゲンを使

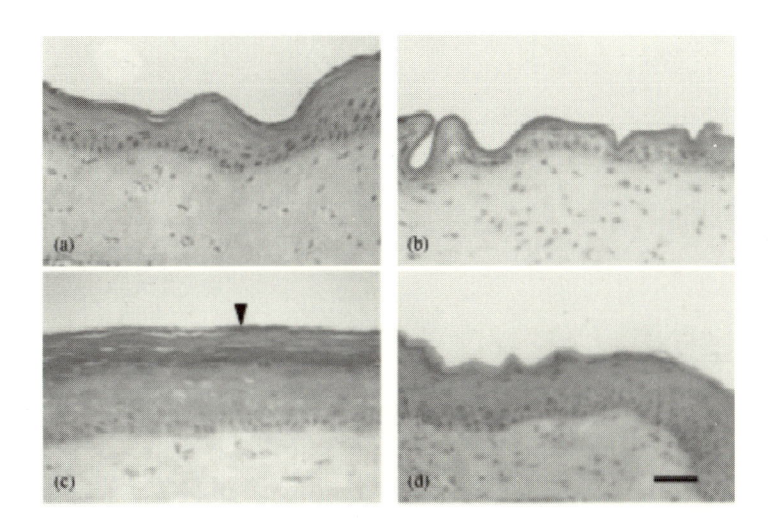

第7章 iPS細胞の各々の拠点の紹介

図6
文献4)より改変。
a) 正常表皮細胞（移植1週間後）　b) 臍帯上皮細胞（移植1週間後）
c) 正常表皮細胞（移植2週間後）　d) 臍帯上皮細胞（移植2週間後）

用することであるが，現時点では副作用の報告はない。最終的には肉芽の増殖，あるいは周囲からの表皮化により本真皮は脱落する。

近年，ES細胞から線維芽細胞様細胞を誘導する方法が報告されており，上記方法と併せて患者由来培養人工真皮を作製することが可能かと考えられる[8,9]。この培養真皮の上に3次元培養表皮を構成することにより，3次元培養皮膚の作製も試みる。

7.3.3 新規発現タンパクに対する免疫反応抑制

導入した遺伝子から新規に発現されるタンパクに対して，免疫（拒絶）反応が惹起される可能性が考えられているが，その対処法は明らかではない。近年ES細胞から血球系細胞への分化を誘導する方法が報告されている[10,11]。一方，腎移植と同時に同じドナーの骨髄移植を行うと，免疫抑制剤の使用なしに拒絶反応が抑制されたとの報告がある[12]。これらのことは，遺伝子導入iPS由来培養皮膚を患者に移植すると同時に，患者血中に遺伝子導入iPS由来血球系細胞を移植すれば，新規発現タンパクに対する免疫反応が軽減される可能性を示すものと思われる（図7にそのイメージを示す）。

7.3.4 遺伝子導入法

Ⅶ型コラーゲン遺伝子は9kb以上の大きな遺伝子であり，現時点における細胞への導入は一過性である。他の遺伝子治療でも同じであるが，このことが遺伝子治療法開発の妨げとなっている。これを克服するには，ウイルスベクターを用いたiPS細胞への遺伝子導入を行った後，陽性コロニーを多数，FISHやPCRなどでスクリーニングし，ゲノムの適切な位置に遺伝子が挿入

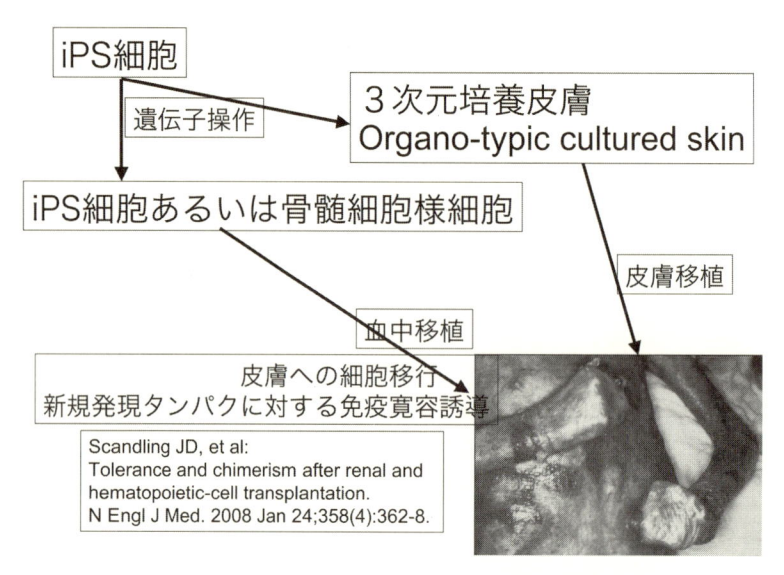

図7 iPS細胞を用いた劣性栄養障害型表皮水疱症治療のイメージ

され，かつ転写されているクローンを選択することがまず考えられる。次に，変異遺伝子の変異部位を，homologous recombination などで除去又は入れ替えることにより，タンパク発現ができる遺伝子に「作り変える」方法も考えられる。この方法で遺伝子改変を行ったとの報告は見当たらないものの，自然に変異遺伝子の修復が起こり，症状が部分軽快した表皮水疱症例が報告されている[13]。その他，ヒト人工染色体技術の応用も期待される[14]。

7.4 おわりに

以上皮膚科領域における iPS 細胞の可能性につきまとめた。即ち，本格的な皮膚の再生医療はたった今端緒についたばかりであり，今後は骨髄中の多能性細胞（間葉系幹細胞？）や iPS 細胞，ならびに新しい遺伝子導入技術などを用いた最先端の再生医療の分野が拡大していくものと思われる。

文　　　献

1) Chino T, Tamai K, Yamazaki T, Otsuru S, Kikuchi Y, Nimura K, Endo M, Nagai M, Uitto J, Kitajima Y, Kaneda Y, Bone marrow cell transfer into fetal circulation can ameliorate genetic skin diseases by providing fibroblasts to the skin and inducing immune tolerance.

Am. J. Pathol., **173** (3), 803-14 (2008 Sep)

2) Rheinwald JG, Green H, Serial cultivation of strains of human epidermal keratinocytes: the formation of keratinizing colonies from single cells. *Cell*, **6** (3), 331-43 (1975 Nov)

3) Mizoguchi M, Ikeda S, Suga Y, Ogawa H, Expression of cytokeratins and cornified cell envelope-associated proteins in umbilical cord epithelium: a comparative study of the umbilical cord, amniotic epithelia and fetal skin. *J. Invest. Dermatol.*, **115** (1), 133-4 (2000 Jul)

4) Sanmano B, Mizoguchi M, Suga Y, Ikeda S, Ogawa H, Engraftment of umbilical cord epithelial cells in athymic mice: in an attempt to improve reconstructed skin equivalents used as epithelial composite. *J. Dermatol. Sci.*, **37** (1), 29-39 (2005 Jan)

5) Metallo CM, Ji L, de Pablo JJ, Palecek SP, Retinoic acid and bone morphogenetic protein signaling synergize to efficiently direct epithelial differentiation of human embryonic stem cells. *Stem Cells.* **26** (2), 372-80 (2008 Feb)

6) Ji L, Allen-Hoffmann BL, de Pablo JJ, Palecek SP, Generation and differentiation of human embryonic stem cell-derived keratinocyte precursors. *Tissue Eng.*, **12** (4), 665-79 (2006 Apr)

7) Hasegawa T, Suga Y, Mizoguchi M, Ikeda S, Ogawa H, Kubo K, Matsui H, Kagawa S, Kuroyanagi Y, Clinical trial of allogeneic cultured dermal substitute for the treatment of intractable skin ulcers in 3 patients with recessive dystrophic epidermolysis bullosa. *J. Am. Acad Dermatol.*, **50** (5), 803-4 (2004 May)

8) Cao T, Lu K, Fu X, Heng BC, Differentiated fibroblastic progenies of human embryonic stem cells for toxicology screening. *Cloning Stem Cells*, **10** (1), 1-10 (2008 Mar)

9) Shi YT, Huang YZ, Tang F, Chu JX, Mouse embryonic stem cell-derived feeder cells support the growth of their own mouse embryonic stem cells. *Cell Biol. Int.*, **30** (12), 1041-7 (2006 Dec)

10) Ma YD, Lugus JJ, Park C, Choi K, Differentiation of mouse embryonic stem cells into blood. *Curr. Protoc. Stem. Cell Biol.*, Chapter 1, Unit 1F.4 (2008 Jul)

11) Li F, Lu SJ, Honig GR, Hematopoietic cells from primate embryonic stem cells. *Methods Enzymol.*, **418**, 243-51 (2006)

12) Scandling JD, Busque S, Dejbakhsh-Jones S, Benike C, Millan MT, Shizuru JA, Hoppe RT, Lowsky R, Engleman EG, Strober S, Tolerance and chimerism after renal and hematopoietic-cell transplantation. *N. Engl. J Med.*, **24**, **358** (4), 362-8 (2008 Jan)

13) Pasmooij AM, Pas HH, Deviaene FC, Nijenhuis M, Jonkman MF, Multiple correcting COL17A1 mutations in patients with revertant mosaicism of epidermolysis bullosa. *Am. J. Hum. Genet*, **77** (5), 727-40 (2005 Nov)

14) Oshimura M, Katoh M, Transfer of human artificial chromosome vectors into stem cells. *Reprod Biomed. Online.*, **16** (1), 57-69 (2008 Jan)

8 iPS 細胞の糖尿病治療への応用―現状と課題―

谷口英樹[*1], 大島祐二[*2], 喜多 清[*3]

8.1 要旨

　膵島移植（islet transplantation）がⅠ型糖尿病治療の選択肢のひとつとして臨床的に確立してきたことから，再生医学的アプローチによるヒト膵島の大量供給に大きな期待が寄せられている。胚性幹（ES）細胞や iPS 細胞は，ヒト膵 β 細胞の工業的生産においては，最も重要な細胞源となるものと思われる。しかし，発生過程において複雑な細胞間相互作用を介して誘導される膵 β 細胞のような内胚葉系細胞については，ES 細胞や iPS 細胞などの多能性幹細胞からの分化誘導は簡単ではない。本節では，ES 細胞や iPS 細胞からインスリン産生細胞への分化誘導に関する報告をとりまとめ，糖尿病の再生医療に向けた現状と課題を整理してみる。

8.2 はじめに

　ES 細胞や iPS 細胞などの多能性幹細胞は，受精卵に匹敵する潜在的な多分化能を有しており，原理的にはすべての機能細胞を作り出すことが可能である。そして，これらの幹細胞は培養系において多分化能を維持したまま自己複製させることが可能であり，ヒト膵 β 細胞のような臨床医学的に有益な機能細胞を大量に生産するための細胞源（ソース）として，最も期待の大きな幹細胞であるといえる。

　ところが，ES 細胞や iPS 細胞の分化誘導については，神経系細胞など発生過程の初期段階で作り出される細胞を除くと，特定の成熟した機能細胞への分化誘導は簡単ではない。特に，内胚葉由来細胞のように複数の細胞群の相互作用によって作り出される機能細胞の分化経路を人為的に再現することは現状では困難である。

　ES 細胞・iPS 細胞から膵 β 細胞への分化誘導においても，生体内における膵発生過程の分化経路を再現することにより実現化する必要があるが，現在，そのような手順を踏んで膵 β 細胞の分化誘導に成功したという報告はない。アフリカツメガエルの研究では，Mixer, Mix. 1, Sox 17, XBic-C など膵 β 細胞への分化過程で必ず経由すると考えられる内胚葉への分化誘導に重要な役割を果たす遺伝子がいくつか同定されているが，哺乳類についてはこのような内胚葉誘導活性を示す因子の報告が十分ではないことが大きな理由のひとつである[1,2]。

　本節では，ES 細胞や iPS 細胞から膵 β 細胞への分化誘導に関する報告を整理し，現状と課題

[*1] Hideki Taniguchi　横浜市立大学大学院　医学研究科　臓器再生医学　教授
[*2] Yuji Oshima　横浜市立大学大学院　医学研究科　臓器再生医学
[*3] Sayaka Kita　㈱物質・材料研究機構　生体材料研究センター　医工連携グループ

第7章 iPS細胞の各々の拠点の紹介

を考えてみる。

8.3 膵発生における細胞系譜

ES細胞やiPS細胞から膵β細胞への分化誘導技術を開発するためには，まず，膵発生における分化系譜を理解することが重要である（図1）。

胚盤胞が子宮へ到着する着床期には，内部細胞塊（ICM；inner cell mass）は原始内胚葉（primitive endoderm）と外胚葉（ectoderm）に分化する。着床後の卵円筒期では外胚葉がエピブラスト（epiblast；胚性外胚葉）と呼ばれる細胞集合体となる。エピブラストは釣鐘を逆さにしたような形状をしており，嚢胚形成（gastrulation；原腸形成ともいう）と呼ばれる細胞群の移動を経て嚢胚（gastrula；原腸胚ともいう）となり一番外側の層に胚性内胚葉，中間の層に中胚葉，一番内側の層に外胚葉を形成する3層構造となる。この時期にはすでに体軸が決定されており，原腸（archenteron）と呼ばれる腔壁を有する。このうち膵臓へと分化するのは内胚葉であり，内胚葉（この時期には胚性内胚葉を内胚葉と呼ぶ）の一部が胚の中心に向かってくびれるとき，原腸領域に前腸と後腸が形成され，シート状から管状に変化し腸管を形成する。内胚葉（definitive endoderm）は胃のすぐ尾側に発生する3つの付属器官（肝，膵，胆嚢）の内壁も形成する。

膵臓は背側と腹側の憩室から生じた2つの原基（膵芽）から形成される。そして発育するに従って，互いに近づき最終的に融合する。できあがった膵臓では膵頭上部，体部および尾部が背側

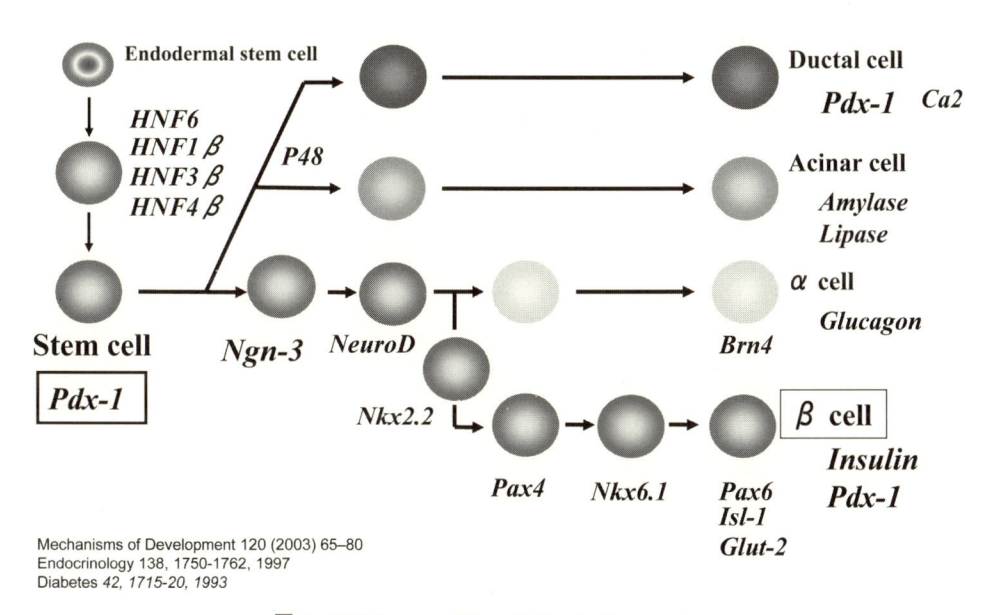

Mechanisms of Development 120 (2003) 65–80
Endocrinology 138, 1750-1762, 1997
Diabetes 42, 1715-20, 1993

図1 Cell lineage differentiation in the pancreas

膵に由来し，膵頭下部と鈎上突起が腹側膵に由来する。膵臓の原基は樹枝上に分岐した細管系であり，導管上皮の一部が重層化・突出して細胞芽を作る。この芽がしだいに大きくなり，やがて導管から離れて膵島になる。小さな内分泌細胞の集団が外分泌部のなかに島状に散在し，この内分泌部にβ細胞が形成されインスリンを分泌する。

　このような膵β細胞の発生過程に重要な役割を果たす転写因子については，主にノックアウトマウスの解析から多くの知見が得られている。まず，背側および腹側原基に分化後 Pdx-1 の発現がみられる。Pdx-1（pancreatoduodenal homeobox gene-1）はいくつかの膵β細胞特異的遺伝子の発現に関与することが知られている[3]。さらに膵発生においてマスタースイッチ的役割を果たしていると考えられている。Pdx-1 発現後は Ptf-1a の発現がみられ，膵管や膵腺房に分化する。一方，Ngn-3 や Neuro-D/Beta2 が発現すると，その後 Pax-4 を発現した細胞はδ細胞に，Pax-6 を発現した細胞はα細胞に分化することが知られている。Pax-4 を発現した一部の細胞は PP（pancreatic polypetido）を分泌する PP 細胞に分化する。PP を分泌する細胞のうち Pdx-1, Nkx 2.2, Nkx 6.1 などの発現が見られる細胞がその後インスリンを分泌するβ細胞へと分化することが知られている[4]。これらの前腸からβ細胞への転写因子等の発現様式は CRE-loxP 組み換え法などの分子生物学的解析技術により明らかにされつつあるが，未だ不明な点も多く残されているのが現状である。

8.4　多能性幹細胞のインスリン産生細胞への分化誘導

　現在，in vitro において ES 細胞や iPS 細胞からインスリン産生細胞への分化誘導を行っている報告が多数存在する（表1）。Soria らは，マウス ES 細胞へヒトインスリンプロモーターにネオマイシン耐性遺伝子を組み込んだ外来遺伝子を導入し，ニコチンアミドを用いた分化誘導とネオマイシン選択を加えることで，インスリンを発現する膵島様細胞が得られたとしており，これらの細胞が移植後にストレプトゾトシン（STZ）誘導糖尿病マウスの血糖値の低下を引き起こしたと報告している[5]。また，Lumelsky らは膵臓と神経の分化過程に共通点が多いことを利用し，マウス ES 細胞から神経細胞への分化誘導法を改良して，膵島様の細胞塊（インスリン産生細胞塊）に分化させることに成功した[6]。彼らは，まず ES 細胞をフィーダーなしで培養している。このとき，膵臓の初期分化に重要な転写因子である Pdx-1 の発現誘導が認められたという。さらに，これを LIF 非存在下で浮遊培養し，円筒胚に酷似した形態である胚様体にさせ，次に無血清培養により ES 細胞から分化させたネスチン陽性細胞は，bFGF（basic fibroblast growth factor）の添加によってインスリン産生細胞を含む膵島様細胞塊へと分化することが確認されている。また，単一細胞レベルでの解析により，インスリン産生細胞が神経細胞と共通のネスチン陽性の前駆細胞から分化することも確認されている。この方法により分化したインスリン産生細

第7章 iPS細胞の各々の拠点の紹介

表1 ES細胞からのインスリン分泌膵島様細胞の研究報告

動物種	細胞株	導入遺伝子	培養法	転写因子・遺伝子発現	ホルモン、分泌物	機能解析	in vivoでの効果	著者	雑誌	発行年
マウス	R1	ネオマイシン耐性遺伝子	ニコチンアミド添加、ネオマイシン選択	—	インスリン	—	STZ誘導糖尿病マウスの血糖正常化	Soria B. et al.	Diabetes, 49 (2), 157-62	(2000)
マウス	記載なし	—	フィーダーなしの培養(LIF 非添加)、浮遊培養で細胞選択、B27・塩基性線維芽細胞増殖因子(bFGF)・ニコチンアミド添加	Pdx 1	インスリン	インスリン生産細胞のインスリン含有量は正常膵島細胞の1/50	糖尿病マウスに移植するが血糖値を正常値にはできない。	Lumelsky N. et al.	Science, 292, 1389-1394	(2001)
ヒト	hES H9	—	フィーダー上で培養、胚様体形成	Ngn 3, IPF 1, インスリン, GK, Glut-2	インスリン	細胞総数の1-3%以下の細胞がインスリン分泌	—	Assady S. et al.	Diabetes, 50, 1691-1697	(2001)
マウス	EB 3	—	ジチゾン(FTZ)を用いてhanging drop法で胚様体形成後染色	Pdx 1, グルコーストランスポーター2, インスリン 1, インスリン 2, グルカゴン, 膵ポリペプチド	インスリン, ソマトスタチン, アミラーゼ, PP	細胞総数の0.1%以下の細胞がインスリン分泌	—	Shiroi A. et al.	Stem Cells, 20, 284-292	(2002)
マウス	JM 1	—	フィーダーなしの培養、無血清培地で細胞選択、bFGF、P13 キナーゼ阻害薬添加 (B27除去)	—	インスリン	正常マウス分離膵島の約10%のインスリン分泌	—	Hori Y. et al.	Proc. Natl. Acad. Sci. U S A, 10: 99(25), 16105-10	(2002)
マウス	EB 3	βガラクトシダーゼ・ゼリポーター遺伝子	フィーダー上で培養(LIF添加)、浮遊培養(LIF 非添加)で胚様体形成、無血清培地で細胞選択、B27・塩基性線維芽細胞増殖因子(bFGF)・ニコチンアミド添加	Pdx 1, Ptf 1/p 48, インスリン 2	インスリン, ソマトスタチン, C ペプチド, PP	ブドウ糖反応性のインスリン分泌	—	Moritoh Y. et al.	Diabetes, 52, 1163-1168	(2003)
マウス	D 3	—	浮遊培養で胚様体形成、ウシ血清10%添加DMEM培地使用	Pdx 1	インスリン, グルカゴン, ソマトスタチン, C ペプチド, peptide YY, islet amyloid polypeptide	β細胞関連遺伝子。	—	Kahan BW. et al.	Diabetes, 52, 2016-2024	(2003)
マウス	D 3	ネオマイシン耐性遺伝子	抗Shh (sonic hedgehog)受容体抗体、胎児膵組織と共培養	Pdx 1, Nkx 6.1, insulin, glucokinase, GLUT-2, Sur-1	インスリン	細胞総数の約20%の細胞がインスリン分泌	糖尿病マウスに移植し、約3週間血糖コントロール	Leon-Quinto T.	Diabetologia, 47 (8), 1442-51	(2004)
マウス	RTF-pdx-1	テトラサイクリン存在下で発現が抑制されるPdx 1 遺伝子 (Tet-offs システム)	bFGF, EGF, KGF を用いた5段階の分化誘導	Pdx 1, Ptf 1/p 48, インスリン 2, kir 6.2, PC 2, Pax 6, HNF 6	インスリン	—	—	Miyazaki S. et al.	Diabetes, 53, 1030-1037	(2004)
ヒト	H 9.2	—	フィーダー上で培養、胚様体形成、N 2, B 27, bFGF 添加	—	インスリン	—	—	Segev H. et al.	Stem Cells, 22, 284-292	(2004)

205

胞のインスリン含有量は 10^6 個の細胞当り 200 mg と計算され，正常の膵島細胞の 1/50 程度であることが報告されている。実際，糖尿病マウスへの移植実験では，レシピエントの血糖値を正常にまで戻すことはできていない。しかし，このインスリン産生細胞はブドウ糖に反応してインスリンを分泌しただけではなく，SU 剤，カルシウムチャンネルブロッカーなどにも反応し，正常の β 細胞で働いている分泌制御システムが同様に機能しているらしいことも示されている。

8.5 多能性幹細胞由来のインスリン産生細胞の性質

先述した Lumelsky らの報告に対しては，厳しい反論も存在する。すなわち，Rajagopal らはインスリン抗体により染色されたインスリンは，細胞内で新たに生産されたものではなく，培養液に添加されたものを取り込んだものであると主張している[7]。さらに，Sipione らは Lumelsky らの方法によって分化誘導したマウス ES 細胞は，β 細胞様の分泌顆粒や C-ペプチドの免疫活性がほとんどみられずアポトーシスを起こしており，さらに，培養液中に分泌されたインスリンは神経や神経前駆細胞様の形態を有する細胞より産生されたものであり，このインスリン分泌はブドウ糖に依存していないと述べている[8]。

一方，肯定論も存在する。Moritoh らは Lumelsky らの方法により得られたインスリン産生細胞の遺伝発現を検討するため，インスリンプロモーターに lacZ 遺伝子を結合し ES 細胞に導入し，分化誘導実験を行っている。その結果，10% 以上の細胞が β ガラクトシダーゼ抗体で染色され，同時にインスリン抗体でも染色された。さらに，RT-PCR（reverse transcription-polymerase chain reaction）による解析から，インスリンのみならず，ソマトスタチン，PP などの内分泌マーカー，アミラーゼなどの外分泌マーカーも検出され，さまざまな膵細胞への分化が起こっていることを想定している[9]。Hori らも Lumelsky らと類似の方法によりインスリン産生細胞を分化誘導している。分化誘導の最終段階において増殖を抑制する PI 3 キナーゼ阻害薬である LY 294002 を作用させ，神経栄養性因子（neurophic factors）である B 27 を除去することで誘導された膵島様細胞塊のインスリン含量が対照群の約 30 倍，正常マウス分離膵島の約 10% にまで増加することを報告している[10]。

また，Shiroi らは亜鉛をキレートするジチゾン（FTZ）を用いて，β 細胞に豊富に含まれる亜鉛を深紅色に発色した。そして，hanging drop 法でマウス ES 細胞から作製した胚様体の付着培養後の分化を検討し，細胞総数の 0.1% 以下と非常に少数ながら一部の細胞が DTZ に染色されることを見出し，それらの細胞におけるインスリン産生と，β 細胞に類似した Pdx 1，インスリン 1 および 2，グルカゴン，膵ポリペプチド，グルコーストランスポーター 2（GLUT 2），IGRP の遺伝子発現を確認している[11]。さらに Kim らは Lumelsky らと異なる方法でマウス細胞から膵島様細胞塊を分化誘導することに成功している[12]。Kim らが誘導した細胞には電子顕微

第7章 iPS細胞の各々の拠点の紹介

鏡的に膵臓の内分泌顆粒や外分泌顆粒様の細胞内顆粒が存在し，RT-PCRでインスリン1および2や膵外分泌組織関連遺伝子の発現も確認している．さらに，糖尿病マウスの腎皮膜下に移植し，一定期間の高血糖の是正効果が生じることを確認している[12]．Kahanらはマウス ES 細胞から浮遊培養で得られた胚様体を，ウシ胎児血清を10%添加した付着培養により自然に分化させ，RT-PCRでβ細胞関連遺伝子の発現を確認するとともに，局所的にインスリン，グルカゴン，ソマトスタチンおよびCペプチドといった膵島ホルモンが，Pdx1やpeptide YY（YY；pancreatic polypeptide familyに属する消化管ホルモンの一種），islet amyloid polypeptide（IAPP；インスリンと共に放出されるペプチド）と同一細胞塊中に発現する部位が出現することを報告している[13]．また，Leon-Quintoらは，Nkx 6.1プロモーター遺伝子領域下においてネオマイシン耐性遺伝子を発現するプラスミドをマウス ES 細胞に導入して，胎仔膵組織と共培養することにより約20%の細胞にインスリンおよびPdx-1を発現させることに成功し，β細胞遺伝子／タンパクを発現するインスリン陽性細胞を確認した．そして，ネオマイシンで選択した細胞を糖尿病マウスに移植して3週間にわたり血糖値をコントロールすることを観察したと報告している[14]．さらに，Miyazakiらは外因性のpdf-1発現がROSA 26 locusと融合したTet-offシステム（テトラサイクリン非存在下で遺伝子発現の誘導が起きる）により正確に調節することのできるマウス ES 細胞を樹立しており，このES細胞を用いて，bFGF，EGF（epidermal growth factor），KGF（keratinocyte growth factor）の分化誘導処置を行っている[15]．その結果，Pdx1発現に依存したインスリン2，ソマトスタチンやKir 6.2などの発現増強がみられたことから，Pdx1を強制発現させることがインスリン産生細胞の効果的な分化誘導手段となる可能性を示した．

このように，複数のES細胞のインスリン産生細胞への分化誘導に関する報告が存在する．しかしながら，決定的にこれらのインスリン産生細胞が間違いなく生体中の膵β細胞と同一の細胞であることを確認できたとする報告は現時点ではない．生体内での膵発生過程をできるだけ正確に模倣した分化誘導のための培養系の確立が望まれる[16]．内胚葉への分化に関連する因子について知見が得られてきており，今後の展開が期待されている[17]．

8.6 多能性幹細胞由来の糖尿病治療への応用

2008年米国Novocell社より，ヒト胚性幹（hES）細胞から分化誘導を行ったヒト膵臓内胚葉を免疫不全マウスに移植することにより，グルコース応答性内分泌細胞が効率的に生成されることが報告された（図2）[18]．すなわち，hES細胞から分化誘導を行った内胚葉細胞を移植したマウスでは，グルコース刺激により血清中にヒトインスリンおよびC-ペプチドが検出されることが確認されている．ストレプトゾトシン誘発性マウス糖尿病モデルにおいて，これらのhES細胞由来内胚葉細胞の移植が高血糖を防ぐことが確認されており，ヒト多能性幹細胞の糖尿病治療

Stage 1		Stage 2	Stage 3	Stage 4
Definitive endoderm		Primitive gut tube	Posterior foregut	Pancreatic endoderm and endocrine precursors
ActA + Wnt	ActA	KGF	RA + Cyc + Nog	No factors
RPMI + 0% FBS	RPMI + 0.2% FBS	RPMI + 2% FBS	DMEM + 1% B27	DMEM + 1% B27
1 day	2 days	3 days	3 days	3 days

ES	ME	DE	PG	PF	PE
OCT4	BRA	SOX17	HNF1B	PDX1	NKX6-1
NANOG	FGF4	CER	HNF4A	HNF6	PTF1A
SOX2	WNT3	FOXA2		PROX1	NGN3
ECAD	NCAD	CXCR4		SOX9	NKX2-2

図2

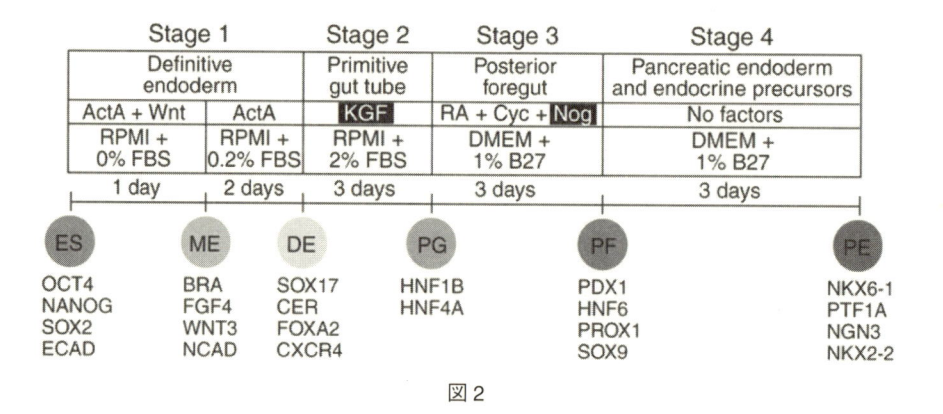

への示唆がされている。

　最近，低分子化合物を用いたhES細胞の膵臓細胞への分化誘導が報告された[19,20]。この研究により，再現性の高い低コストな分化誘導のための培養系の確立，そして何よりも生体内における膵β細胞の分化誘導を促進するための薬剤開発に向けた創薬研究の技術基盤が確立されたといえる。iPS細胞から膵臓細胞への分化誘導法も報告されたことから，倫理的問題をはらんでいるhES細胞を使用することなくヒト膵β細胞の分化誘導系の検証を行うことが可能となってきている[21,22]。iPS細胞樹立法を用いた糖尿病に対する細胞療法の確立，ならびに，糖尿病に対する膵β細胞の分化誘導剤の開発等の実現化に対する期待が高まりつつあるといえ，本研究領域のさらなる進歩が強く望まれている。

8.7　おわりに

　ES細胞やiPS細胞の分化誘導については，特定の成熟した機能細胞への分化誘導法を確立することは簡単ではない。特に分化誘導効率が低いことを克服し臨床治療に必要な莫大な数の機能細胞を生産することや，生体内の機能細胞と本当に同一の機能細胞であることを生物学的に確認することは極めて困難である。目的とする機能細胞の分化過程には，さまざまな細胞との相互作用が必要であるにもかかわらず，最終段階では目的とする特定の細胞のみが必要であるという原理的な相反性が大きな原因であろう。また，未分化性を維持したES細胞や腫瘍形成能を示すiPS細胞が，分化誘導後の機能細胞群の中に1個でも混入した場合には移植後に腫瘍を形成してしまうことも大きな問題である。

　このように，ES細胞やiPS細胞などの多能性幹細胞は，「治療用細胞の工業的生産」という視点からは極めて優れた細胞源であるといえるが，技術的・倫理的に解決すべき問題点が数多いのも事実である。したがって，糖尿病の再生医療に向けた技術開発においては，「治療用細胞の工業的生産」を目指すだけではなく，ES細胞やiPS細胞などの多能性幹細胞からヒト膵β細胞へ

第7章　iPS細胞の各々の拠点の紹介

の分化誘導系を活用した低分子化合物のスクリーニングによる「再生誘導剤の開発」を強力に推進していく必要がある。このように糖尿病の再生医療に向けては，より長期的なスパンでの実用化を目指し，多能性幹細胞からヒト膵β細胞への分化誘導系を活用した戦略的な研究開発を多角的にさまざまなアプローチにより推進していくことが必須であるといえる。

文　　献

1) Henry GL and Melton DA., Mixer, a homeobox gene required for endoderm development., *Science*, 3 ; 281（5373），91-6（1998）
2) Wessely O., The Xenopus homologue of Bicaudal-C is a localized maternal mRNA that can induce endoderm formation., *Development*, **127**（10），2053-62（2000）
3) Sharma JN, Kesavarao U, Yusof AP., Altered cardiac tissue and plasma kininogen levels in hypertensive and diabetic rats. *Immunopharmacology.*, **43**（2-3），129-32（1999）
4) Sumi S, Gu Y, Hiura A, Inoue K., Stem cells and regenerative medicine for diabetes mellitus., *Pancreas.*, **29**（3），e85-9（2004）
5) Soria B, Roche E, Berna G, Leon-Quinto T, Reig JA, Martin F., Insulin-secreting cells derived from embryonic stem cells normalize glycemia in streptozotocin-induced diabetic mice., *Diabetes.*, **49**（2），157-62（2000）
6) Lumelsky, N. Blondel, O. Laeng, P. Velasco, I. Ravin, R. McKay, R., Differentiation of embryonic stem cells to insulin-secreting structures similar to pancreatic islets. *Science*, **292**, 1389-1394（2001）
7) Rajagopal, J. Anderson, W. J. Kume, S. Martinez, O. I. Melton, D. A., Insulin staining of ES cell progeny from insulin uptake., *Science*, **299**, 363（2003）
8) Sipione S, Eshpeter A, Lyon JG, Korbutt GS, Bleackley RC., Insulin expressing cells from differentiated embryonic stem cells are not beta cells., *Diabetologia.*, **47**（3），499-508（2004）
9) Moritoh, Y. Yamato, E. Yasui, Y. Miyazaki, S. Miyazaki, J., Analysis of insulin-producing cells during *in vitro* differentiation from feeder-free embryonic stem cells., *Diabetes*, **52**, 1163-1168（2003）
10) Hori Y, Rulifson IC, Tsai BC, Heit JJ, Cahoy JD, Kim SK. Growth inhibitors promote differentiation of insulin-producing tissue from embryonic stem cells., *Proc. Natl. Acad. Sci. USA.*, **10** ; 99（25），16105-10（2002）
11) Shiroi, A. Yoshikawa, M. Yokota, H. Fukui, H. Ishizaka, S. Tatsumi, K. Takahashi, Y. Identification of insulin-producing cells derived from embryonic stem cells by zinc-chelating dithizone., *Stem. Cells* **20**, 284-292（2002）
12) Kim, D. Gu, Y. Ishii, M. Fujimiya, M. Qi, M. Nakamura, N. Yoshikawa, T. Sumi, S. Inoue,

K., In vivo functioning and transplantable mature pancreatic islet-like cell clusters differentiated from embryonic stem cell., *Pancreas*, **27**, e 34-e 41（2003）

13) Kahan, B. W. Jacobson, L. M. Hullett, D. A. Ochoada, J. M. Oberley, T. D. Lang, K. M. Odorico, J. S., Pancreatic precursors and differentiated islet cell types from murine embryonic stem cells : an *in vitro* model to study islet differentiation., *Diabetes*, **52**, 2016-2024（2003）

14) Leon-Quinto T, Jones J, Skoudy A, Burcin M, Soria B., *In vitro* directed differentiation of mouse embryonic stem cells into insulin-producing cells., *Diabetologia.*, Aug ; **47**（8）, 1442-51（2004）

15) Miyazaki, S. Yamato, E. Miyazaki, J., Regulated expression of pdx-1 promotes *in vitro* differentiation of insulin-producing cells from embryonic stem cells., *Diabetes*, **53**, 1030-1037（2004）

16) Schroeder IS, Rolletschek A, Blyszczuk P, Kania G, Wobus AM., Differentiation of mouse embryonic stem cells to insulin-producing cells., *Nat. Protoc.*, **1**（2）, 495-507（2006）

17) Li L, Arman E, Ekblom P, Edgar D, Murray P, Lonai P., Distinct GATA 6-and laminin-dependent mechanisms regulate endodermal and ectodermal embryonic stem cell fates., *Development*, **131**（21）, 5277-86（2004）

18) Kroon E, Martinson LA, Kadoya K, Bang AG, Kelly OG, Eliazer S, Young H, Richardson M, Smart NG, Cunningham J, Agulnick AD, D'Amour KA, Carpenter MK, Baetge EE., Pancreatic endoderm derived from human embryonic stem cells generates glucose-responsive insulin-secreting cells *in vivo.*, *Nat. Biotechnol.*, Apr ; **26**（4）, 443-52（2008）, Epub. Feb. 20（2008）

19) Borowiak M, Maehr R, Chen S, Chen AE, Tang W, Fox JL, Schreiber SL, Melton DA., Small molecules efficiently direct endodermal differentiation of mouse and human embryonic stem cells., *Cell Stem Cell*, Apr, 3 ; **4**（4）, 348-58（2009）

20) Chen S, Borowiak M, Fox JL, Maehr R, Osafune K, Davidow L, Lam K, Peng LF, Schreiber SL, Rubin LL, Melton D., A small molecule that directs differentiation of human ESCs into the pancreatic lineage., *Nat. Chem. Biol.*, Apr ; **5**（4）, 258-65（2009）, Epub. Mar. 15（2009）

21) Tateishi K, He J, Taranova O, Liang G, D'Alessio AC, Zhang Y., Generation of insulin-secreting islet-like clusters from human skin fibroblasts., *J. Biol. Chem.*, Nov. **14** ; **283**（46）, 31601-7（2008）, Epub. Sep. 9（2008）

22) Zhang D, Jiang W, Liu M, Sui X, Yin X, Chen S, Shi Y, Deng H., Highly efficient differentiation of human ES cells and iPS cells into mature pancreatic insulin-producing cells., *Cell Res.*, Apr ; **19**（4）, 429-38（2009）

9 拡張型心筋症等に対する心筋細胞を用いた再生医療へのiPS細胞の応用

澤　芳樹*

9.1 はじめに

心不全に対する治療法として，βブロッカーやACE阻害剤による内科治療が行われるが，それらも奏功しないほど重症化した場合には，補助人工心臓や心臓移植等の置換型治療が有効である。しかし，これら重症心不全に対する置換型治療はドナー不足や免疫抑制，合併症など解決すべき問題が多く，すべての重症心不全患者に対する普遍的な治療法とは言い難い。最近のそのような状況の中では，重症心不全治療の解決策として新しい再生型治療法の展開が不可欠と考えられる。

近年，重症心不全患者に対する心機能回復戦略として，細胞移植法が有用であることが報告されており，すでに自己骨格筋筋芽細胞による臨床応用が欧米で開始されている。我々も，自己骨格筋芽細胞と骨髄単核球細胞移植を併用すると，単独より心機能改善効果が高いことを証明し，大阪大学医学部付属病院未来医療センターにおいて臨床研究をすすめている。さらに，我々は，温度感応性培養皿を用いた細胞シート工学の技術により，細胞間接合を保持した細胞シート作製技術を開発し，従来法であるneedle injection法と比較して，組織，心機能改善効果が高いことを証明した。これらの結果をもとに，骨格筋筋芽細胞シート移植による心筋再生治療の臨床研究も同センターにて開始した。

一方，2007年11月，日本の山中らとアメリカのThomsonらのグループがヒトiPS細胞の樹立に成功したニュースは世界中を駆け巡り，再生医療実現化に対する期待は大いに高まっている。実際に，ヒトiPS細胞の樹立が報道され，山中教授らが報告した雑誌「Cell」のオンラインサイトで閲覧できる，iPS細胞から作製された心筋細胞が拍動している動画を見たときの衝撃は記憶に新しく，再生医療の新たなブレイクスルーを目の当たりにした瞬間でもあった。

本節では，今，注目を集めているiPS細胞について概説するとともに，iPS細胞を用いた心筋再生治療の現状と課題について，私見を交えて概説する。

9.2 ES細胞とiPS細胞（図1）

ヒトの体は60兆個もの細胞が，200種類以上の異なる機能をもった細胞に分化することで，組織（皮膚，骨，筋肉など）や器官（胃，肝臓，膵臓など）を構成している。一般的に，高等動物の細胞において分化は不可逆的であるが，受精卵だけは完全な分化万能性を有している。ES細胞（Embryonic Stem Cell：胚性幹細胞）は，受精卵が分裂を繰り返し胚盤胞まで成長したと

＊　Yoshiki Sawa　大阪大学　大学院医学系研究科　外科学講座　心臓血管外科学　教授

万能細胞と再生医療

[図: 受精卵 → 胚盤胞 → 内部細胞塊から単離 → ES細胞。体細胞にOct3/4, Sox2, Klf4, c-Mycの4遺伝子をウイルスで導入 → iPS細胞。自己複製能・分化万能性を持ち、神経・筋肉・血球などに分化。

＜問題点＞
ES細胞：胚を利用することによる倫理的問題
iPS細胞：ウイルスを使用する、初期化のメカニズムが不明]

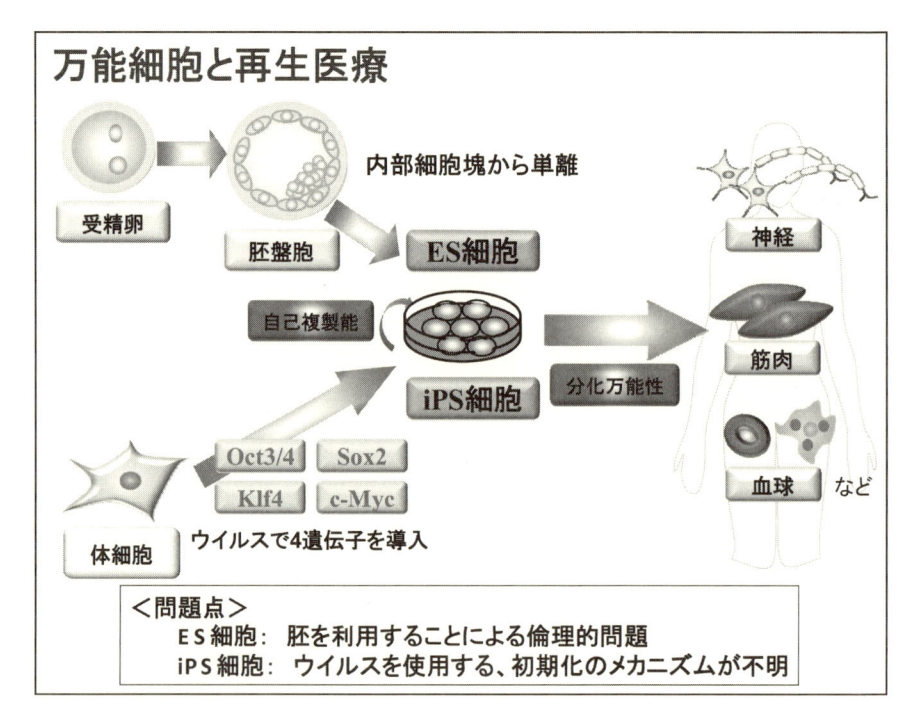

図1

きの内部細胞塊から単離培養された細胞で，ES細胞もまた分化万能性を有している。

　ES細胞は，上述のように分化万能性と増殖性を併せ持っていることから，適切に分化誘導すれば，目的とする細胞，組織，器官を作り出すことも可能となり，様々な治療へと応用が期待されている。一方でES細胞の樹立は，再生医療のみならず生命科学の分野に多大な恩恵をもたらした。ES細胞は，体外で培養後，胚に移植して発生させることで，ES細胞由来の細胞をもった個体を作製することもできる。この方法を応用し，目的の遺伝子を破壊したES細胞から作製されたマウスはノックアウトマウスと呼ばれ，遺伝子機能の解析や病気の解明，新薬の開発など，生命科学にとって欠かすことのできない重要な技術となっている。余談ではあるが，これらの発見が評価され，2007年のノーベル医学生理学賞は，「胚性幹細胞（ES細胞）を用いてマウスの特定の遺伝子を改変する原理の発見」に対して，マウスES細胞を樹立したEvansとES細胞の遺伝子改変に成功したCapecchi, Smithiesの3氏に贈られている。

　ES細胞は，もはや生命科学，医学研究に重要なツールとなっているが，ヒトES細胞を用いる場合の倫理的問題は避けて通れない。つまり，ES細胞を樹立する際に，生命の萌芽である受精卵を用いることが必須で，日本も含めヒトES細胞を用いた研究を制限している国もあるのが現状である。

　ES細胞の潜在的問題点を解決する目的で，山中らのグループは，ES細胞の分化万能性維持

第 7 章 iPS 細胞の各々の拠点の紹介

に重要な働きを持つ 24 因子に注目し，その中から Oct 3/4, Sox 2, Klf 4, c-Myc の 4 因子を細胞に導入することで，ES 細胞様の人工多能性幹細胞（induced pluripotent stem cells：iPS 細胞）を樹立することに成功した。

　iPS 細胞の樹立によって，倫理的問題を排除した万能細胞を獲得する手段を得たことの意義は非常に大きく，再生医療の実現に向けた大きな進歩である。さらに，iPS 細胞は，再生医療への応用のみならず，患者自身の細胞から iPS 細胞を作製し，その iPS 細胞を特定の細胞へ分化誘導することで，従来は採取や培養が困難であった組織の細胞を得ることが可能となる。そして，治療法が確立していない疾患に対して，その病因や発症のメカニズムを解明するために，患者自身の細胞を用いて研究を行うことができるため，全く新しい手法で医学研究を進めることができる可能性を持っている。

　元来，ES 細胞の作製と利用にあたっては，2 つの問題点が存在していた。1 つは上述のように作製にあたって初期胚を破壊することによる倫理的な問題である。さらにもう一つは，HLA の不一致による移植後の免疫拒絶の問題である。iPS 細胞は生殖系細胞を用いず線維芽細胞，上皮細胞などの体細胞を初期化するので，自己細胞から iPS 細胞を作製すれば倫理的，免疫的問題を解決することができる。しかし，体細胞が初期化され iPS 細胞になるメカニズムの詳細は不明な点も多く，また，現時点では iPS 細胞を作製するにあたってレトロウイルスを用いている点など，解決すべき問題も残っている。

　免疫拒絶の問題に対して，中辻らは 170 個のヒト ES 細胞株を作製すれば，日本人の 80％ は HLA タイプがミスマッチ 1 個以内で済むと報告しており，iPS 細胞に関しても「バンキング」という概念が成り立つ。

　しかし，iPS 細胞も ES 細胞と同様，目的の細胞へ分化・誘導する技術の確立は必須であり，iPS 細胞と ES 細胞の研究は表裏一体である。また，ES 細胞よりも実用化が近い，骨髄や脂肪等に含まれる体性幹細胞は，iPS 細胞や ES 細胞ほど増殖・分化能力は高くないので，移植後の安全性も高いと考えられる。幹細胞を用いた再生医療については，iPS 細胞研究に偏らず，ES 細胞や体性幹細胞に関する研究も継続して進めていくことが，iPS 細胞の臨床応用の近道となるであろう。

9.3　細胞シート工学

　従来の一般的な細胞移植方法は direct needle injection 法であるが，それには移植作業中の細胞損失，注入局所における炎症反応の惹起，移植範囲の限局などの問題点があり，心筋細胞を心臓へ効率よく移植し生着させるためには，細胞移植技術も重要となる。

　Shimizu, Okano らは，上述の温度感受性培養皿から温度降下処理のみで回収した細胞シート

を積層化することで,スキャホールドを用いないで3次元組織を構築することを可能にした。ヌードラットの皮下に,3層の心筋細胞シートを積層し10回移植を行うと,積層化した心筋細胞シートは in vitro で一年以上拍動を維持し,心筋梗塞部に移植すると心機能を改善することも報告されている。

さらに,心筋細胞と血管内皮細胞を混合して細胞シート化すると,細胞シート内で血管内皮細胞が管腔様構造をとり,それを生体内に移植するとホストの血管と速やかに接合することも明らかとなっている。

以上のように,細胞シートによる移植は,直接心筋内に細胞を注入する移植方法の問題を解決し,細胞を組織化して移植することが可能な技術として非常に有効である。

9.4 筋芽細胞シートを用いた心筋再生

我々は,この細胞シート化技術を用いて筋芽細胞シートを作製し,細胞移植を行い,心機能改善効果について検討を重ねてきた。

ラット心筋梗塞モデルに対しての検討では,心機能が有意に改善し,移植した心筋内のHGFやVEGFの発現が上昇していた。さらには,骨髄由来幹細胞に対するケモカインであるSDF-1やそのレセプターも高値であることが判明した。さらに,これらの幹細胞由来の因子であるc-kitやSca-1陽性細胞が多数集積していることがわかった。このように筋芽細胞シート移植により,直接的な girdling effect に加え,増殖因子やケモカインが関与し,幹細胞をも誘導することによって,自己修復機転が心機能改善に関与するのではないかということが示唆された。

以上のような研究成果をもとに,2006年7月に倫理委員会の承認を得て,左室補助人工心臓を必要とするような末期的拡張型心筋症患者に対する自己筋芽細胞シート移植を計画し,2007年5月に臨床試験を開始した。

9.5 iPS細胞シートによる心筋再生への期待(図2)

しかしシート化する細胞源として筋芽細胞では,Responderは限られてくる。この治療効果のメカニズムは,あくまでも筋芽細胞から分泌される成長因子等の影響が大きく,自己の組織修復能を賦活化し,心機能が改善したと推測される。失われた心筋組織を修復・再生するためには,やはり心筋細胞を補充することが必要で,これこそ"真"の心筋再生治療と呼べるのではないか考える。

その点からも,より効果の高い細胞源の開発が必要で,特に,細胞シート技術により心筋細胞移植の場合 Gap-junction を温存した状態で移植が可能であることより,この Gap-junction を発現する細胞の開発が必要とされてきただけに,iPS細胞への期待は大きく,京都大学山中教授と

第 7 章 iPS 細胞の各々の拠点の紹介

臨床応用を目指した iPS 細胞から心筋分化系の開発

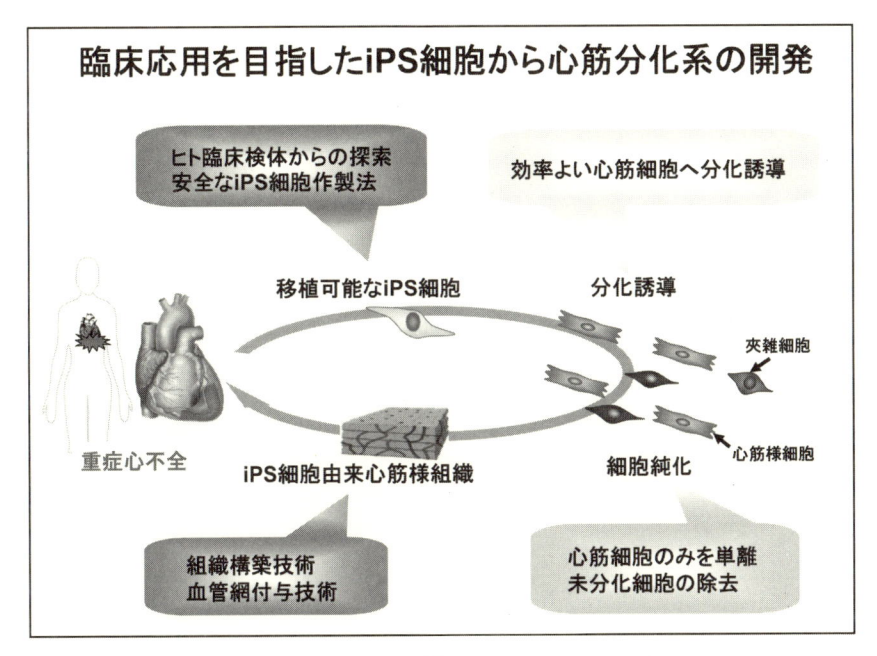

図 2

の共同研究において iPS 細胞からの高効率の心筋細胞の分化誘導と Teratoma の発生抑制および，そのシート化と心不全モデルへの移植による成果が期待される。

　ヒト iPS 細胞は，皮膚などのありふれた体細胞から作製されるため，ヒト ES 細胞作製と違い受精卵を壊す必要もなければ，卵子の必要もない。しかも，患者自身の体細胞から iPS 細胞を作製して移植治療に利用すれば拒絶反応の心配もなくなり，ヒト ES 細胞で問題となっていた大きな二つの問題が解消される。また，ヒト iPS 細胞は細胞の形態や遺伝子発現などヒト ES 細胞と酷似しているため，これまで蓄積されてきた ES 細胞での研究成果が iPS 細胞にそのまま適用できる可能性がある。その他にも，iPS 細胞から様々な種類の細胞を作製し，新薬の効果や副作用，毒性などの試験に利用できる可能性や，個々人に合わせて最適な治療をほどこすテーラーメイド医療にも貢献できる可能性がある。

　しかし，ヒト iPS 細胞にもいくつかの問題が残されており，その一つが安全性である。ヒト iPS 細胞を作製する際，現在のところレトロウイルスベクターかレンチウイルスベクターを使用する方法が中心で，両ベクターとも遺伝子を細胞の DNA に挿入してしまう。この挿入位置が制御できないため，もとの細胞の正常な遺伝子を失い，最悪の場合がん細胞になってしまう恐れがある。最近，タンパク導入やゲノムに入らなく効率のよいセンダイウイルスで iPS 化することも報告されており安全な iPS 細胞の開発が期待される。また，iPS 細胞や ES 細胞の特徴としてテラトーマ形成能があるが，移植医療を考える場合，このテラトーマ形成能を完全に排除すること

は現在の技術では非常に難しい。目的の細胞群へ分化させた後でも，ほんの数％の未分化細胞が存在していればテラトーマを形成する可能性が存在する。その他の問題点として，iPS細胞は原理的には精子や卵子を作製することが可能であるので，この点に関しては倫理的な問題が残る。また，患者の体細胞からiPS細胞を作製し，目的の細胞へ分化させた後移植することを考えると，非常に高額な費用と最低でも数か月という期間が必要になってくる。そのため，治療に緊急を要するケースには対応ができない。この問題に関しては，「骨髄バンク」のように様々なヒトに由来するiPS細胞や，そこから分化させて作製した特定の細胞を大量に保存した「iPS細胞バンク」という構想がある。患者の細胞に似た細胞をバンクから選び利用できれば，拒絶反応を避けられるだけでなく，緊急時にも対応でき，医療費も抑制できるかもしれない。

9.6 iPS細胞の心筋への分化誘導と細胞シート移植の試み

　ヒトiPS細胞の作製が可能になり，自己細胞由来のiPS細胞を利用した移植治療が期待されている。特に慢性心不全においては，根治的治療法は心臓移植しかなく，その移植にも様々な問題があり，iPS細胞の分化・移植による再生医療は非常に注目されている。

　我々は，マウス線維芽細胞由来のiPS細胞を用いて心筋細胞シートを作製し，そのシートを心筋梗塞モデルマウスへ移植してその効果を評価した。

　iPS細胞から心筋分化の実験において，BIO以外にもNogginやBMP 2 or 4，分化因子の添加する日を1日目〜3日目にするなど幾つか実験を試みたが，このiPS細胞（256 H 18）株では，BIOを2日目〜4日目に作用させる方法が，拍動するEBを最も形成することが確認された。NaitoらやYuasaらは95％以上の割合で拍動するEBが得られたと報告しているが，我々は88％の確立で拍動するEBが得られ，これらはES細胞やiPS細胞など各クローンにより差がでるものと考えられる。

　無糖培地による心筋細胞の精製の実験において，realtime PCRによる未分化マーカーの発現量の減少及び心筋マーカーの発現量の上昇，免疫染色によりα-actinin陽性率が99％以上，Nkx 2.5陽性細胞が95％以上と，心筋細胞を高度に精製することができた。心筋細胞にはグルコースを利用しなくてもエネルギーを産生できる代謝経路が存在するため，グルコース非存在下にすることで心筋以外の細胞を死滅させ，心筋細胞を生存させることができたと考えられる。また，ここでは12, 13日目に無糖培地に変えているが，この理由として，まず5日目にゼラチン状へEBを播種後，6日目〜14日目まで1日だけ無糖培地に変更し，RNAを採取してRT-PCR及びrealtime PCRを行ったところ，10日目に以降に無糖培地へ変更した細胞群のほうが，有意に未分化因子の減少と心筋分化マーカーの増加が確認された。その後，10日目以降に無糖培地を2日もしくは3日間無糖培地へ交換したところ，12, 13日目に無糖培地へ変更した群が最も

第 7 章　iPS 細胞の各々の拠点の紹介

未分化因子の減少と心筋分化マーカーの増加が確認されたので，本研究ではこの条件を採用した。おそらく，10 日目以前に無糖培地へ変えた細胞群は，変える段階において無糖培地に耐えうる心筋細胞数が少なく，心筋細胞へ分化する前に細胞死をおこしてしまうため，心筋マーカーの発現の増加が 10 日目以降の群より少なかったと考えられる。よって，日数が増すほど分化した細胞群が増えてくるので，10 日目以降に無糖培地に変えたものの方が，心筋細胞以外の細胞を細胞死させることができたと思われる。

5 日目に温度感受性培養皿に EB を播種し，12，13 日目に無糖培地へ変えた後，15 日目に移植した実験において，半分の確率でテラトーマの形成が見られた。これより，2 日間無糖培地へ変えても未分化細胞がまだ混在していることがわかる。テラトーマの大きさは，大部分の未分化細胞を除去したことより iPS 細胞をそのままシートで移植した群よりも有意に小さいが，心筋細胞の割合が 99% 以上でも，シート状で移植する以上移植細胞数の多さ及び移植効率良さが逆にテラトーマの原因となっていると考えられる。しかし，テラトーマを形成しなかった群において心機能を測定すると，LVDd 及び FS 値において改善傾向が見られた。よって，更なる未分化除去法は検討しなければならないが，iPS 細胞由来心筋細胞は心機能改善に寄与することが示唆された。

9.7　おわりに

本節では，心血管分野における万能細胞を用いた再生治療・組織工学の現状を紹介してきた。

再生医療は，組織工学，発生生物学，幹細胞研究，遺伝子治療，DDS，バイオマテリアルなどの最先端技術の知見を取り込むことで，組織・器官の再生を統合的に目指す治療体系へと発展した。そして，これまでの医療と異なり，医学と理学，工学さらに産官学が密接に連携した分野横断的で学際的な研究分野であり，幅広い最先端の知見を癒合していくことが不可欠である。

iPS 細胞を用いた心血管再生治療の実現には，超えなくてはならないハードルがたくさん存在するが，iPS 細胞の樹立をきっかけとして，世界中で幹細胞研究が活性化されることで，近い将来，iPS 細胞を用いた心血管再生医療が現実的なものとなることを確信している。

10 iPS 細胞を活用した安全性・有効性評価系の構築

古江—楠田美保[*1]，山田　弘[*2]，水口裕之[*3]

10.1　要約

　医薬基盤研究所では，ヒト iPS 細胞から肝細胞への高効率分化誘導法の開発を行うとともに，医薬品開発に応用可能な新しい安全性・有効性の細胞評価系の構築を行っている。当研究所と全国の関係研究機関と連携した研究課題（「ヒト iPS 細胞を用いた新規 in vitro 毒性評価系の構築」）は内閣府，文部科学省，厚生労働省，経済産業省が平成 20 年度に公募を行った「スーパー特区（先端医療開発特区）」に採択された。iPS 細胞を創薬応用のためのスクリーニングに用いるためには，まず iPS 細胞の標準化を行う必要がある。次に，その細胞を安定して供給できることが重要となってくる。厚生労働省細胞バンクにおける 20 年以上の公的バンクとしての豊富な経験と知識のもとに，iPS 細胞の標準化を行って品質管理法を確立し，iPS 細胞コレクション，誘導された分化細胞コレクションを分譲する予定である。構築される品質管理・分譲システムや細胞評価データベースは，当研究所の世界最大規模のトキシコゲノミクス・データベースと連携することにより，創薬研究の加速，ヒト特異的毒性の予測精度向上など，医薬品の安全性向上，さらに大きな経済的メリットにつながる。

10.2　はじめに

　医薬品候補化合物の開発中止原因として「毒性の判明」が占める割合は 20% 程度ある[1]（図1）。医薬品開発過程において，将来起こる可能性の高い潜在的毒性を研究開発の初期段階から予測できれば，より安全性の高い医薬品を効率よく開発することができる。しかし，現在のデータベースは主に実験動物を用いたデータベースとなっている。動物実験には「種差の壁」の限界があり，ヒトに特異的に起こる毒性についての予測性は十分とはいえない。利便性・汎用性の観点から，また実験動物使用制限の観点からも，ヒト培養細胞を用いた，より良い安全性予測系・有効性評価系の開発が期待されている。

　創薬研究に用いられる実用性・汎用性の高い細胞評価系を構築するためには，ヒト生体機能を

[*1]　Miho Kusuda Furue　㈱医薬基盤研究所　生物資源研究部門　細胞資源研究室　プロジェクトリーダー

[*2]　Hiroshi Yamada　㈱医薬基盤研究所　トキシコゲノミクス・インフォマティクスプロジェクト　サブ・プロジェクトリーダー

[*3]　Hiroyuki Mizuguchi　㈱医薬基盤研究所　遺伝子導入制御プロジェクト　プロジェクトリーダー

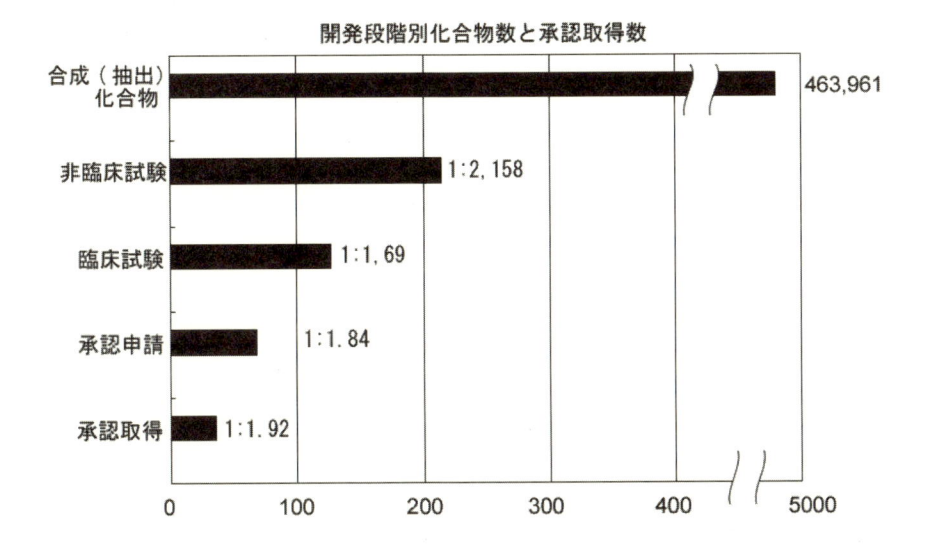

第 7 章　iPS 細胞の各々の拠点の紹介

開発段階別化合物数と承認取得数

- 合成（抽出）化合物　463,961
- 非臨床試験　1:2,158
- 臨床試験　1:1,69
- 承認申請　1:1.84
- 承認取得　1:1.92

日本製薬工業会：2000〜2004より

図1　開発段階別化合物数
日本製薬工業会調査報告より

反映できるものであること，安定的に生産・供給できること等の要件を満たすことが求められる。性別，年齢，病態などの種々のバリエーションを有したヒト細胞コレクションの構築，標準化された細胞の安定供給，品質管理法の開発，目的の機能を有する細胞への高効率な分化誘導技術の開発が必要不可欠である。さらに，トキシコゲノミクス解析による新規 in vitro 医薬品毒性評価システムの構築，薬事申請のためのガイドライン案の作成へとつながる。従来のヒト培養細胞を用いた in vitro アッセイは様々な毒性等評価に用いられているが，生体組織との性質・機能の乖離が大きいために測定可能な評価項目は限られている。また，日本においては，ヒト臓器由来培養細胞の安定供給が困難であり，最適なスクリーニング系は構築されていなかった。一方，iPS 細胞は様々な体細胞から作製でき，あらゆる細胞に分化することが可能であり，また，倫理上の問題点も少ないことから，新規 in vitro 毒性評価系の最適なツールとなりうる。

当研究所においては，関係研究機関と連携して，創薬研究の加速化，およびヒト安全性の予測精度向上のため，ヒト iPS 細胞を用いた in vitro 安全性・有効性評価系の構築を行っており，その内容を概要する（図2）。

10.3　iPS 細胞の標準化

ヒト ES 細胞は，その樹立の方法や培養条件が研究室により異なることも多く[2]，株間の差が大きく[3]，ヒト ES 細胞に関連する報告が追試できないことも多いことが知られている。ヒト

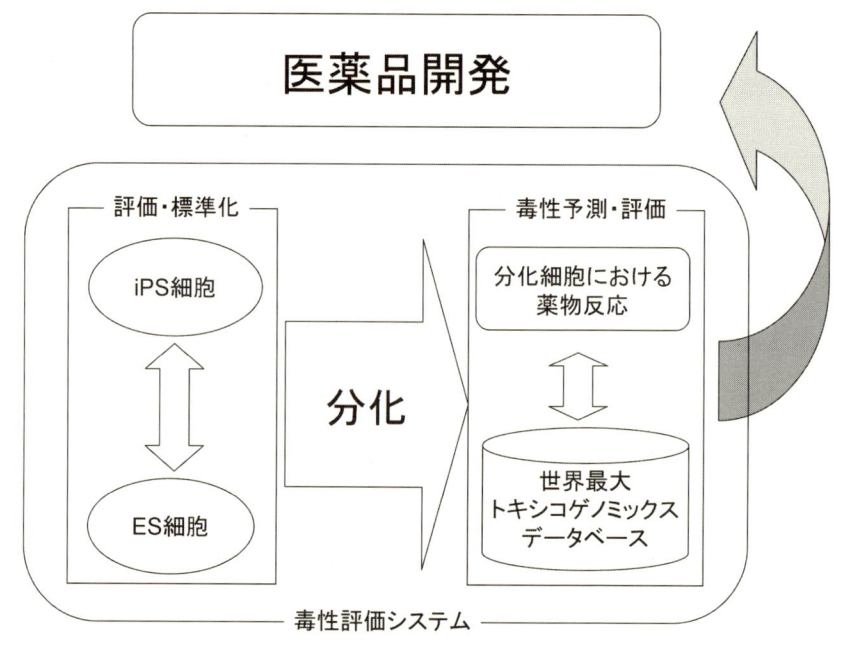

図2 iPS細胞を活用した安全性・有効性評価系の構築を目指した研究の概要

iPS細胞についても同様で，各研究室で作製方法や培養方法が異なる。さらに，同じ細胞から作製されたiPS細胞であっても，クローン間で形質が異なる。創薬研究に応用するためには，まずiPS細胞の標準化から始める必要がある。ヒトES細胞については，シェフィールド大学P. Andrews教授がリーダーとして推進している国際プロジェクトInternational human ES cell initiatives (ISCI) で，日本で樹立された細胞も含めて，世界中で研究用に使用されている細胞株の特徴を比較している[4,5]。当研究所では，国内でヒトES細胞樹立が許可されている京都大学や成育医療センターとともに，シェフィールド大学やハーバード大学などと連携をもち，国際レベルでヒトES細胞と比較を行いながら，iPS細胞の標準化を行っている。

10.4 既知の因子による無血清培養法の必要性

ヒトES，iPS細胞は，一般的にマウス胎児組織由来フィーダー細胞上で，牛血清，あるいは，代替血清・knockout-serum replacement® (KSR) と，塩基性線維芽細胞増殖因子（FGF-2）を添加した培地を用いて培養されている[6]。血清は，増殖因子だけでなく，未知の分化促進因子やウィルスなどを含んでいる可能性がある。マウス胎児由来フィーダー細胞は，血清添加の条件で準備され，またロット差があり，未知なる因子を分泌している。KSRは無血清であると言われているが，ロット差のある動物由来成分を含み，組成が公開されていない。フィーダー細胞の代わりに使用されるマトリジェルはマウス肉腫由来であり，数種のマトリックスだけでなく，増殖

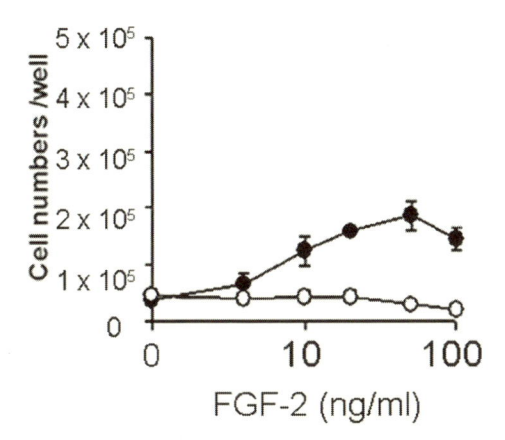

第 7 章　iPS 細胞の各々の拠点の紹介

図3　培養条件による FGF-2 の細胞増殖効果の違い
従来の培養条件（○）においては，FGF-2 の細胞増殖効果を検出できない。一方，hESF 9 を用いた培養条件（●）においては，FGF-2 の細胞増殖効果を検出できた。
(*Proc. Natl. Acad. Sci U S A*, 105, 13409-14, (2008) 図6より)

因子や未知の因子が含まれている。これらに対して，品質の安定性のあるロット差の少ない合成培地を用いた無血清培養[7]が，望まれている。ヒト ES 細胞用の無血清培養条件は，市販品を使用したものも含めて十数例が報告されている。筆者は，マウス ES 細胞をフィーダー細胞なしに未分化性を維持することのできる機能性無血清培養条件 ESF 7 を開発した[8]。この条件に改良を加え，ヒト ES 細胞用無血清培地 hESF 9 を開発した[9]。フィーダー細胞や KSR 存在下においては検出できなかった形質が，フィーダーを用いないこの機能性無血清培養条件を用いることにより明らかにできる。ヒト ES 細胞における FGF-2 の細胞増殖の影響は，フィーダーあるいは KSR 存在下においては検出できなかったが，hESF 9 で培養を行うと FGF-2 による増殖効果が明らかとなった（図3）。hESF 9 を用いることにより，iPS 細胞の細胞特性を正確に解析することが可能であり，現在詳細な解析を行っている。

10.5　評価と品質管理

　毒性評価などのスクリーニングに用いる細胞の条件として，再現性のある安定した試験が可能なこと，その細胞を十分量安定供給できることなどが重要である。作製された iPS 細胞コレクション，分化細胞コレクションは他の研究機関に配布・分譲する予定である。これらの幹細胞は，癌細胞はもとより他の幹細胞に比べてデリケートで，高品質を維持することは大変難しい。分化しやすく，継代するうちに異なる細胞集団になることも多い。細胞分散法を間違えば，ほとんどの細胞がアポトーシスを起こして死んでしまうこともまれではない。培養維持している間に，細

胞の品質は変化する可能性が高い。標準化された iPS 細胞を他の研究機関に安定的に供給するためには，iPS 細胞の品質管理が必要となる。当研究所・厚生労働省細胞バンクにおける 20 年以上の公的バンクの豊富な経験と知識のもとに，iPS 細胞の培養法，保存法，凍結法などを，未分化性，多分化能，染色体安定性といった観点から詳細に検討し，高品質 iPS 細胞の評価基準を作製中である。また，昨今，世界的に培養細胞のクロスコンタミネーションが問題になってきている[10]。当細胞バンクにおいては，ヒトゲノム内に存在する特異的ローカスの STR 分析（short tandem repeat analysis）によるデータベースを構築して比較解析をすることにより，クロスコンタミネーションの可能性の分析を行っている[11]。これらの問題を克服して高品質の細胞を安定して供給するためには，細胞培養を技術として捉えるだけでなく，体系的な細胞培養学を確立していかなくては難しいだろう。細胞培養を再考しなくてはならない時代が来ていると考える。品質のよいヒト iPS 細胞を維持するためには，その特徴を十分に把握したスタッフが必要であり，当研究所において，培養法を標準化して指導する準備を行っている。

10.6 高効率分化誘導法の開発および分化誘導細胞コレクションの作製

肝細胞は血液細胞や血管内皮細胞などと比較し，幹細胞からの分化誘導が困難であることが知られている。そこで，従来の液性因子を用いた分化誘導法に加え，当研究所・水口らの独自技術である改良型アデノウイルスベクター等を用いた高効率遺伝子導入法を応用することにより，医薬品毒性スクリーニングに適した肝細胞への高効率分化誘導法を開発中である。アデノウイルスベクターは既存の遺伝子導入ベクターの中では最も効率に優れ，染色体への遺伝子組み込み能を有さないため，一過性の遺伝子発現を示すことを特徴とする。従来のアデノウイルスベクターは遺伝子導入がアデノウイルス受容体（CAR）の発現に依存していたが，水口らはウイルス表面タンパク質を改変することで，感染域を自在に制御可能な改良型アデノウイルスベクターを開発し，様々な細胞種に対し，高効率（従来型の 100 倍）な遺伝子発現が可能となった[12,13]。従来の液性因子添加法と組み合わせて，細胞分化に関連する遺伝子を，これら改良型アデノウイルスベクターを用いて iPS 細胞に作用させることで，より効率よく分化細胞が得られると考えられ，遺伝子発現プロファイリングの解析等により肝細胞への分化誘導に必要な導入遺伝子を決定し，分化誘導方法の最適化を行っている。

10.7 トキシコゲノミクス解析による医薬品毒性評価システムの開発

日本の化学物質（薬剤等）の分子毒性解析技術は世界トップクラスであるが，さらに，当研究所は世界最大規模（8 億件）の毒性と遺伝子発現に関するトキシコゲノミクス・データベースを有している[14,15]。当研究所の漆谷・山田らは，このデータベースを用いて iPS 細胞から分化誘導

第 7 章　iPS 細胞の各々の拠点の紹介

した細胞に対してトキシコゲノミクス解析を行うことにより，医薬品の毒性に関する新規 *in vitro* 細胞評価系を確立する。その特徴は，種々の毒性既知化合物を用いて判定基準設定のためのバリデーションが実施可能なことである。当研究所が保有するトキシコゲノミクス・データベースの情報を基にして抽出したエンドポイントを *in vitro* 評価系に設定した後，種々の毒性既知化合物を用いて判定基準設定のためのバリデーションを実施する。種々の iPS 細胞由来の分化細胞を使うことにより，個々人の体質の違いによる副作用を事前に予測することが可能になり，将来のテーラーメイド医療に向けた基盤を構築できる。

10.8　おわりに

　iPS 細胞を利用した安全性・薬効評価系を構築することにより，医薬品の安全性向上，創薬初期段階での正確かつ簡便な毒性評価が可能となる。それによって，これまでの医薬品開発において課題となっていた創薬後期段階での開発中止のリスクが低減するとともに，近年世界的に実施が制限され「種差の壁」の限界を有する動物実験に代わる評価システムが構築されることとなる。新薬開発コストの低減，新薬開発期間の短縮などが実現して数千億円の経済効果が生じるとともに，個々人の体質の違いによる副作用を事前に予測することが可能になるなど，テーラーメイド医療実現に向けての基盤が整備される。新規細胞評価系構築は一つの技術だけでできるものではなく，iPS 細胞コレクション作製，品質管理，分化誘導，毒性評価等に関する様々な要素技術を融合させて推進していくことが不可欠である。これらは数千億円の経済効果とともに，合理的な医薬品審査へも寄与し，もって国民の健康の増進に資することになるであろう。

文　献

1) Frank, R. and Hargreaves, R., Clinical biomarkers in drug discovery and development. *Nat. Rev. Drug. Discov.*, **2**, 566-80（2003）
2) 古江―楠田美保，日本における ES, iPS 細胞研究の標準化．Tissue Culture Research Communications（2009）
3) Osafune, K., *et al.*, Marked differences in differentiation propensity among human embryonic stem cell lines. *Nat. Biotechnol.*, **26**, 313-5（2008）
4) Andrews, P. W., *et al.*, The International Stem Cell Initiative : toward benchmarks for human embryonic stem cell research. *Nat. Biotechnol.*, **23**, 795-7（2005）
5) Adewumi, O., *et al.*, Characterization of human embryonic stem cell lines by the Interna-

tional Stem Cell Initiative. *Nat. Biotechnol* （2007）
6) Amit, M., *et al.*, Feeder layer-and serum-free culture of human embryonic stem cells. *Biol. Reprod.*, 70, 837-45 （2004）
7) Hayashi, I. and Sato, G. H., Replacement of serum by hormones permits growth of cells in a defined medium. *Nature*, 259, 132-4 （1976）
8) Furue, M., *et al.*, Leukemia inhibitory factor as an anti-apoptotic mitogen for pluripotent mouse embryonic stem cells in a serum-free medium without feeder cells. *In Vitro Cell Dev. Biol. Anim.*, 41, 19-28 （2005）
9) Furue, M. K., *et al.*, Heparin promotes the growth of human embryonic stem cells in a defined serum-free medium. *Proc. Natl. Acad. Sci U S A*, 105, 13409-14 （2008）
10) Chatterjee, R., Cell biology. Cases of mistaken identity. *Science*, 315, 928-31 （2007）
11) 水澤博ほか，STR分析によるヒト培養細胞の迅速同定法。実験医学，26, 1395-1403 （2008）
12) 水口裕之ほか，改良型アデノウィルスベクターを用いた造血幹細胞，間葉系幹細胞，ES細胞への効率的遺伝子導入．Inflammatation and Regeneration, 25, 447-451 （2005）
13) Kawabata, K., *et al.*, Adenovirus vector-mediated gene transfer into stem cells. *Mol. Pharm.*, 3, 95-103 （2006）
14) 堀井郁夫，山田弘，非臨床試験—ガイドラインへの対応と新しい試み— 創薬段階での非臨床安全性評価—ハイスループット・トキシコロジー, 419-440, エル・アイ・シー（2008）
15) 堀井郁夫，山田弘，非臨床試験—ガイドラインへの対応と新しい試み— 創薬段階での非臨床安全性評価—分子毒性学的アプローチ, 441-479, エル・アイ・シー（2008）

11 iPS 細胞を用いた膵臓細胞の作製技術と臨床応用への展望

樋口裕一郎[*1]，白木伸明[*2]，粂　昭苑[*3]

11.1　はじめに

　Ⅰ型糖尿病は自己免疫疾患などの理由によって膵島に存在するインスリン産生β細胞が破壊されることにより誘発される疾患である．近年，その治療法として臓器提供者の膵臓から分離した膵島を移植する治療方法（エドモントンプロトコール）が提唱され，胚性幹細胞（Embryonic Stem cells：ES 細胞）を用いた再生医療のターゲットとして，膵β細胞は注目を集めてきた．また，人工多能性幹細胞（induced Pluripotent Stem cells：iPS 細胞）が樹立されたことで倫理問題や拒絶反応等の問題がクリアされ，その技術を臨床レベルで応用することへの期待が更に高まっている．本総説では多能性幹細胞から膵β細胞を誘導する方法についての現状と問題点について言及し，加えて我々の進めている iPS 細胞分化誘導法と，その臨床応用に向けてのプロジェクトについて紹介する．また，iPS 細胞を用いるにあたり，今後生じるであろう問題点についても最後に考察する．

11.2　膵β細胞の分化誘導技術とその問題点

　iPS 細胞から移植可能な量の膵β細胞を得るためには効率的な分化誘導技術の確立が必要不可欠であり，これには ES 細胞を用いて今日まで行われてきた，膵β細胞の分化誘導法に関する知見を応用することが期待される．多くのグループがマウスやヒトの ES 細胞を用いてこの課題に取り組んでおり，膵β細胞を作製したとする報告も多くなされている．中でも 2006 年，D'Amour らはヒト ES 細胞を用いて膵β細胞を分化誘導する方法を報告し，注目を集めた[1]．同方法では試験管内培養条件下に加える液性因子の組み合わせを変えることで，ES 細胞から胚性内胚葉，膵臓前駆細胞，インスリン産生細胞を正常発生に沿った形で誘導できることを示している．しかし，出現するインスリン産生細胞は糖応答能に乏しいことが示されており，生体内で正常に機能する膵β細胞を誘導するためには，更なる改善が必要であることが示唆されていた．これを受けて 2008 年，同グループの Kroon らはヒト ES 細胞から誘導した未熟な膵臓内胚葉細胞をマウスに移植し，それが生体内において糖応答能を有する膵β細胞へと分化することを報告した[2]．彼らの報告は未分化な膵臓細胞を成熟化させる方法として，生体内の環境が適していること

---

*1　Yuichiro Higuchi　熊本大学　発生医学研究所　再建医学部門　多能性幹細胞分野
　　　　　　　　　　　iPS 細胞研究国際拠点人材養成事業　非常勤研究員
*2　Nobuaki Shiraki　熊本大学　再建医学部門　助教
*3　Shoen Kume　熊本大学　再建医学部門　教授

iPS細胞の産業的応用技術

```
膵β細胞分化誘導技術の確立   膵β細胞純化技術の確立   効果的移植技術の確立

  ○ ○ ○ ○ ○                ○  ○  ○               ○   ○
 ○ ○ ○ ○ ○    ⇒          ○  ○  ○     ⇒       ○  ○      ⇒    [患者]
  ○ ○ ○ ○ ○                ○  ○  ○               ○   ○
 ○ ○ ○ ○ ○                ○  ○  ○                ○

   未分化iPS細胞                 iPS細胞由来膵β細胞        糖尿病患者
```

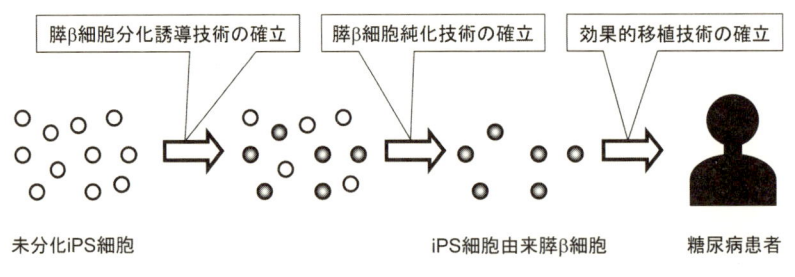

図1 iPS細胞を用いた糖尿病治療にむけての課題

とを示した点で非常に重要である．しかし，生体内という環境ゆえ，成熟化をうながす因子の特定まではおこなわれていない．また，ある程度未熟な細胞群をバルクで移植しているという点で，癌化のリスクを完全に否定することができないという課題も残っている（ちなみに移植動物において奇形腫形成を認めた個体はなかったと筆者たちは示している）．これらの問題点が挙げられることからも分かるように，現状では臨床応用に耐えうるレベルの膵β細胞作製法は，未だ完全には確立されていないと言える．以上の点を鑑み，我々は今後の臨床応用を考える上で，以下に挙げる3つの問題点を克服する必要があると考えている（図1）．

・ 糖応答能を示す，機能的な膵β細胞の試験管内分化誘導法の確立．
・ 膵臓細胞のみを純化する方法の確立．
・ 効果的な移植技術の確立．

11.3 臨床応用に向けたβ細胞作製法

11.3.1 試験管内培養系の確立

膵β細胞分化誘導法を確立するためには，胚発生期において膵臓がどのように形成されてくるのかを正しく理解することが重要である．マウス胚を用いた詳細な解析から，膵臓の発生，分化には隣接する中胚葉からの誘導を受けることが重要であると報告されていた[3]．我々はこの点に注目し，中胚葉由来の細胞株とES細胞を共培養することで膵臓を誘導できないかと考えた．検討の結果，マウス胎仔中腎由来の細胞株であるM15細胞に膵臓の前駆細胞を誘導する能力があることを見出し，昨年これを報告した[4]（図2）．同方法はOkitaらにより樹立されたマウスiPS細胞[5]にも応用可能であり，誘導を促した細胞において膵臓前駆細胞のマーカー遺伝子である *Pdx 1*（*Pancreatic duodenum homeodomein 1*）の発現を観察することができる（樋口ら，未発表データ）．至適化したM15細胞共培養条件下では，全体の約30％が膵臓前駆細胞へと分化する．更に，誘導した膵臓前駆細胞を免疫不全マウスの腎被膜下に移植すると，生体内で成熟した膵臓の細胞へと分化することを確認している．

解析の結果，M15細胞は膵臓前駆細胞への分化を促す因子として，アクチビン，レチノイン

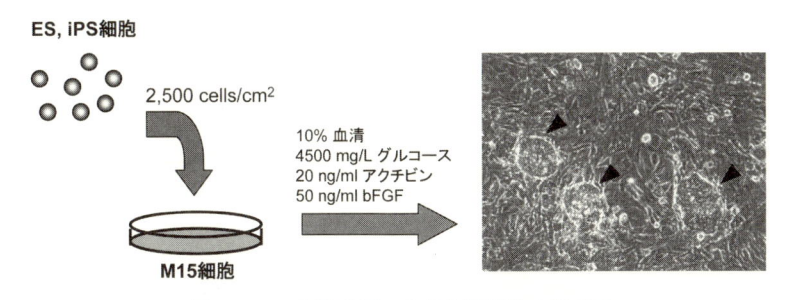

第 7 章　iPS 細胞の各々の拠点の紹介

図2　M 15 細胞を用いた分化誘導法の模式図
細胞はトリプシンでバラバラにした後，単層培養している M 15 細胞上に 2,500 細胞/cm² の密度で播きこむ。なお，M 15 細胞はマイトマイシン C 処理によって，事前に細胞増殖を抑制させておく。写真は分化誘導後 4 日目。矢頭で示すような ES, iPS 細胞由来のコロニーが M 15 細胞上に形成される。

酸のシグナルを活性化させる因子，BMP シグナルを抑制する因子を産生していることを確認した。また，誘導には M 15 細胞との接着が重要であることを確認しており，この点から M 15 細胞の細胞膜上に発現しているタンパク質の中に，分化を促す因子が存在していることを推測している。更に，M 15 細胞を用いた分化誘導系に血清を含まない培地を用いることで，より分化の進んだ膵臓前駆細胞を誘導できることも見出している。これらの誘導法を組み合わせることで，最終的には支持細胞に依存しない分化誘導法の確立を目指していきたいと考えている。

11.3.2　純化

現在の分化誘導技術では混ざりものがない，ただ一種類の細胞を分化誘導することは非常に困難であり，誘導した細胞群の中には必ず目的のもの以外の細胞が含まれる。また，分化誘導した細胞を移植する際，そこに未分化な細胞が混入すると，奇形腫を形成してしまう危険性がある。このため，分化誘導した細胞から目的の細胞のみを選別する技術は非常に重要である。

目的の細胞を純化するためには，フローサイトメーターを用いた細胞の選別が有効である。選別方法には未分化細胞のみを取り除くネガティブセレクション法と，欲しい細胞（糖尿病の場合は膵 β 細胞）だけを純化するポジティブセレクション法とが考えられる。ネガティブセレクション法の場合，未分化細胞特異的に発現する細胞表面抗原を指標に選別を行うため，膵 β 細胞の分化効率が重要となる。また，ポジティブセレクション法に用いる膵 β 細胞特異的な細胞表面抗原については未だ特定されておらず，我々も含め，多くのグループがその探索に取り組んでいる。膵 β 細胞特異的な細胞表面抗原の特定は再生医学のみならず，膵臓の基礎研究を行う上でも非常に重要な課題である。

これと合わせて，我々はマウスあるいはヒト iPS 細胞を加工して，*Pdx 1* やインスリンといった膵臓分化関連遺伝子の発現を，レポーター遺伝子の発現によって可視化する系を開発しようと試みている。レポーターの発現を指標とすることで，膵臓系譜へと分化した細胞の定量や定性，

純化を容易に行うことができる。

11.3.3 移植

ヒト ES 細胞を用いた先行報告でも示された通り，移植は未成熟な膵臓前駆細胞を成熟させる系として有効である。しかし，どの分化過程にある細胞を体のどの部位（微小環境）に移植することが最も有効かという問題については，まだ検討の余地があると考えている。また，糖尿病治療への応用を考える上で，移植する細胞の生着率や，移植した先で充分に機能しうるかという問題は非常に重要である。

我々は糖尿病のモデルマウスとして，ストレプトゾトシン投与マウス，もしくは Akita マウス[6]を用いた細胞移植実験を検討している。これらのマウスに iPS 細胞より誘導した膵臓系譜の細胞を移植し，移植細胞の成熟化や病態改善効果を検討することで，より効果的な移植方法を確立していきたい。

11.4 おわりに

膵島移植による糖尿病治療を考えた場合，病態改善効果を認めるためには，マウスにおいておよそ100～400個，ヒトの成人男性（体重60 kgと想定）ではおよそ60万個の膵島を移植する必要がある[7,8]（表1）。これに相当するだけの膵β細胞を現行の分化方法で得るには非常に大きな培養系が必要であり，また，得られた膵β細胞が生体内で充分に機能するかについても疑問が残る。iPS 細胞を用いた細胞移植治療を考える上で，機能的な膵β細胞を高効率で，大量に分化誘導できる系を確立することは非常に重要である。また，将来的には分化誘導した細胞の維持培養技術や，保存技術などについても検討しなければならない。

昨年 Tateishi らによって，ヒト線維芽細胞より樹立した iPS 細胞から，インスリンを産生する膵島様の細胞を分化誘導したとする報告がなされた[9]。同報告中では誘導したインスリン産生細胞が生体内で正常に機能するかは検討されていないものの，iPS 細胞が膵臓系譜細胞への分化能を有することを示した点で非常に重要である。また，同報告中では樹立した iPS 細胞のうち，膵臓細胞への分化能を示さない株があったことについても言及されている。細胞の株間で分化能に差があるという問題はヒト ES 細胞についても報告があり[10]，iPS 細胞においても，由来となった組織によって分化能が異なる可能性が指摘されている。iPS 細胞を用いた糖尿病治療を行う場合，患者自身の細胞から iPS 細胞を樹立し，これを膵臓細胞へと誘導した後，移植を行うとい

表1 糖尿病治療における病態改善に必要な膵島数

	膵 島 数	参考文献（文献番号）
マウス	100～400個/マウス	Yasunami *et al.*, (2005) 7)
ヒ ト	1×10^4 個/kg・BW	Shapiro *et al.*, (2006) 8)

第7章 iPS細胞の各々の拠点の紹介

う治療法が考えられる。この際,樹立された iPS 細胞に膵臓への分化能があるのか,また,どの細胞を由来として用いるべきかという問題についても,今後検討されなければならない。昨年,Stadtfeld らによりマウス膵β細胞より iPS 細胞を樹立したとする報告がなされた[11]。同報告中では膵臓細胞への分化能についての検討までは行われておらず,今後の解析が期待される。

本総説で紹介した我々のプロジェクトの多くはマウス ES 細胞あるいは iPS 細胞を用いて行ってきた解析であり,そこから得られた知見をヒト iPS 細胞へ応用することを現在検討している。現状では未だ多くの課題を残しているものの,今後,本総説で取り上げた問題が解決され,iPS 細胞由来の膵β細胞が臨床応用されることを期待したい。

文　献

1) D'Amour, K. A., Agulnick, A. D. *et al.*, *Nat. Biotechnol.*, **23**, 1534-41 (2005)
2) Kroon, E., Martinson, L. A. *et al.*, *Nat. Biotechnol.*, **26**, 443-52 (2008)
3) Wells, J. M. & Melton, D. A. *Annu. Rev. Cell Dev. Biol.*, **15**, 393-410 (1999)
4) Shiraki, N., Yoshida, T. *et al.*, *Stem. Cells*, **26**, 874-85 (2008)
5) Okita, K., Ichisaka, T. *et al.*, *Nature*, **448**, 313-7 (2007)
6) Yoshioka, M., Kayo, T. *et al.*, *Diabetes*, **46**, 887-94 (1997)
7) Yasunami, Y., Kojo, S. *et al.*, *J. Exp. Med.*, **202**, 913-8 (2005)
8) Shapiro, A. M., Ricordi, C. *et al.*, *N. Engl. J. Med.*, **355**, 1318-30 (2006)
9) Tateishi, K., He, J. *et al.*, *J. Biol. Chem.*, **283**, 31601-7 (2008)
10) Osafune, K., Caron, L. *et al.*, *Nat. Biotechnol.*, **26**, 313-5 (2008)
11) Stadtfeld, M., Brennand, K. *et al.*, *Curr. Biol.*, **18**, 890-4 (2008)

索　引

【数】
I 型糖尿病 …………………………………… 225
21 CFR 1271 ……………………………………… 19
2 次元コード管理 …………………………… 120
3 原則（汚染防止（無菌管理），人為的ミスの防止，品質保証） ……………………………… 120
3 次元培養皮膚 ……………………………… 199

【A】
α-fetoprotein ………………………………… 80
Advanced Therapy Medicinal Product（ATMP）
　………………………………………………… 22
animal cap …………………………………… 176

【B】
Batten 病（Neuronal Ceroid Lipofuscinosis；NCL）
　………………………………………………… 98
BCRP（Breast cancer resistance protein）1/ABCG（ATP binding cassette；subfamily G, member 2）
　………………………………………………… 86
b-FGF …………………………………………… 36

【C】
cDNA リソース ……………………………… 41
Center for Biologics Evaluation and Research（CBER）
　………………………………………………… 19
Center for Devices and Radiological Health（CDRH）
　………………………………………………… 19
CHIR 99021 ………………………………… 177
CKI-7 ………………………………………… 175
Clinical Trials Directive（2001/20/EC, 2005/28/EC）
　………………………………………………… 21
Committee for Advanced Therapies（CAT） …… 22
CPC …………………………………………… 123
CPC 設計 …………………………………… 114
Cre-lox 組換え系 ……………………………… 53
Crx …………………………………………… 172

【D】
Dickey-Wicker amendment …………………… 21
Dkk-1 ………………………………………… 170
Dlk ……………………………………………… 80
DNA 導入効率 ………………………………… 66

【E】
EBV プラスミドベクター …………………… 53
EC/1394/2007 ………………………………… 22
Epiblast stem cell, EpiS 細胞 ……………… 177
ES 細胞（Embryonic Stem Cell, 胚性幹細胞）
　……………………… 3, 26, 34, 51, 69, 82, 181
EU 規則（EU Regulation） …………………… 21
EU 指令（EU Directive） ……………………… 21

【F】
FACS コアラボ ……………………………… 164
Fbx 15 ………………………………………… 173
Federal Food, Drug & Cosmetic Act（FDC 法） … 18
First-in-Man …………………………………… 4

【G】
GCP（Good Clinical Practice） …………… 18, 18
GMP（Good Manufacturing Practice） ……… 118

GMP Directive (2003/94/EC) ············· 21
GMP 規格 (Good Manufacturing Practice) ······· 28
GMP 基準 ··································· 149
Gold Standard ····························· 75
GTP (Good Tissue Practice) ··············· 18

【H】
HERG 試験法 ······························ 74
HLA タイプ ······························ 153
Human Fertilisation and Embryology (Research Purposes) Regulations ················ 23
Human Fertilisation and Embryology Act (HFE 法) ································ 23
Human Fertilisation and Embryology Authority (HFEA) ···························· 23
Human Tissue Act ························ 23

【I】
Investigational Device Exemption (IDE) ······ 19
investigational medicinal product (IMP) ········ 21
Investigational New Drug (IND) ············ 19
iPS 細胞 (induced Pluripotent Stem Cell, 人工多能性幹細胞)
········ 4, 26, 34, 51, 82, 103, 164, 182, 195
iPS 細胞技術プラットフォーム ············· 160
iPS 細胞作製 ····························· 41
iPS 細胞の標準化 ············· 218, 219, 220
ISCI (International Stem Cell Initiative) ··· 27, 220
ISSCR (International Society for Stem Cell Research)
······································· 27

【L】
Lefty-A ································· 170
LIF (白血病阻害因子) ···················· 29

【M】
M 15 細胞 ······························· 226
Medical Devices Directive (93/42/EEC) ········ 22
Medicinal Products Directive (2001/83/EC) ····· 22
MSC (Mesenchymal Stem Cells, 間葉系幹細胞)
···························· 34, 35, 82, 181, 197
Mitf ··································· 170

【N】
Nanog ························· 27, 36, 173
National Health Service (NHS) ············· 23
National Research Ethics Service (NRES) ······ 23
N-Cadherin ····························· 31
Notch ································· 79

【O】
Oct 3/4 ································ 36
Oct 4 ·································· 27
Office for Human Research Protections (OHRP)
······································· 20
Oval cells ····························· 80

【P】
Pax 6 ································· 170
PD 184352 ····························· 177
Pdx 1 (*Pancreatic duodenum homeodomein 1*)
······································· 226
Public Health Service Act (PHS 法) ········ 18

【R】
retinoic acid ·························· 172
RF-ID ································· 121
Rx ···································· 170

【S】
SB-431542 ···························· 175

SFEB 法 170
Side population (SP) 細胞 85
SOP (Standard Operation Procedure) 28
Sox 2 36
SSEA 3 27
SSEA 4 27
Steering Committee for the UK Stem Cell Bank and the Use of Stem Cell Lines 23
SU 5402 177

【T】
taurine 172
The Gene Therapy Advisory Committee (GTAC) 23
Therapeutic cloning 107
Tissue and Cells Directive 23
Tissue and Cells Directive (2004/23/EC) 22

【V】
VPHP 除染システム 129

【Y】
Y-271632 175

【ア】
アイソレータ 126
アイソレータ型 CPC 116
アイソレータ技術 115
アデノウイルスベクター 53
安全性 6
安全性試験 74
医師法 4
移植細胞の腫瘍化 100
移植免疫 35
遺伝子導入 199
遺伝的代謝異常疾患 81

医薬品・医療機器 GMP 119
医薬品審査 223
医療倫理 150

【イ】
インターロック制御 120
インフォームド・コンセント 6

【エ】
英国幹細胞バンク　UK Stem Cell Bank 23
エピブラスト 177
遠心機 120

【オ】
欧州医薬品庁　European Medicines Agency (EMEA) 22
汚染防止 120
温度応答性培養皿 190
温度感応性培養皿 211

【カ】
拡張型心筋症 214
角膜移植 189
角膜上皮 189
角膜上皮幹細胞 189
角膜上皮幹細胞疲弊症 190
角膜内皮 191
過酸化水素蒸気 (VPHP) 128
画像処理 140
加齢黄斑変性 169
感覚器系 153
肝幹細胞 80
がん幹細胞 81, 89
幹細胞 26, 34
肝細胞移植療法 81
幹細胞システム 78

幹細胞バンク ……………………… 180
杵体視細胞 ………………………… 170
カンチレバー ……………………… 63
間葉系幹細胞→MSC

【キ】
技術支援 …………………………… 180
キメラ率 …………………………… 81
行政機関の保有する個人情報の保護に関する法律
　……………………………………… 7
筐体密閉型培養装置 ……………… 111
筋ジストロフィー ………………… 148

【ク】
組み換えタンパク質 ……………… 175
クリーン度 ………………………… 138
クリーンルーム型CPC …………… 115

【ケ】
継代培養 …………………………… 110
ケラチノサイト …………………… 176
研究用幹細胞バンク ……………… 164
原子間力顕微鏡（AFM） ………… 62
顕微鏡 ……………………………… 120

【コ】
講習会 ……………………………… 187
後縦靱帯骨化症 …………………… 149
厚生労働省医政局研究開発振興課ヒト幹細胞臨床研
　究対策専門官 ……………………… 7
厚生労働省細胞バンク …………… 218, 222
厚生労働大臣 ……………………… 5, 17
個人情報の保護に関する法律 …… 7
骨格筋 ……………………………… 148
骨形成不全症 ……………………… 149
骨髄移植 …………………………… 196

骨髄再構築 ………………………… 78
コモン・ルール …………………… 20
コンタミネーション ……………… 184

【サ】
再生医学 …………………………… 202
再生医療 …………………………… 35, 69, 118
再生誘導剤 ………………………… 209
臍帯血 ……………………………… 180
細胞移植療法 ……………………… 4, 98
細胞株 ……………………………… 4
細胞工学 …………………………… 51
細胞シート工学 …………………… 211
細胞治療 …………………………… 118
細胞表面マーカー ………………… 29
細胞プロセッシングセンター …… 149
細胞溶解性感染 …………………… 57

【シ】
視覚 ………………………………… 170
自己幹細胞 ………………………… 83
自己骨格筋筋芽細胞 ……………… 211
自己複製能 ………………………… 77
視細胞 ……………………………… 169
持続感染 …………………………… 57
疾患ES細胞 ……………………… 72
疾患iPS細胞 ……………………… 72
疾患特異的iPS細胞 ……………… 106
疾患モデル細胞 …………………… 71, 73
実施計画書 ………………………… 7
自動化 ……………………………… 112
自動培養装置 ……………………… 112, 138
自動搬送インキュベータ ………… 122
脂肪 ………………………………… 148
脂肪萎縮症 ………………………… 149
重大な事態 ………………………… 11, 14, 16

絨毛	79	センダイウイルス	56
種間差	70	先端医療開発特区	150
腫瘍幹細胞	101	選定理由	10
上皮系幹細胞	77	専門医資格	7
初期胚	26		
除染	127	**【ソ】**	
人為的ミスの防止	120	造血幹細胞	77
新規性	14	造血系	153
新規多能性誘導因子	42	造血系細胞	148
心筋	148	挿入変異	54
心筋細胞	74	創薬	142
神経	148	創薬開発ツール	70
神経回路	169	創薬研究	70
神経幹細胞	96, 176	ゾーニング	120
神経変性疾患	71	組織幹細胞	3, 85
心血管系	153	ソフトロー	4
心血管系細胞	148		
人工多能性幹細胞→iPS 細胞		**【タ】**	
心不全	211	体細胞核移植　somatic cell nuclear transfer（SCNT）	
			23
【ス】		対象疾患	10
膵β細胞	202, 225	体性幹細胞	1
膵臓前駆細胞	226	タイムラプス	122
錐体視細胞	170	多能性	177
膵島	202	多能性幹細胞	75
膵発生	202	多発性内軟骨腫症	149
スクリーニング	142	ダブルチェック	120
		多分化能	77
		炭酸ガス培養器	120
【セ】			
生体肝移植	81, 82	**【チ】**	
脊髄萎縮性側索硬化症	148	チェンジオーバー	124
説明文書	14	治験薬 GMP	119
セルサージェリー	61	知的財産	149
セルプロセッシング	111	中枢神経系	153
セルプロセッシング	118	調製機関	4
セルプロセッシング・アイソレータ	122		

【ツ】
追跡調査 ································ 12

【テ】
テーラーメイド ························ 215
デザインバリデーション ············ 120
テラトーマ ······················ 39, 216
転写因子 ································ 34
天然化合物ライブラリー ············· 41

【ト】
同意文書 ································ 14
同時的バリデーション ··············· 121
糖尿病 ································· 202
糖尿病モデル ························· 207
動物実験 ································· 6
透明性 ··································· 5
毒性評価 ················ 218, 219, 222, 223
独立行政法人等の保有する個人情報の保護に関する法律 ································· 7
トランスクリプトーム ··············· 148
トランスポゾン ························ 53

【ナ】
内在性神経幹細胞 ····················· 97
内耳神経障害 ························· 149
ナノ針 ································· 63

【ハ】
パーキンソン病 ······················· 149
バイオクリーンルーム ··············· 120
バイオハザードキャビネット ······· 120
胚性幹細胞→ES細胞
培養角膜内皮細胞シート ············ 191
培養上皮細胞シート ················· 190
培養上皮細胞シート移植法 ········· 190
培養神経幹細胞 ······················· 98
培養装置 ······························ 110
白血病幹細胞 ·························· 79
発生モデル ··························· 176
バリアシステム ······················ 126
バリデーション ······················ 120
バリデーションマスタープラン ···· 120

【ヒ】
非遺伝子化 ···························· 41
被験者等の選定基準 ·················· 10
肥大型心筋症 ························· 149
非対称性分裂 ·························· 78
ヒトES細胞 ···························· 69
ヒトiPS細胞 ···················· 72, 153
ヒト幹ガイドライン ················· 119
ヒト幹細胞 ····························· 1
ヒト幹細胞を用いる臨床研究に関する指針 ····· 1
ヒト間葉系幹細胞 ····················· 65
標準化 ·························· 167, 185
病態モデル ··························· 176
表皮水疱症 ··························· 195
品質 ····································· 6

【フ】
ファイナルプロダクト ··············· 118
フォースカーブ ························ 63
部分肝切除 ···························· 79
プラスミドDNA ······················· 64
プロテオーム ························· 148
分化誘導 ······························ 202

【ヘ】
平成20年薬食発第0912006号通知 ····· 10
平成20年薬食発第0208003号通知 ····· 10
平成20年薬食発第0912006号通知 ······ 4

【ホ】
保存・供給システム ……………………… 167
骨・軟骨 …………………………………… 148

【マ】
マイコプラズマ …………………………… 183
慢性肝疾患 ………………………………… 81

【ム】
無菌操作法ガイドライン ………………… 134
無血清培地 ………………………………… 221
無血清培養 ………………………………… 221
無血清培養法 ……………………………… 220

【メ】
メタボローム ……………………………… 148
メチローム ………………………………… 148
滅菌装置 …………………………………… 120
免疫反応抑制 ……………………………… 199

【モ】
網膜 ………………………………………… 169
網膜色素上皮細胞（RPE） ……………… 169
網膜色素変性 ……………………………… 169
網膜前駆細胞 ……………………………… 170
モデル細胞 ………………………………… 71
モデル動物 ………………………………… 6

【ヤ】
薬剤誘発性 QT 延長 ……………………… 74
薬物スクリーニング ……………………… 176
山中 4 因子 …………………………… 41, 46

【ユ】
有効性 ……………………………………… 6
誘導多能性幹細胞（iPS 細胞） ………… 189

【ヨ】
容器密閉型培養装置 ……………………… 111

【ラ】
ラット ES 細胞 …………………………… 177

【リ】
リスクとベネフィット …………………… 119
臨床応用 …………………………………… 166
臨床研究 …………………………………… 4
臨床研究に関する倫理指針 ……………… 5
倫理審査委員会 …………………………… 12
倫理性 ……………………………………… 5

【レ】
レトロウイルスベクター ……………… 52, 53
レンチウイルスベクター ………………… 53

【ロ】
ロボット …………………………………… 138

iPS細胞の産業的応用技術

2009年9月22日　第1版発行

監　修　　山中伸弥　　　　　　　　　　　　　　　　（B0889）
発行者　　辻　賢司
発行所　　株式会社シーエムシー出版
　　　　　東京都千代田区内神田1-13-1　（豊島屋ビル）
　　　　　電話 03(3293)2061
　　　　　大阪市中央区南新町1-2-4　（椿本ビル）
　　　　　電話 06(4794)8234
　　　　　http://www.cmcbooks.co.jp/
カバーデザイン　大塚　光

〔印刷　美研プリンティング株式会社〕　　　　　Ⓒ S. Yamanaka, 2009
定価はカバーに表示してあります。
落丁・乱丁本はお取替えいたします。

本書の内容の一部あるいは全部を無断で複写（コピー）することは，
法律で認められた場合を除き，著作者および出版社の権利の侵害
になります。

ISBN978-4-7813-0122-8　C3047　¥8000E